스위스의 무장중립정책과 위기관리

제2차 세계대전을 중심으로

단국대 국가위기관리연구총서 1

스위스의 무장중립정책과 위기관리 제2차 세계대전을 중심으로

2014년 7월 20일 초판 인쇄
2014년 7월 30일 초판 발행

지은이 | 김용빈 · 박계호

펴낸이 | 이찬규
펴낸곳 | 북코리아
등록번호 | 제03-01240호
주소 | 경기도 성남시 중원구 사기막골로 45번길 14(A동 1007호)
전화 | 02) 704-7840
팩스 | 02) 704-7848
이메일 | sunhaksa@korea.com
홈페이지 | www.북코리아.kr
ISBN | 978-89-6324-371-9 94390
978-89-6324-370-2(세트)

값 20,000원

단국대 국가위기관리연구총서 1

스위스의 무장중립정책과 위기관리

제2차 세계대전을 중심으로

Armed Neutrality Policy and Crisis Management of Switzerland

김용빈 · 박계호

북코리아

발간사

중부 유럽에 위치하고 있는 작은 국가인 스위스는 영세중립국으로서 알프스를 이용한 관광대국이며 세계에서 국민소득이 가장 높은 국가, 정밀시계와 은행비밀주의가 유명한 나라로 알고 있습니다. 또한 국민은 독일계와 프랑스계 및 이탈리아계로 주로 구성되어 있고, 4개의 언어가 공용어로 통용되고 있다는 정도로 알고 있습니다.

그러나 스위스가 제1차 세계대전과 제2차 세계대전을 거치면서 어떻게 독립과 중립을 지켰는지 잘 알지 못합니다. 특히 제2차 세계대전 당시 스위스는 독일과 이탈리아 등 추축국에 포위되어 있으면서 나치독일의 침공 가능성이 높아지던 시기에 지도자를 중심으로 전 국민들이 단결하여 국토방위에 나섬으로써 결국 독일군의 침공을 억제시키는 데 성공하였습니다.

전쟁기간 중 독일군의 침공 가능성이 높아지면서 스위스는 독일과의 국경선 지역에 지뢰지대를 설치하였고, 양국을 연결하는 교량을 폭파할 준비를 하였으며, 전 국민의 10%가 넘는 시민들을 민병군으로 동원하여 무장하였습니다. 알프스 요새화를 통해 독일군 침공 시 게릴라전으로 끝까지 저항할 수 있도록 하였으며, 철도와 터널을 폭파하여 독일군이 사용할 수 없도록 준비하였습니다. 또한 전 국토를 개간하여 식량생산을 증가시키는 등 경제적 어려움에 대비하였고, 나치 전위조직들의 활동이 국가를 혼란시키자 엄격한 법집행을 통해 이적활동을 통제하였습니다. 이러한 노력들이 성공하여 독일군의 침공을 억제할 수 있었습니다.

오늘날의 스위스는 여전히 영세중립국임에도 불구하고 무장중립정책을 유지하고 있습니다. 젊은이들은 훈련소에 입소하여 군사 훈련을 받은 뒤 민병군으로 편성되어 연중 지속적인 훈련을 받아야 하며, 국가비상상황으로 동원될 시 전투원으로 항공기와 전차를 포함하는 중장비로부터 소총에 이르기까지 각종 장비를 운용합니다. 우리가 그토록 아름답게만 보는 알프스이지만 우리가 볼 수 없는 곳에는 수많은 군사시설들이 준비되어 있으며, 모든 국민을 대피시키고도 남을 정도의 민방위 시설들이 전국에 준비되어 있기도 합니다.

지금 한반도의 안보상황은 매우 위중합니다. 북한은 그들의 경제력을 초과하는 방대한 규모의 재래식 전력과 화생무기를 대량으로 보유하고 있으면서 그것도 모자라 핵실험과 장거리 미사일을 발사하고 있습니다. 여기에 그치지 않고 아군 함정에 대한 기습공격이라든가 영토에 대한 포격 등으로 끊임없이 위기를 조성하고 있습니다. 우리가 살고 있는 동북아시아에서도 일본의 역사왜곡과 영토에 대한 영유권 주장으로 인해 분쟁의 강도가 높아지고 있습니다.

이와 같은 상황에서, 제2차 세계대전 당시 독일군이 주변국을 점령하고 스위스에 대한 침공 가능성이 높던 시기에 스위스가 이에 대응하는 과정에서 발생한 위기를 어떻게 관리하고 극복했는지 우리에게 주는 교훈은 매우 중요하다고 생각합니다.

단국대학교 국가위기관리연구소에서는 이러한 국가위기와 관련되는 연구를 통하여 교훈과 정책적 보완사항을 도출하고자 하며 이 책은 그러한 연구결과의 첫 번째 산물입니다. 이 책이 제2차 세계대전 시 스위스가 처해졌던 국가적 위기상황과 이를 극복해 나가는 과정에서, 지도자와 국민들의 노력을 이해하면서 나아가 한반도에서 위기상황 발생 시 이를 극복하는 데 작은 도움이 되기를 기대합니다. 끝으로 연구와 집필에 혼신의 노력을 기울인 김용빈, 박계호 박사에게 감사드립니다.

2014년 6월

단국대학교 국가위기관리연구소 소장

안광찬 석좌교수 안광찬

프롤로그

1992년 겨울, 이탈리아 육군대학에서 공부하면서 겨울방학동안 밀라노를 거쳐 스위스-이탈리아 국경을 통과 후, 고속도로를 이용하여 산 · 고타르드St. Gotthard 지역의 좁은 길을 경유해서 루체른으로 갔던 적이 있다. 그 길을 지나면서 꼬불꼬불하고 좁고 긴 골짜기를 따라 고속도로와 철도가 동시에 지나고 그 좌우에는 알프스의 높은 산들이 병풍처럼 펼쳐져 있는 것을 보았던 기억이 있다.

그때는 당시 보았던 그 지역이 제2차 세계대전 당시인 1940년부터 1945년까지 독일군의 스위스 침공 가능성이 항상 존재하던 시기에 스위스 방위에 있어 전략적으로 얼마나 중요하였던 곳이었는지 잘 몰랐다. 그리고 20여 년이 지난 지금, 2차 대전 시 스위스의 위기관리 대책을 연구하면서 그때 본 그 지역을 기억해보니 그 가치를 이제야 알 것 같다. 그 지역을 통과하지 않고는 추축국이었던 독일과 이탈리아가 경제적으로나 군사적으로나 교류하기가 대단히 어렵게 되어 있었으며, 스위스는 이러한 전략적 가치를 독일군 침공을 억제하는 데 활용하였던 것이다.

전쟁사를 연구하는 학생들이나 이에 관심이 많은 분들은 1차 대전이나 2차 대전에서 전쟁의 당사국이었던 미국과 영국, 프랑스, 독일과 소련 등 강대국들에 주목하여 어떤 원인으로 전쟁이 발생하였고, 참전하였던 국가들의 전쟁계획은 무엇이었으며, 어떻게 진행되었고 결과는 어떻게 되었는지, 그래서 그 교훈이 무엇이라고 통상 연구하였을 것이다. 그 과정에서 주로 군사적 분야 위주로 강조되었고, 그 외에 국가 지도자의 전쟁지도와 국민의 의지, 정치와 외교, 경제, 예비전력, 과학기술 등 전쟁의 승패에 중요한 영향을 미쳤던 다른 변수들에 대한 관심과 연구는 다소 부족하였다.

스위스에 대하여 2차 대전 시 다양한 관점의 연구 자료가 해외에는 부분적으로 있지만 국내에서는 연구는 물론 번역된 자료조차도 찾기가 쉽지 않다. 그것은 2차 대전 당시 스위스가 다른 여타의 국가들과는 달리 직접적으로 전쟁을 하지 않았기 때문이다. 그런데 스위스가 어떤 이유로 전쟁을 하지 않았을까? 유럽의 다른 국가들에서 전쟁이 발발하여 진행되는 동안 스위스에도 전쟁의 위협이 상존하였는데, 스위스는 이러한 위협을 어떻게 해소하면서 전쟁을 피해갈 수 있었는지 이에 대한 연구가 미흡하며 이로부터 교훈을 얻기 위한 노력 또한 부족하였다.[1]

유럽의 중부에 위치하여 독일이나 프랑스, 이탈리아 등 강대국에 의해 둘러싸여 있는 스위스는 인구규모와 부존자원, 국토면적, 군사력 등 국력 면에서 볼 때 인접한 다른 국가들보다 매우 열세하였다. 그럼에도 불구하고 1 · 2차 대전 시 전쟁에 휘말려 들지 않고 국가의

---

1 김용빈, 「제2차 세계대전 시 독일의 침공을 억제한 스위스 방위전략의 특징과 교훈」, 『군사』 제88호, 국군인쇄창, 2013; 안성호, 「읍 · 면 · 동 풀뿌리 자치와 향방전력 강화 방안 – 스위스 2차 대전 '고슴도치 국방'의 교훈」, 『한국지방자치학회보』 제24권 제1호(통권 77호), 2012 등을 참고.

독립과 주권을 유지하였다. 특히 2차 대전 시는 히틀러의 독일군이 전 유럽을 거의 석권하면서 스위스를 침공하고자 수차례 계획하였지만 끝내 이를 실행하지 못하였다. 경우와 과정이 어떻든 간에 위기관리와 전쟁의 억제에 성공한 것이다.

그렇다면 무엇이 독일군으로 하여금 스위스 침공을 스스로 포기하게 만들었고, 스위스는 어떻게 대응하였기에 독일군의 침공을 억제하면서 독립을 유지할 수 있었을까? 그것은 비록 스위스가 인구와 국토면적, 부존자원, 군사력 등 모든 면에서 절대적으로 불리하였지만 평시부터 외부의 침공에 대비하여 철저한 방위준비태세를 갖추고 있었기 때문이었다. 국가가 위기에 처할 시는 국가 지도자들의 솔선수범하는 자세와 리더십, 지도자를 중심으로 국토방위를 위해 헌신하였던 국민들의 태도, 평시는 평범한 시민으로 생활하다가도 국가적 비상상황이 발생하면 누구도 예외 없이 동원되어 국방에 임하는 민병군 제도 등이 복합적으로 어우러졌기 때문에 가능했다.

스위스는 1815년 영세중립국으로 국제적 공인을 받았지만 그렇다고 국가방위를 위한 무장과 훈련 등을 결코 소홀히 하지 않았다. 스위스는 평상시 막대한 상비군을 유지하는 것이 아니라 소규모의 상비전력을 유지하다가 국가에 비상상황이 발생하면 전 국민이 동원되어 민병군으로서 국가를 방위하는 이른바 '무장중립정책'을 발전시켰다. 그러한 효과가 1 · 2차 대전 시의 독일군 침공억제로 나타난 것이다.

오늘날의 스위스는 여전히 영세중립국으로서 소규모의 군대만 보유하고 있지만, 국가가 위기에 처할 시는 다수의 민병군을 동원하여 국가방위를 할 수 있도록 방위체제를 유지하고 있다. 그렇게 하기 위해 당대 신예장비를 보유하고 있으며, 주기적 훈련을 통해 전투력을 함양한다. 또한 핵상황이 발생하면 전 국민이 대피할 수 있는 민방위 시설을 완전히 준비해 놓고 있는 국가이기도 하다. 한마디로 튼튼한 국방을 유지하는 무장중립국이 바로 스위스이며, 1 · 2차 대전을 통하여 그것을 입증한 것이다. 지금의 스위스가 경제부국으로 성장한 원동력도 민족과 당파를 떠나 일관되게 강력한 무장중립정책을 유지해왔기 때문에 가능하였다.

오늘날 국내외를 막론하고 1 · 2차 대전에 관한 서적과 논문 등의 자료는 수도 없이 많다. 그러나 영세중립국 스위스가 1 · 2차 대전에서 어떤 위치에 있었는지, 특히 2차 대전 시 독일군의 침공이 수차례 계획되면서 침공 가능성이 높아지는 상황에서 어떻게 위기를 관리하여 이를 억제하는 데 성공하였는지에 대한 연구는 미흡하다.

이 책을 쓰게 된 동기도 여기에서 연유한다. 2차 대전 당시의 스위스와 유사한 안보환경에 있는 한국으로서는 2차 대전 당시 스위스가 어떻게 독일군의 침공을 억제하고 위기관리에 성공하였는지를 연구해서 교훈으로 삼아, 평시 대북억제력을 확보하고 북한의 도발이 현실화되면 강력한 군사력의 우위와 국가의 제반요소를 통합하여 위기를 관리하면서 전쟁으로의 확대를 방지해야만 할 것이다. 그럼에도 북한군의 도발이 전면전으로 확대된다면 초전에 제압하여 승리를 하는 한편, 궁극적으로는 남북통일의 전기를 마련해야 할 것이다. 이 책이 그러한 역할을 하는 데 있어 작은 도움이 되기를 희망한다.

2014년 6월

저자일동

차례

표 차례

그림 차례

들어가는 글

많은 사람들이 유럽을 여행한다. 대개의 여행객들은 프랑스와 오스트리아, 이탈리아를 주로 가보면서 반드시 포함하는 국가가 스위스일 것이다. 모든 사람들이 꼭 여행을 하고 싶을 정도로 스위스의 풍경은 아름답고 사람들이 사는 모습은 풍요로워 보인다. 집집마다 꽃으로 장식해 놓은 모습, 전통복장으로 요들송을 부르면서 민속춤을 추고 축제를 즐기는 사람들, 알프스의 구릉에 점점이 박혀 있는 가옥과 정상에 있는 만년설에서 스키를 즐기는 사람들을 보면 지구상의 어느 별천지에 와 있는 것 같은 착각마저 느끼게 된다.

그러나 그토록 아름답게만 보이는 스위스에도 그 이면의 역사에서는 국가를 지키기 위한 수많은 피와 땀, 노력이 숨겨져 있다는 것을 아는 사람은 드물다. 1 · 2차 대전 시 주변국들의 침공이 예상되자 스위스는 수많은 시민들을 민병군으로 동원하여 전쟁이 스위스 영토 내로 확대되는 것을 억제하기 위해 온갖 노력을 기울였고, 그러한 노력은 모두 성공을 거두었던 것이다.

스위스는 중부유럽에 위치하고 있는 작은 국가로 1815년 이래 영세중립국으로 유지하고 있으며, 북부에서는 독일, 서부에서는 프랑스, 남부에서는 이탈리아, 동부에서는 오스트리아 및 리히텐슈타인과 국경을 접하고 있다. 바로 이들 국가 중 독일과 오스트리아는 1차 대전, 독일과 이탈리아는 2차 대전을 일으켰던 장본인들이다.

지난 1 · 2차 대전기간 중 대부분의 영세중립국들은 타의에 의해 전쟁에 휘말려들면서 엄청난 피해를 입었다. 그러나 유일하게 스위스만은 독립을 유지하였다. 그리고 지금은 세계에서 가장 부유한 국가 중의 하나이다. 어떠한 이유로 그것이 가능하였을까?

미국의 초대 대통령이었던 워싱턴George Washington은 "스위스의 자유와 독립은 강대하고 질투심 많았던 인접제국들에 의해 둘러싸여 있음에도 불구하고 수세기에 걸쳐 용감하고 훌륭히 조직된 민병군에 의해 유지된 사실"에 존경을 표한다고 하였으며,[1] 그 자신도 스위스군 제도를 연구하였다.

스위스는 영세중립국이다. 그러나 단지 영세중립국이라는 이유 하나만으로는 모든 이유를 설명하기에 부족하다. 국제사회가 스위스를 포함하여 일부 국가를 평시에 영세중립국으로 인정하였다고 할지라도 전시에도 같은 개념으로 중립을 보장해 주고 침공을 하지 않았던 것은 아니었기 때문이다. 예를 들면 2차 대전 시 영세중립국이었던 벨기에는 독일군이 프랑스를 침공할 때 아르덴느 삼림지대가 주요 통로가 되면서 독일군에 점령되었고, 이는 룩셈부르크도 마찬가지였다. 나치독일은 중립국이었던 덴마크와 노르웨이도 점령하였다. 그렇지만 같은 중립국이었던 스위스는 1 · 2차 대전의 와중에서 단 한 번도 강대국들의 전쟁에 휘말려들지 않았다. 어떻게 이런

---

1 Frederick Martin Stern, *The Citizen Army : Key to Defence in the Atomic Age*, New York : ST Martin's Press, 1957, p.155.

것이 가능하였을지 당연히 의문이 남을 수밖에 없다.

그 당시 미국의 유명한 종군기자였던 쉬러William L. Shirer는 독일군이 서부유럽을 침공하기 수주 전에 "네덜란드 군은 독일군의 쉬운 먹이가 될 정도로 약하다. 그러나 스위스는 부수기 어려운 호두 같은 상태이지만, 독일군은 침공을 시도할 것임에 의심의 여지가 없다"[2]고 하였다. 쉬러는 독일군이 스위스를 침공할 것이라고 보면서도 스위스 역시 결코 호락호락하게 굴복하지 않을 것임을 예상하였던 것이다.

쉬러의 예측대로 2차 대전이 발발하기 이전부터 전쟁이 진행되는 도중에 이르기까지 독일, 때로는 이탈리아가 눈엣가시 같은 스위스를 침공하기 위해 여러 차례 계획을 수립하면서 은연중에 그런 사실을 스위스에 흘려보내기도 하였다. 그들은 스위스가 쉬러의 지적대로 부수기 어려운 호두 같은 존재임을 잘 알고 있었고, 따라서 이를 깨기 위한 방법을 여러 가지로 구사하였다. 이러한 추축국Axis-Powers[3]들의 움직임을 알았던 스위스는 때로는 유연하게 때로는 강력하게 자신들의 항전의지를 천명하여 추축국들이 스스로 침공계획을 포기하게 만들었다.

그러나 그것은 스위스가 항상 병력이 많고 무기와 탄약이 충분해서 그렇게 된 것은 아니었다. 반대로 스위스는 주변국들에 비하여 인구의 규모는 물론 상비군사력도 대단히 작은 국가이다. 그러나 그들

---

2 Stephen H. Halbrook, *Target Switzerland; Swiss Armed Neutrality in World War II*, MA : Da Capo Press, 2003, p.vii.

3 2차 대전 당시 연합국과 싸웠던 나라들이 형성한 국제 동맹을 가리키는 말로, 1936년에 나치독일과 이탈리아, 일본제국 사이의 우호조약으로 시작되었다. 로마-베를린 축의 1939년에 맺어진 군사 동맹인 강철 조약, 1940년에 맺어진 삼국동맹 조약으로 완전히 독일, 이탈리아, 일본이 연합국을 대상으로 전쟁목표를 통합했다.

은 모든 국민이 군대인 민병군Militia제도를 갖고 있다. 그들은 외부세력이 스위스를 침공해서 전투가 벌어지면 끝까지 싸워 격퇴시키면서 승리하였던 전통이 있고, 추축국들은 이러한 스위스를 어떻게 보면 두려워하였다.

스위스는 비록 국민들이 민병군으로 동원되어 주력으로 전투를 수행하지만, 그들이 사용하게 될 장비는 당대의 신예장비로 알려져 있다. 또한 스위스는 세계에서 민방위 체제가 가장 잘 발전되어 있는 국가 중의 하나로, 핵전쟁이 발발해도 전 국민 모두를 대피시키고도 남을 정도로 지하대피시설을 구축해 놓고 있는 것으로 알려져 있다.

그토록 아름답게만 보이고 수많은 내·외국인 관광객이 찾는 알프스 산도 그 자락에는 야포진지가 위장 준비되어 있고, 그 지하에는 암석들을 파내서 탄약고와 장비정비공장, 민방위시설을 준비해 놓고 있다. 산 정상에도 위장된 방공포 포대와 병력이 기거할 시설, 배치될 진지가 있다. 고속도로변에는 콘크리트로 설치된 대전차 장애물이 있는가 하면, 동원된 민병군이 전차와 장갑차 같은 전투장비는 물론 헬기와 공군기 조종사가 되어 전투원으로서 임무를 수행한다. 정부가 승인한 가정에는 개인화기와 실탄, 방탄헬멧과 배낭 같은 군장류가 합법적으로 준비되어 있으며, 비상시 대비 식량을 포함하는 준비도 예외 없이 갖춰놓고 있다.

사격은 전 국민의 스포츠Sports라고 할 정도로 대중적이며, 전국에는 수많은 사격클럽이 있어서 주말에는 사격이 일상적으로 이루어지고, 누구나 총기를 쉽게 다루고 사격기술도 우수한 것으로 알려져 있다. 많은 가정에서 총기와 실탄을 보유하고 있다고는 해도 이로 인한 사고 발생비율은 전 세계에서 가장 낮은 것으로 알려져 있기도 하다. 영세중립국임에도 언제 있을지도 모를 전쟁에 대비해서 철저한 준비를 하고 있는 나라가 바로 스위스이다.

그러나 이러한 스위스도 그 국민은 독일계와 프랑스계, 이탈리아계로 구성되어 있고, 이들이 사용하는 언어도 독일어와 프랑스어, 이탈리아어, 그 외에 로망슈어가 있다. 얼마 크지도 않은 국토는 26개의 주Kanton로 구성되어 있고, 각 주는 중앙정부에 대하여 상당한 정도의 자치권을 행사한다. 어떻게 보면 민족구성이나 언어의 사용, 고도의 자치권을 행사하는 주 등으로 볼 때 통일된 국가의 정체성을 유지하기가 쉽지 않을 것처럼 보인다. 특히 전시라면 더욱 국가의 정체성을 유지하기가 쉽지 않을 것처럼 여겨진다. 그럼에도 스위스는 다른 어느 국가보다 역사를 통해서 국가의 독립과 중립을 유지해 왔고, 민주주의를 즐기면서 다른 한편으로 시민의 권리와 주 정부의 자율성을 철저히 보장해주고 있는 나라이다.

2차 대전 전 스위스와 인접해 있으며 같은 게르만 족인 오스트리아는 나치의 독일군에 의해 강제적으로 합병되었다. 당시 중립을 표방하였던 네덜란드, 벨기에, 덴마크, 노르웨이 등도 독일군의 침공으로 점령되었다. 또한 전쟁기간 중 나치독일의 관료와 언론에서는 스위스의 독일계 주민들이 다수 거주하는 북동부 지역은 독일로, 프랑스계 주민들이 다수 거주하는 서부지역은 프랑스로, 이탈리아계 주민들이 다수 거주하는 동남부지역은 이탈리아로 편입하자는 공공연한 주장도 있었다.

이러한 주장들이 그대로 독일군과 이탈리아 군의 침공으로 실현되었거나 또는 스위스 정치인들이나 국민들이 독일의 위협을 그대로 용인하였다면 스위스는 아마도 더 이상 지구상에 존재하지 않았

스위스의 농촌 모습

을 것이다. 아니면 다른 유럽의 나라들이 나치의 지배를 받는 동안 괴뢰정부가 세워졌거나,(프랑스와 덴마크, 노르웨이의 경우) 나치의 직접 통치를 받으면서 한동안 지구상에서 사라졌던 것처럼(폴란드와 체코의 경우) 그러한 운명이 되었을지도 모른다. 그러나 이 모든 것들은 하나도 일어나지 않았다.

그렇다고 스위스에서 모든 정치인과 군인, 국민들이 항전의지를 갖고 있었던 것은 물론 아니다. 이들 중 극히 일부는 나치의 선전전에 속아서 독일에 우호적인 활동을 하다가 국가의 제재를 받기도 하였으며, 그중의 일부는 나치의 간첩으로서 주요 군사기밀을 절취해서 넘겨주려다 발각되거나 반국가적 행위로 체포되어 재판에 회부된 후 사형에 처해지기도 하였다.

그렇지만 전반적으로 스위스는 추축국에 비하여 상당히 열세한 국력에도 불구하고, 독일군의 침공 가능성에 맞서 지도자를 중심으로 국민이 단결하여 독일군 침공을 포기하게 만들면서 전쟁의 참화로부터 국가를 지켜낼 수 있었다. 그것도 미국이나 영국 등 연합국으로부터 군사적 지원 없이 말이다.

대한민국의 안보상황은 스위스와 일면 유사한 점이 있다. 스위스가 독일과 프랑스, 이탈리아 등 유럽의 강대국들에 둘러싸여 있는 것처럼, 대한민국도 한반도를 중심으로 미국과 중국, 일본, 러시아 등 4대 강국에 의해 둘러싸여 있다. 스위스가 인구와 영토도 작고 부존자원이 없는 것처럼, 대한민국도 인구와 국토면적이 작고 부존자원도 역시 없다.

다른 점은 스위스는 1815년 이래 영세중립국으로 독립을 유지하면서 평시 소수의 상비군으로 국방을 하다가 전쟁의 가능성이 높아지면 예비전력인 시민들을 동원하여 민병군을 편성해서 전투준비태세를 갖춤으로써 전쟁을 억제한다. 반면에 대한민국은 일제 36년의 지배와 북한의 기습남침으로 6 · 25전쟁을 겪기도 하였다. 또한 남북의 분단이 수십 년째 지속되고 있으며, 북한의 군사적 위협은 여전하다. 한반도 중립화에 대한 논의도 일부 있었다. 스위스의 무장중립정책과 국방이 우리에게 시사하는 바가 크다고 할 것이다.

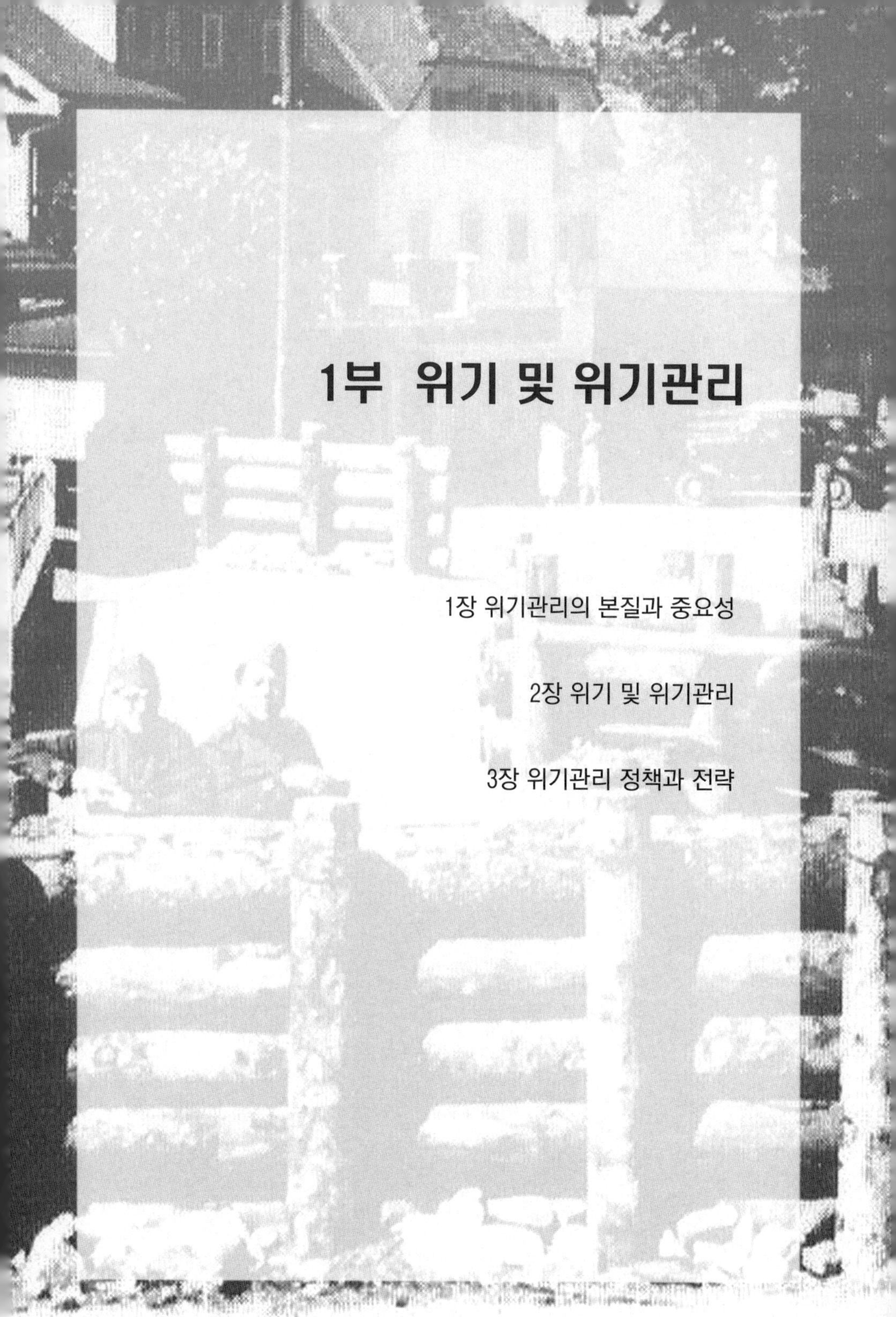

1부 위기 및 위기관리

1장

위기관리의 본질과 중요성

인류의 역사가 시작된 이래 크고 작은 전쟁은 수도 없이 발생하였다. 미국의 역사학자인 듀란트William Durant는 인류의 역사가 기록된 3,421년 중 단 268년만 전쟁이 없었던 해로 밝혀졌다고 하였다. 평론가인 커슨즈Norman Cousins는 기원전 3600년 이래 현재까지 크고 작은 약 4만 5천 회의 전쟁이 발발하였는데, 이 기간 중 전쟁이 없었던 해는 단지 292년에 불과하고 전쟁의 직 · 간접적 원인으로 35억 명의 인류가 목숨을 잃었다고 주장하였다.[1] 미국의 정치학자인 라이트Quincy Wright는 인류의 역사가 시작된 이래 지상에서 1,000명 이상, 해상에서 500명 이상 사망한 무력충돌이 무려 25만 번 이상 발생하였고, 21세기 들어 발생한 무력충돌만 해도 600여 건에 달하였다고 하였다. 1945~1990년의 전체 2,340주 중에서 지구상에 전쟁이 전혀 없었던 기간은 3주에 불과하다는 또 다른 주장도 있다.[2] 한반도에서도 역사상 전국적인 규모 또는 국가 간의 전쟁이 33회(고조선~남북국시대 : 13

---

1 이춘근, 『현실주의 국제 정치학』, 나남출판, 2007, 333쪽.
2 앨빈 토플러, 이규행 역, 『전쟁과 반전쟁』, 한국경제신문사, 1994, 28쪽.

회, 고려시대 : 7회, 조선시대 : 5회, 근 · 현대 : 2회)에 달하였고, 그 외에도 왜구침입 740회(삼국시대 : 34회, 고려시대 : 519회, 조선시대 : 187회)가 있었다고 한다.[3]

이렇듯 전쟁을 연구하는 국제정치학자들이나 이에 관심을 갖는 역사학자들에 의하여 연구된 결과를 보면 이들이 연구를 한 목적이나 의도와 기간에 따라 다소 차이가 있기는 하지만, 대체적으로 인류 역사에서 전쟁으로 점철된 기간이 평화를 유지했던 기간보다 훨씬 더 장기간이었음을 알 수 있다. 지금도 지구 도처에서는 민족과 종교, 역사, 영토, 자원 등 다양한 이유로 위기가 조성되거나 전쟁이 진행되고 있으며, 이것은 국제적으로 위기가 끊임없이 발생되고 있음을 의미한다.

따라서 이와 같은 위기가 발생하면 이 위기가 확대되어 전쟁으로 가지 않도록 위기관리를 해야 한다. 역사상 발생하였던 수많은 전쟁들은 어떤 원인으로 발발하였던 간에 그것은 당시 대부분 위기관리에 실패하였기 때문에 일어난 것이라고 말할 수 있을 것이며, 전쟁을 억제하여 피해를 예방한다는 차원에서 위기관리의 중요성이 있다고 할 것이다.

---

3 전쟁기념사업회, 『한민족 역대 전쟁사』, 행림출판, 1992, 14~19쪽.

2장

위기 및 위기관리

1. 위기 개념

"지금까지 발생된 모든 위기가 반드시 전쟁에 이르지는 않았다고 하더라도 거의 모든 전쟁이 일어나기 전에는 반드시 모종의 위기가 조성되었다"[1]는 말처럼 국가 간 갈등이 발생하면 전쟁으로 비화되었건 평화적으로 해결되었건 위기가 조성되기 마련이다.

국제적으로 발생된 위기에 대한 통계를 찾기는 쉽지 않다. 다만, 오래된 이야기로 『뉴욕타임즈*New York Times*』의 어느 일요일판 기사 가운데 첫 두 페이지에 포함된 13건의 기사에서 여섯 건이 위기에 관한 것이었다고 하며, 전 미국 대통령 아이젠하워Dwight D. Eisenhower는 그의 회고록에서 "이집트의 나세르 대통령이 수에즈운하 국유화를 선언하였던 1956년 7월 25일 이래로 크고 작은 위기가 없었던 날을 기억할 수 없다"고 할 정도로 국제적으로는 끊임없이 위기가 발생하였

1 Glenn H. Snyder and Paul Diesing, *Conflict Among Nations : Bargaining, Decision Making and System Structure in International Crisis*, New Jersey : Princeton University Press, 1977, p.10.

다.[2] 스웨덴의 스톡홀름국제평화연구소(SIPRI)는 2013년 자료를 통해 국가 간 크고 작은 분쟁으로 인하여 2011년 세계의 37곳에서 22,500여 명의 시민들이 희생되었음을 보여줄 뿐만 아니라 핵 확산문제나 테러, 범죄조직 등이 국제사회의 안전을 위협하고 있음을 경고하고 있다.[3] 동북아지역만 하더라도 한 · 중 · 일 3국 간의 인적교류와 경제적 협력의 확대에도 불구하고, 일본의 역사왜곡과 과거사 부정, 동중국해의 작은 섬(중국명 댜오위다오釣魚島, 일본명 센가쿠尖角)을 둘러싼 중 · 일 간의 갈등, 독도에 대한 영유권 주장으로 인한 한 · 일 간의 갈등은 근래 들어 점차 심화되는 추세이다.

이렇게 국가 간의 갈등으로 인한 분쟁이 확대될 때만 쓰일 것처럼 보이는 '위기Crisis'라는 용어는 오늘날 국방분야를 필두로 정치와 외교, 경제, 사회 및 문화, 심지어는 스포츠와 개인의 건강에 이르기까지 다방면에 걸쳐 광범위하게 쓰이고 있다. 이러한 용어 쓰임새의 다양함만큼이나 정의 역시 학자들이나 이를 사용하는 기관에 따라 다르다. 이 책에서는 국가안보차원에서 위기를 논하고자 한다.

먼저 사전적 의미로 『새국어대사전』에서는 '지극히 위험한 순간'이라고 정의하고 있고,[4] 미국의 『헤리티지 영어사전』에서는 첫째, 어떤 사건의 과정에서 결정적인 시기나 상황; 둘째, 어떤 사건의 전환점; 셋째, 불안정한 상황; 넷째, 갑작스러운 변화; 다섯째, 저항의 긴장상태라고 정의하고 있다.[5]

---

2 국방대학교, 『위기관리』, 국방대학교, 1984, 7쪽에서 재인용.
3 SIPRI(Stockholm International Peace Research Institute), *SIPRI Year Book 2013*, Oxford University Press, 2013.
4 한국도서출판협의회, 『새국어대사전』, 한국도서출판협의회중앙회, 1997, 937쪽.
5 조영갑, 『국가위기관리론』, 선학사, 2006, 24쪽.

미국 스탠포드 대학교의 정치학 교수인 노스Robert C. North는 위기란 용어가 처음 의학적 용어로 출발하였음을 감안하여 "어떤 행동이나 상황이 계속되는지 또는 궤도를 수정하는지 또는 종착점에 도달하는지가 결정되는 시점"[6]에 관계된다고 하였고, 브레처Michael Brecher는 "기본 가치에 대한 위협과 군사적으로 개입 가능성이 높은 상태이며, 외부의 가치위협에 대한 시간이 제한된 상태"[7]라고 하였다.

허만Charles H. Hermann은 첫째, "의사결정 단위의 최우선 목표가 위협을 받고 있고High Threat 둘째, 반응을 취하는 데 시간이 제한되어 있으며Short Time 셋째, 정책결정자들이 전혀 예기치 못한 상황Surprise"이라고 하면서 "국가의 안위를 심각하게 위협하는 대외적 사건이 전혀 예상하지 못한 가운데 충격적으로 발생하여 국가 리더십이 즉시 효과적으로 대응하지 못하는 상황"[8]을 '국제적 위기International Crisis'라고 하였다.

그러나 스나이더Glenn H. Snyder는 국제위기를 "둘 이상의 주권국가 정부 간에 있어 격렬한 갈등 속에서 전쟁이 일어날 수 있는 높은 개연성에 대한 인식을 포함하는 상호 작용의 결과"[9]라고 하면서, 허만이 말한 '높은 위협-짧은 시간-예기치 못한 상황'에서 제한된 '짧은 시간'에 발생하는 상황이 위기에 영향을 주기는 하지만 반드시 국제위기의 특성은 아니라고 하였다.[10] 실제로 1905~1906년 수개월 지

---

6 위의 책.

7 James Richardson, "Crisis Management : A Critical Reprisal", Gilbert Winhamed(ed.), *New Issue in International Crisis Management*, Boulder : Westview Press, 1994, p.11.

8 Chares H. Hermann, *Crisis in the Foreign Policy : A Simulation Analysis*, Indianapolis : The Bobbes-Merill Company, Inc, 1969, p.29.

9 Glenn H. Snyder and Paul Diesing, *op. cit.*, p.7.

10 나갑수, 「위기관리 모델을 적용한 을지연습의 효율적 적용방안」, 『연구보고서』, 비상기획위원회, 1990, 27쪽.

속된 모로코 위기, 2차 대전 직전인 1935년 독일군의 재무장 선언으로부터 시작되어 1939년 폴란드 침공으로 파국을 맞기까지 독일에 의해 지속된 위기, 1958~1960년까지 지속된 베를린 사태 등은 수개월~수년간 지속된 국제위기였다. 윌리엄스Phil Williams는 위기를 "국가 간에 있어서 적대적 대결행위들이 짧은 기간의 상황에서 급속히 전개되어 전쟁발발 가능성이 고조되는 상태"라고 하였다.[11]

실질적으로 위기란 용어를 많이 사용하고 있는 국가안전보장회의National Security Council(NSC)에서는 "국가주권 또는 국가를 구성하는 정치·경제·사회·문화 체계 등 국가의 핵심요소나 가치에 중대한 위해가 가해질 가능성이 있거나 가해지고 있는 상태"[12]라고 하고 있다. 국방대학교의 『안보관계용어집』에서는 "어떤 사건의 과정에서 결정적 시기 혹은 상황, 전환점, 갑작스러운 변화, 저항의 긴장상태"[13]라고 정의하고 있다. 합동참모본부의 『합동·연합작전 군사용어사전』에서는 "대한민국과 그 영토, 국민과 군대, 소유권 혹은 이익에 위협을 주는 사건 또는 상황을 말하며, 국가목표를 달성하기 위하여 외교적, 정치적, 경제적 및 군사적으로 중요한 조건이 조성되어 군대 및 자원의 투입이 요구되는 사건이나 상황"[14]이라고 기술하고 있다. 이와 같이 위기에 대한 용어는 학자와 학계, 군 관련 기관 등에 따라 다양하게 표현되는 만큼 이를 한마디로 무엇이라고 정의하기는 쉽지 않지만, 분명한 것은 평상시의 일반적 개념으로 사용될 수 있는 단어는 아니라는 점이다.

---

11 Phil Williams, *Crisis Management*, London : Gloom Helm, 1978, pp.3~5.
12 국가안전보장회의, 『국가위기관리기본지침』, 국가안전보장회의사무처, 2004, 15쪽.
13 국방대학교, 『안보관계용어집』, 국방대학교, 2001, 18쪽.
14 합동참모본부, 『합동·연합작전 군사용어사전』, 합동참모본부, 2006, 297~298쪽.

'국가위기'란 국가가 위험에 처해 있거나 또는 처할 가능성이 높은 상황으로, 이제는 전통적 군사 분야의 안보위기 유형을 넘어 대량의 피해를 동반하는 천재지변이나 국가기반 시설을 파괴하는 대형재난과 사이버 공간에서의 위협, 테러 등 다양한 사항을 포함하고 있다. 허만과 부레처는 국가위기를 첫째, 정책을 결정하는 데 시간이 촉박하고 둘째, 국가의 근본적 가치를 위협하는 사안으로 중요하며 셋째, 즉시 대처하지 않으면 더욱 파괴적인 결과를 초래하는 속성을 갖는 사건[15]이라고 말하였다.

2. 위기관리 개념

만약 적대관계에 있는 국가가 각각의 이익에 손해를 보더라도 대결을 피하고자 한다면 국가 간의 갈등은 쉽게 관리되거나 또는 위기상황이 발생되는 것을 피할 수 있으며, 만약 어느 한 국가가 이익을 포기한다면 실제 위기란 존재하지 않는다. 국가 간에 있어서 이익갈등으로 위기에 빠져들 때에는 고위정책결정자들의 세밀한 정책결정이 요구되며 이것이 '위기관리Crisis Management'이다.[16]

전통적 안보위협 위기는 통상 국가와 국가 사이에 내재되어 있는 상호 간의 갈등이 표출되고 악화되면서 발생한다. 그러나 대부분의 국제정치학자나 전쟁을 연구하는 사람들은 전쟁의 원인과 진행 위

15 길병옥 · 최병학, 「국가위기관리의 이론과 범위 – 개념적 스펙트럼」, 『국가위기관리의 현실과 발전 방향』(국가위기관리연구소 세미나 자료), 2008, 7쪽.

16 Alexander L. George, *Avoiding War : Problem of Crisis Management*, Boulder : Westview Press, 1991, p.22.

주로 연구하였으며, 전쟁의 위협이 높아지는 위기상황이 발생하는 상황을 안정적으로 관리해서 전쟁을 방지하기 위한 활동, 즉 위기관리에 대한 연구는 소홀하였다. 그랬기 때문에 인류는 1 · 2차 세계대전이라는 미증유의 경험을 해야만 했다. 그럼에도 위기관리에 대한 연구를 소홀히 하다가 1962년 쿠바 미사일 사건이 계기가 되면서 본격적인 위기관리 연구가 시작되었다.[17]

위기관리는 속성상 처음 위기상황이 발생되고 진행되면서 실제적으로 전쟁이 발발하기 전까지의 과정에서 발생된 위기를 위기발생 이전의 상태로 돌리거나 또는 안정적으로 관리하기 위한 활동으로 말할 수 있다. 따라서 위기관리 과정은 국가와 국가 사이에 위기상황이 발생되면 안정적 관리로 전쟁이 발발할 가능성을 감소시켰다든지 또는 이에 실패하여 전쟁이 발발하였을 경우 효율적 대처과정이 바로 위기관리 과정인 것이다.

국가안전보장회의에서 발행한 『국가위기관리기본지침』에서는 국가위기관리를 "국가위기를 효과적으로 예방 · 대비 · 대응 · 복구하기 위하여 국가가 자원을 기획 · 조직 · 집행 · 조정 · 통제하는 제반 활동과정"으로 정의하고 있다.[18] 국방부에서는 위기관리를 "국가위기를 사전에 예방하고 발생에 대비하며, 위기가 발생하였을 시에는 효과적으로 대응 및 복구를 통하여 그 피해와 영향을 최소화함으로써 조기에 위기 이전 상태로 복귀시키고자 하는 제반활동"[19]이라고

---

17 윤태영, 『동북아 안보와 위기관리』, 인간사랑, 2005, 313쪽.

18 국가안전보장회의사무처(2004), 앞의 책, 15쪽.

19 여기서 국가위기란 '국가 주권 또는 국가를 구성하는 정치 · 경제 · 사회 · 문화 등 국가의 핵심요소와 가치에 중대한 위기가 가해질 가능성이 있거나 가해지고 있는 상태'를 말한다.

하고 있다. 또한 국방대학교의 『안보관계용어집』에서는 "어떤 위기 상태에 있어서 기본적 국가이익을 포기하지 않고 전쟁으로의 확대를 방지하여 전쟁의 평화적 해결을 둘러싼 모든 조치"[20]라고 하고 있다. 합동참모본부의 『합동 · 연합작전 군사용어사전』에서는 "국내 또는 국제적 위기의 발생을 예방하고, 위기가 발생하였을 경우 그 위기상황을 계속 통제하면서 야기될 수 있는 피해의 범위를 최소화하고, 전쟁으로 확대를 방지하며 평화적으로 문제를 해결하기 위해서 구축해 놓은 제도적 장치 및 절차"[21]라고 기술하고 있다.

미 국방부의 『군사용어사전』에서는 위기관리를 "위협이나 테러 행위로부터 발생될 피해를 예견하여 예방하며 해결하는 데 필요한 자원의 사용을 식별하고 획득하며 계획을 수립하는 수단 또는 방책"[22]이라고 하고 있다. 미 『합동교범』에서는 "테러위협과 발생을 예측, 방지 또는 해결하기 위하여 필요로 하는 자원의 사용을 식별 · 획득 · 계획하는 수단, 법을 강화하는 대응이 우선적이며 통상적으로 연방 법률에 의해 수행된다"[23]고 하고 있다.

정리해보면 '위기관리'란 '군사적이거나 비군사적 원인으로 위기가 발생되었거나 또는 발생될 우려가 있을 때 이를 효과적으로 예방하거나 또는 대응이나 복구를 통하여 그 피해와 영향범위를 최소화시키고, 조기에 위기 이전 상태로 복귀시키는 활동'이라고 할 수 있다.

전통적 안보위협 아래에서의 위기관리 목표는 발생된 위기가 악

---

20 국방대학교(2001), 앞의 책, 18쪽.

21 합동참모본부, 앞의 책, 298쪽.

22 The U. S. Department of Defence, *The Dictionary of Military Terms*, Washington Skyhorse Publishing, 2009, p.134.

23 국방대학교 합동참모대학, 『미 합동교범(FM 1-02, 군사용어사전)』, 국방대학교, 2007, 111쪽.

화되는 것을 방지하면서 대결상황을 개선하여 원상으로 회복하거나 수습하는 데 있다. 이러한 과정에서 먼저 도발을 야기한 상대방을 제압하면서도 자신은 패배자가 되지 않도록 하며 또한 발생된 위기가 전쟁으로 확대되는 것을 방지해야 하기 때문에,[24] 때로는 상대방에게 군사력을 동원한 강압이나 외교적 방법의 회유와 협상이 사용되기도 한다.

위기관리 대상은 적의 침공으로부터 야기되는 전통적 안보위협을 위주로 해서 테러와 핵과 같은 대량살상무기에 의한 위협과 그 외에 재난분야의 각종 위협 및 국가핵심기반분야의 위협으로부터 야기되는 사건들이 될 수 있다. 위기관리를 함에 있어 이러한 사건으로 인하여 피해가 발생될 우려가 있을 때에는 먼저 이를 예방하기 위한 정책을 개발하고, 사건이 발생하였을 때에는 피해 최소화를 위한 제반조치와 복구 · 훈련 등을 포함하고 있다고 할 수 있다.[25]

따라서 1 · 2차 세계대전 중 독일군의 스위스 침공 가능성이 높아지는 상황에서, 위기가 악화되어 전쟁으로 확대되지 않도록 외교 · 정치 · 경제 · 군사 등 제반 분야에서 스위스가 안정적 관리를 위해 취한 활동들이 위기관리의 과정이자 대응조치라고 할 수 있다.

---

24 Richardson, *op. cit.*, p.15; 정찬권, 『국가위기관리론』, 대왕사, 2010, 44쪽.
25 국가안전보장회의 사무처(2004), 앞의 책, 8~21쪽.

3. 위기관리 단계

지금까지 국가 간 발생하였던 전쟁을 분석해보면 어느 날 갑자기 일어난 경우는 없다. 전쟁이 발발하기 이전에 국가 간의 종교나 이념 · 민족 · 자원 · 역사 등 다양한 크고 작은 원인으로 갈등이 생겨나고 분쟁단계를 거친다. 그다음 위기가 발생되고 악화되다가 어느 시점에서 해결되어 원상태로 복귀되거나 또는 전쟁으로 비화되는 것이다. 위기는 통상 갈등이 발생하여 분쟁을 거쳐서 위기로 진행되는 경로를 따라서 진행되었으며, 따라서 국가 간 갈등이 발생될 때부터 상황이 악화되지 않도록 관리가 필요하다. 이와 같은 위기 및 위기관리의 단계를 스나이더는 다음의 〈그림 1-1〉과 같다고 하였다. '갈등Conflict'이란 국가 간의 어떤 주장이나 이해가 복잡하게 뒤엉켜 어느 한 국가에 손실이나 위해가 생길 우려가 있는 대립이 발생하는 것이다. '갈등단계'에서는 갈등이 분쟁이나 위기로 발전되지 않도록 이를 최소화하기 위한 갈등관리전략이 필요하다. '분쟁Dispute'은 국가 간에 발생된 갈등이 악화되어 힘으로 상대국을 협박하거나 윽박지르며 위협하는 것이며, 이때는 분쟁관리전략이 필요하다. 분쟁이 악화되면 어느 순간에 위기단계에 도달한다.

이렇게 발생된 위기상황은 양국의 위기관리전략에 따라 외교협상을 거쳐 위기발생 이전의 상황으로 돌아가거나 실패할 경우 더욱 악화되면서 육 · 해 · 공군력 등 군사력 사용을 동반하는 국지적 충돌로 발전되고 나아가 전쟁으로 악화되는 것이다. 따라서 이러한 위기상황이 발생할 경우에 대비하는 위기관리전략이 필요하다.

〈그림 1-1〉 위기 및 위기관리의 진행단계

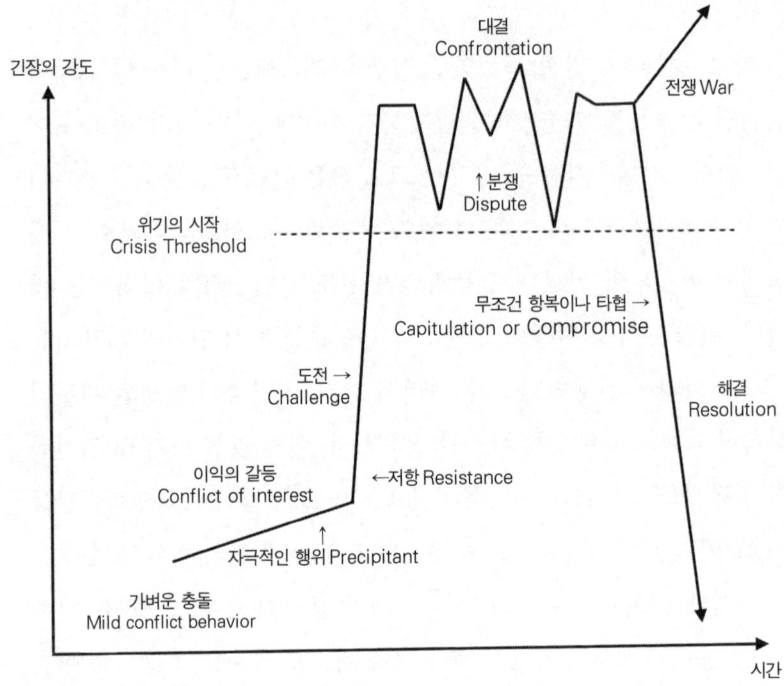

출처 : 조영갑, 『국가위기관리론』, 37쪽.

4. 위기의 성격 및 강도에 대한 인식과 위기관리

위기의 성격과 강도는 위기관리에 커다란 영향을 준다. 어떤 위기는 장기간에 걸쳐서 낮은 강도로 나타나고, 어떤 위기는 사전 예측을 하지 못하는 가운데 짧은 시간에 고강도로 나타나서 위기관리를 해야 할 적절한 시기를 놓치는 경우도 있다.

위기의 성격과 강도를 인식한다는 것은 위기관리에 있어 대단히 중요하다. 국가적으로 어떤 중대한 상황이 발생되고 있음에도 이를 국가적 위기로 인식하지 못하여 악화되도록 방치하면서 전쟁으로 확대되거나,[26] 또는 경미한 사건을 중대한 위기로 인식하여 과도하게 대응함으로써 예기치 못한 위기를 오히려 조성할 수 있다. 따라서 위기가 어떤 성격이며 어느 정도의 강도를 갖고 있는지 정확히 인식한다는 것은 위기관리에 있어서 기본적 전제조건이라고 할 수 있다.

정책결정자들이 위기를 객관적으로 인식하기 위해서는 다음의 세 가지 필요충분조건이 있는데 첫째, 위기상황이 기습적이고 돌발적인 것인지 둘째, 정책결정단위가 추구하는 높은 순위의 목표를 위협하는지 셋째, 상황이 다른 상황으로 전환되기 이전에 정책결정단위에 의한 반응시간이 제한되는지, 만약 이 세 가지가 정책결정자들에게 인식된다면 이는 위기라고 할 수 있다.[27]

'위협Threat'이란 발생된 위기가 국가의 정책결정자들에게 인식되

---

26 2차 대전이 발발하기 전 스탈린과 히틀러는 1939년 8월 25일 '독소불가침조약'을 체결하여 독일군이 소련을 침공하는 바바로사 작전Barbarossa Op.을 실시하는 1941년 6월까지 이렇다 할 문제없이 관계를 유지하였다. 그러나 이미 히틀러는 1940년 7월 말 1941년 소련을 침공할 계획을 수립할 것을 지시하였다. 스탈린 또한 다양한 계통을 통해 독일군 공격 가능성을 보고받아 이미 알고 있었다. 1941년 3월에 미 국무차관은 베를린 주재 미 상무관을 시켜 독일군의 소련 침공 계획을 알려주었고, 영국 수상 처칠도 독일군 침공 가능성에 대한 정보를 스탈린에게 알려주었다. 소련군은 당시 소련과 독일의 국경지역에 배치되었던 독일군 부대규모도 확인하고 있었다. 이러한 독일군의 공격 가능성에 위기를 느낀 소련의 국방상 티모센코나 참모총장 주코프는 스탈린에게 선제공격을 건의했으나 오히려 경고만 받았다. 키에프 군사령관이 독일군 침공에 대비하여 병력을 전방 방어진지에 배치하자 스탈린은 사령관을 해임하고 방어배치를 취소시키는 일도 있었다. 이외에도 국경선을 넘어와 정찰하는 독일군 정찰기를 공격하지 말라는 지시와 소련-폴란드 국경지대에 배치되어 있는 요새진지도 모두 철거하도록 하는 등 스탈린 본인이 독일군의 침공 가능성을 인식하면서도 반대되는 조치를 하였다. 독일군의 소련 침공이 임박하여도 스탈린은 이를 위기로 인식하지 않고 있다가 결국 기습을 받아 전쟁 초기단계 막대한 피해를 입었다. 독소전쟁에서 스탈린의 판단착오는 전쟁으로 발전되고 있는 위기를 과소평가하여 심대한 피해를 입은 대표적 사례이다.(육군본부, 『소련군사』, 육군인쇄창, 1975, 96~97쪽) 3차 중동전 시 이스라엘이 이집트와의 전쟁 기운이 고조되어 감에도 불구하고 이집트의 기만에 속아 기습을 당한 것도 이러한 사례로 볼 수 있다.

27 채경석, 『위기관리정책론』, 대왕사, 2004, 89쪽.

는 것으로, 통상 국가존속이나 안보와 경제 등 국가의 핵심가치에 영향을 준다. 국가의 정책결정자들이 위협을 어떻게 인식하느냐에 따라 이는 위기관리에 영향을 미친다.

위기를 인식함에 있어 세 가지가 필요한데, 위협의 높고 낮음에 대한 인식과 발생된 위기를 조치함에 있어 소요되는 시간의 많고 적음 및 전쟁가능성의 높고 낮음이 그것이다. 허만은 '높은 위협High Threat'과 '짧은 결정 시간Short Time' 및 '도발성Surprise'이 높은 강도로 나타날 때 군사적 충돌의 가능성이 높다고 하였다.[28]

28　조영갑, 앞의 책, 25쪽.

3장

위기관리 정책과 전략

위기관리를 함에 있어 발생된 위기가 악화되어 전쟁으로 비화되는 것을 방지하면서 이 과정에서 상대방이 패배감을 갖지 않도록 하는 것은 중요하다. 미국과 소련 간에 발생하였던 베를린 위기(1948)와 쿠바 미사일 위기(1962)에서 미국은 소련에게 패배감을 주지 않으면서도 국가이익을 관철시키고 상황을 안정시켰으며, 위기 이전의 상태로 돌려놓는 데 성공하였다.[1] 즉, 쿠바에 설치되던 미사일은 철거되었으며 핵을 탑재한 것으로 알려진 선박은 소련으로 회항하였던 것이다. 이렇게 상대방에게 패배 또는 굴욕감을 주지 않으면서 발생된 위기를 원상으로 회복하거나 개선시키기 위해서는 위기관리 정책과 전략이 필요하다.

국가 간의 위기는 1 · 2차 대전에서 나타난 바와 같이 장기간에 걸쳐 서서히 조성되다가 어느 시기에 발생하는 경우도 있지만 통상은 비교적 짧은 기간에 걸쳐 발생하는 현상을 보이며, 따라서 발생된 위

1 조영갑, 『국가위기관리론』, 선학사, 2006, 43쪽.

기상황을 관리하고 조치하기 위해서 전략을 결정하는 의사결정과정에 참여하는 결정자들은 소수가 될 수밖에 없다.[2]

1. 위기관리 정책과 전략

국가는 적에 의해 침공을 받을 우려가 있거나 테러 및 대량살상무기, 재해 및 재난 등이 예측되거나 발생되면 국가의 기능을 유지하고 국민들의 생명과 재산을 보호하면서 피해를 최소화하기 위해 위기관리를 해야 한다. "일단 위기가 발생하면 어느 국가든지 그 국가의 가장 핵심적 이익Vital interest을 보호하거나 더 많은 이익을 추구하기 위해서 무엇인가를 해야만 한다는 것을 느끼게 됨과 동시에 그 과정에서 원치 않는 위기의 상승Escalation 효과를 초래할 수도 있는 수단의 사용과 행동을 피해야 하는 상황을 인정해야만 하는데, 이것이 위기관리 정책결정에서 당면하는 문제들이다"라고 조지Alexander L. George는 말하였다.[3] 위기관리를 함에 있어 자국의 이익보호와 상대국과의 대결로 야기될 위기상황의 악화를 초래할 수 있는 수단 또는 방법들의 회피는 위기관리에 참여하는 정책결정자들이 반드시 해결해야 하는 문제이다.[4]

---

2 이를테면 한국의 국가안전보장회의 구성원은 대통령과 국무총리, 외교부 장관, 통일부 장관, 국방부 장관과 대통령이 정하는 약간의 위원으로 하고(국가안전보장회의법 2조), 의장이 필요하다고 인정하는 경우 관계부처의 장, 합동참모회의 의장 또는 그 밖의 관계자를 회의에 참석하게 하여 발언케 할 수 있다.(법6조) 법2조에 의한 관계부처의 장은 안전행정부 장관이나 대통령 비서실장 및 비서실의 외교안보정책을 보좌하는 수석비서관(대통령령 22593호)이 된다.

3 Alexander L. George, *Avoiding War : Problem of Crisis Management*, Boulder : Westview Press, 1991, P.23.

국가에 위기가 발생하면 고위정책결정자들의 결정에 따라서 국가가 당면한 위기를 해소하고 상황을 안정적으로 관리하여 평화로 복귀하든지 아니면 전쟁을 하든지 중대한 순간을 맞게 된다. 따라서 위기관리 정책결정에 참여하는 정책결정자들의 위기관리 정책과 전략의 선택, 결정은 대단히 중요하다. 의사결정자들은 위기를 극복하기 위하여 합리적으로 의사결정을 한다고 하더라도 그들이 채택한 정책이 위기를 극복하는 데 어떤 영향을 미치며 그 결과가 어떻게 될지 예측을 할 수 없기 때문에 심각한 심리적 압박상태Stress에 놓이게 된다.

위기관리 정책을 결정함에 있어 발생된 사건의 성격 때문에 소수의 정책결정자들에 의해 결정이 되고, 여기에 참여한 결정자들의 사태에 관한 인식, 적에 관한 입수된 정보의 과다 또는 과소와 이를 처리하는 방법은 정책결정자들의 정책결정에 당연히 영향을 준다.[5] 전통적 안보위협 아래에서 위기관리목표를 결정하기 위해서는 위기가 발생하였을 당시의 국제정세와 국내정세, 위기 성격과 그 강도, 국민여론과 언론, 고위 정책결정자들의 정치적 성향 등에 의하여 영향을 받는다.[6] 전통적 안보위협은 상대국의 어떤 특정한 행위의 결과로 발생하는 것이기 때문에 위기관리에 영향을 미치는 국제정세에 대한 분석이 필요하다.

---

4 *Ibid.*

5 Chares H. Hermann, *Crisis in the Foreign Policy : A Simulation Analysis*, Indianapolis : The Bobbes-Merill Company, Inc, 1969, pp.409～411.

6 박계호, 「한반도 위기발생 시 미국의 역할결정요인에 관한 연구」, 충남대 박사논문, 2012, 242～247쪽. 예를 들면, 한반도에서 발생하였던 1·21사태(1968.1.21)와 미 정보함 푸에블로호 나포 사건(1968.1.23), 미 정찰기(EC-121) 피격 사건(1969.4.15)과 판문점 도끼만행 사건(1976.8.18) 등이 발생하였을 때 미국이 한반도 위기관리에 개입을 결정함에 있어서 사건의 대상(한국군 또는 미군)과 성격 및 강도, 월남전이라는 당시 국제정세, 미국 의회와 국민여론의 요인이 중요한 영향을 미쳤다.

이러한 요소들이 상호작용하여 위기관리 형태로 표출되는 것으로 지금까지의 위기관리는 이와 같은 위기관리의 결과라고 할 수 있으며, 이러한 사항들이 중요한 변수Variables가 되는 것이다.

위기가 발생하면 상대 국가도 자국의 이익에 따라 위기관리를 한다. 따라서 한번 수립해 놓은 위기관리전략은 상대방의 행동과 상황에 따라 융통성 있게 대응해야 한다. 모든 위기상황에서 적절하게 대응할 수 있는 표준적 위기관리전략은 없으며, 당시 상황에 따라 적시 적절하게 대응전략을 수립하고 융통성 있게 대응해야 한다.

조지는 이러한 위기관리전략을 과거 위기발생 시 조치하였던 사례들을 연구하여 '공세적 위기관리전략Offensive Crisis Management Strategies'[7]과 '수세적 위기관리전략Defensive Crisis Management Strategies'[8]으로 구분하였다.

---

7 George, *op. cit.*, pp.377~384. '공세적 위기관리전략'은 제시된 요구가 수용되지 않을 경우 막대한 응징과 손상을 입게 될 것이라고 협박하여 도발자의 행동을 포기하게 하는 '공갈전략Blackmail', 위기확대는 피하면서 발생된 위기를 자국에 유리하게 전환하고자 적극적 탐색행위를 통해 위기를 역전시키는 '제한적이고 탐색 가능한 전략The Limited, Reversible Probe', 현 상황을 유지하려는 방자의 노력을 도발국이 잠식 또는 우회하는 방안들을 통해 상황을 변경시키려는 '통제된 전략The Strategy of Controlled Pressure', 상대방이 현 상황을 고수하지 않을 것이라고 확신할 때 신속하고 결정적인 행위를 통해 기정사실화하는 '기정사실화 전략The Fait Accompli Strategy', 상대적으로 약한 행위자가 강력한 상대에게 사용하는 '소모전략The Attrition Strategy'으로 구분한다. 자세한 내용은 이은득, 「위기관리 측면에서 본 '서해교전'」, 『국방연구』 제45권 제2호, 국방대학교, 2002, 18~30쪽; 조영갑, 앞의 책, 129~131쪽 참조.

8 George, *op. cit.*, pp.384~394. '수세적 위기관리전략'은 도발자가 도발한 행위를 취소하거나 중지하도록 강요하기 위해 무력증강을 통해 상대방을 압박하는 '강압외교Coercive Diplomacy,' 유리한 협상조건을 만들기 위해 제한적이고 선택적으로 위기를 확대하는 '제한된 확대전략The Strategy of Limited Escalation Coupled With Deterrence of Escalation', 도발자와 동일한 수준으로 보복을 실행하는 '동일보복전략The Tit-for-tat Strategy Coupled With Deterrence of Escalation by the Opponent', 도발자의 도발에 장기적으로 부담을 느끼게 함으로써 실패를 인정하도록 하는 '능력시험전략The Strategy of Capability Strategy Coupled with Deterrence of Escalation by the Opponent', 상대방에게 한계를 설정해서 더 이상 넘지 못하도록 하는 '한계설정전략The Strategy of "Drawing a Line"', 도발자의 도발에 강력한 대응의지를 전달하여 더 이상 도발을 하지 못하도록 하는 '공약과 결의전달Conveying Commitment and Resolve to Avoid Miscalculation by the Adversary', 도발 시 질질 끌면서 협상시간을 벌기 위한 '시간벌기전략The Strategy of Buying Time to Explore a Negotiated Settlement' 등으로 구분한다. 보다 자세한 내용은 이은득, 위의 글, 18~30쪽; 조영갑, 앞의 책, 131~135쪽 참조.

2. 위기관리 유형

위기관리는 국가와 국가 사이에 발생되는 갈등이 악화되어 전쟁으로 가는 것을 방지하고 평화적으로 해결해 나가는 과정이다. 따라서 먼저 국가 간 위기가 발생되지 않도록 하는 것이 중요하다. 그러나 만약 어떤 원인으로 인하여 위기가 발생된 경우라면 이 위기가 행위의 주체들에 의하여 안정적으로 관리되면서 위기발생 이전의 평화적 상태로 돌아가기 위한 수단과 전략이 필요하다.

위기를 성공적으로 관리하기 위해서는 첫째, 위협을 가하는 상대방을 제압하면서 자신이 패배해서는 안 되고 둘째, 발생된 위기가 전쟁으로 확대되어서는 안 된다는 것이다.[9] 이를 위해서는 '강압Coercion'과 때로는 '회유Appeasement'가 필요하다. 통상 발생된 위기에서 위협을 제거하는 방식에 따라 교섭적 · 수습적 · 적응적 위기관리로 구분한다.[10]

'교섭적 위기관리'란 위협의 근원이 되는 상대방의 고의적이고 직접적인 도발행위로 유발된 위기를 군사적 수단이나 경제적 보상 또는 제재 등의 흥정을 통해 협상으로 해결하려는 노력을 말한다.

'수습적 위기관리'란 국가 간에 발생된 위기와 재해 및 재난으로 발생된 위기 등으로 구분된다. 국가 간의 갈등으로 발생된 위기에서는 상황에 대한 통제와 대책을 위해 유관기관들과의 협조기구 설치와 동맹국들과 관련 국제기구의 협조 및 공조체계 확립, 관련정보의

---

9 James Richardson, "Crisis Management : A Critical Reprisal", Gilbert Winhamed(ed.), *New Issue in International Crisis Management*, Boulder : Westview Press, 1994, p.15.

10 조영갑, 앞의 책, 14~15쪽.

교환과 사태 수습방안의 강구, 사후 보상과 재발방지를 위한 대책의 강구 등이 여기에 해당된다.[11]

'적응적 위기관리'란 예기치 못한 국제질서나 구조에 급작스러운 변화로 인하여 위기가 발생하였을 경우에 당면한 상황을 신속히 파악하고 이에 대한 장 · 단기적인 방안을 강구하여 효과적으로 대응하는 것이다.

11 조남진, 『국가안보의 이해』, 노드미디어, 2010, 192쪽.

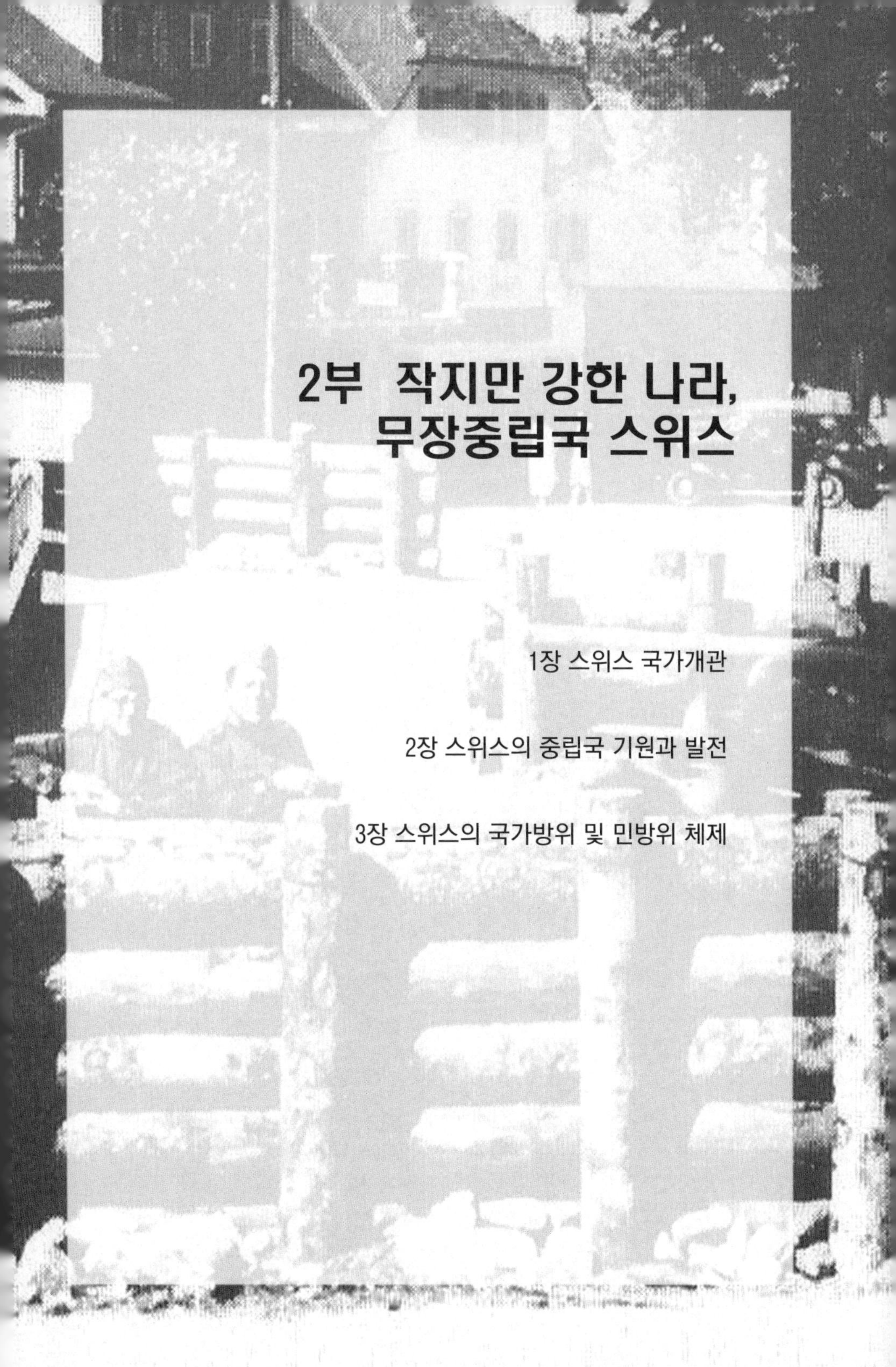

2부 작지만 강한 나라, 무장중립국 스위스

1장 스위스 국가개관

2장 스위스의 중립국 기원과 발전

3장 스위스의 국가방위 및 민방위 체제

1장

스위스 국가개관

유럽의 지도를 펼쳐 놓고 스위스를 찾고자 한다면 영국이나 프랑스, 스페인, 독일, 이탈리아처럼 쉽게 찾지는 못할 것이다. 스위스는 그만큼 유럽의 다른 국가들처럼 눈에 띄게 큰 나라는 아니다. 스위스는 중부유럽에 위치하여 북쪽으로는 독일, 서쪽으로는 프랑스, 남쪽으로는 이탈리아, 동쪽으로는 오스트리아 및 리히텐슈타인과 국경을 접하고 있다. 국토의 면적은 약 41,293Km²로 한반도(약 22만 Km²)의 약 1 / 5이고, 남한(9.9만 Km²)의 약 42%에 해당되는 작은 산악 · 내륙 국가이다.

유럽의 중앙에 자리한 스위스는 주변의 강대국들에 둘러싸여 지정학적 · 전략적으로 중요한 위치에 있다. 그 때문에 1 · 2차 대전 동안 항상 자국의 의지와는 상관없이 전쟁에 휘말려 들어가게 될 위협에 직면하였지만 이를 모두 극복하였다.

스위스는 북쪽으로는 비교적 저지대와 평야Mittelland(Plateau)가 발달돼 있으면서 라인Rhine 강과 콘스탄츠Constance 호 등으로 독일과 국경을 접하고 있다. 서쪽에는 쥐라 산맥Jura Mountains으로 프랑스와, 남

〈그림 2-1〉 유럽 속의 스위스

쪽에서는 유럽의 최고봉인 알프스 산맥Alps Mountains으로 이탈리아와 국경을 접하고 있으며, 동쪽에는 오스트리아와 리히텐슈타인이 있다. 스위스는 국토의 약 60%가 산악지역이다. 산악으로 이루어진 스위스의 지정학적 위치는 방어에 유리하며 스위스의 중립을 위한 실효성 있는 외교정책의 방안을 만들었다.[1]

스위스는 수도인 베른Bern과 국제도시인 제네바Geneva와 로잔Lausanne, 루체른Luzern, 취리히Zürich 등의 도시와 레만, 취리히 및 루체른 호를 포함하는 크고 작은 1,500여 개의 호수, 3,000m 이상의 고산이 78개나 있다. 이러한 도시와 호수, 알프스 산맥 등을 관광자원화하는 데 성공함으로써 전 세계의 수많은 관광객들이 방문하는 관광대국이기도 하다.

---

1 찰스 W. 케글리, Jr., 오영달 외역, 『세계정치론』, 한티미디어, 2010, 107쪽.

〈그림 2-2〉 스위스 국기

스위스의 국명은 인종구성의 다양함만큼이나 여러 가지로 불린다. 정식국명은 헬베티카 연맹Confederation Helvetica이고, 독일어로는 Schweizerische Eidgenossenschaft, 프랑스어로는 Confederation Suisse, 이탈리어로는 Confederazione Svizzera이며, 로망슈어로 Confderaziun Svizra, 영어로는 Switzerland이다.

스위스 국기는 기독교를 종교적 배경으로 한 붉은색 바탕 안의 하얀색 십자가이다. 그 붉은 바탕은 그리스도의 피를, 하얀색 십자가는 그리스도의 십자가를 상징한다. 백십자는 14세기 무렵부터 스위스 군軍의 기치旗幟로 사용되어 왔다. 국기는 전통적으로 자유 · 명예 · 충성을 나타내왔으며, 현대에는 중립성 · 민주주의 · 평화 · 보호도 상징한다. 이 기는 13세기 신성로마제국의 황제 프리드리히 2세가 슈비츠Schwyz 주州에 하사하여 자유의 상징으로 삼은 데서 유래하였으며, 1815년 22개 주가 연방을 이루면서 국기로 사용되었고, 1848년

헌법제정과 동시 국기로 제정되었다.(국제적십자기는 설립자 앙리 뒤낭의 모국인 스위스의 국기를 모방하여 똑같은 모양에 색깔만 반대이다.)

1. 스위스의 역사

중세시대 이후 스위스의 국가 성립과 역사는 1291년으로 거슬러 올라간다. 스위스는 프랑크왕국과 신성로마제국의 일부로 있었으나 1291년 스위스 지역의 우리Uri, 운터발덴Unterwalden, 슈비츠Schwyz 주의 3인 대표가 단합하여 원형 칸톤들Ur-Kantone을 형성했다. 당시 강력한 합스부르크 왕가의 영토확장 요구에 공동으로 대항하면서 사법행정의 자치권 보호를 위해서 영구동맹Eternal Alliance을 맺은바, 이것이 스위스 동맹의 시초이자 국가의 기원이 되었다.[2] 이후 스위스는 주변의 다른 주들과 전투를 하면서 점차 그 세력권을 넓혀갔으며 16세기 초에는 루체른, 취리히 등 13개 주까지 확장하였다.

1515년 프랑스가 대군을 이끌고 이탈리아를 침공하자 이탈리아는 스위스에 용병을 요청하였다. 스위스의 각 주들은 갑론을박 끝에 일부의 주에서 파병을 하였고, 이탈리아의 북부 마리냐노Marignano에서 스위스 및 이탈리아 연합군은 프랑스 대군과 맞붙어 대패하면서 스위스 용병의 대부분이 전사하였다. 이 전투에서 스위스는 어느 한 편을 지지하여 국제분쟁에 개입하는 것이 얼마나 위험한 일인지 알게 되었고 이를 계기로 중립국의 기원을 열었다. 가톨릭과 프로테스

2 Tom Lansford, *Political Handbook of the World 2013*, New York : CQ Press, 2013, p.1398.

탄트 간의 대립으로 인해 1618~1648년에 걸쳐 독일을 중심으로 유럽제국 사이에 벌어진 최대·최후의 종교전쟁인 30년전쟁Thirty Year's War에 개입하지 않음으로써 스위스는 중립의 기초를 다져나갔으며, 베스트팔렌 조약Treaty of Westfalen(1648)[3]에 따라 중립국이자 독립국으로 승인을 받았다. 이 전쟁기간 중 스위스는 각 주가 국경을 지키기 위해 방위군을 창설하기로 하는 국방규정을 마련하면서 사실상 무장중립Armed Neutrality 시초를 마련하였다.[4]

네덜란드 전쟁(1672~1679)이 발발하자 스위스는 이 전쟁이 자국의 영토로 확산되는 것을 방지하기 위하여 1674년 회의를 열고 공식적으로 무장중립이 외교의 기본정책임을 선언하였다. 그러나 나폴레옹은 스위스를 중립국으로 인정하지 않으면서 1798년 침공하여 점령하고 헬베티카 공화국Helvetica Republic을 설치하면서 속령화하였다. 당시 나폴레옹의 스위스 침공과 점령은 스위스의 여러 주가 단합하지 못한 결과이기도 하였다. 나폴레옹은 "나의 앞에서 스위스 중립은 의미가 없는 일"이라고 말한 적이 있다고 한다. 나폴레옹 자신이 스위스 중립자체를 인정하지 않았을 뿐더러 스위스도 외세의 침공에서 신뢰할 만한 방위력이 없는 상태에서 중립이란 오로지 이웃하는 강대국의 자비와 인정에 의해서만이 가능하다는 것을 알게 되었다.[5]

---

3 영어로 웨스트팔리아 조약이라고도 한다. 근대외교조약의 효시로 불리는 베스트팔렌 조약은 오스나브뤼크와 뮌스터(각각 1648년 5월 15일과 10월 24일)에서 체결되었다. 이 조약의 결과 독일의 30년전쟁과 스페인과 네덜란드 간의 80년전쟁이 종결되었으며, 프랑스는 영토를 확장하였다. 또한 이 조약을 통해서 가톨릭, 루터파, 칼뱅파에게 모두 신앙의 자유가 허용되었고, 역사에서 처음으로 프로이센이 왕국으로 등장하였다. 아울러 네덜란드와 스위스가 독립을 인정받았다.

4 박후건, 『중립화 노선과 한반도의 미래』, 선경그라픽스, 2007, 43쪽.

5 Kurt R. Spillmann, "Swiss Security Policy in a Changing Environments", *Swiss Neutrality and Security : Armed Forces, National Defence and Foreign Policy*, New York : St. Martin's Press, 1990, p.208.

이때 스위스는 한동안 강대국 사이에서 균형을 유지하면서 독립을 지켜왔으나 처음으로 프랑스의 지배를 받았고, 이것이 후일 영세중립국을 주장하는 계기가 되었다.[6]

1812년 나폴레옹이 러시아 정벌에 실패하고 1815년 워털루 전투에서마저 패하면서 몰락하자 여기서 승리한 러시아와 오스트리아, 영국, 프랑스, 프로이센 등의 연합국들이 1815년 비엔나 회의를 갖고 스위스를 영세중립국으로 보장하기로 합의했다. 이를 파리 조약에서 재확인함으로써 마침내 주권을 가진 영세중립국Perpetual Neutrality으로 독립했다. 이후 스위스는 더 이상 외부의 침공에 의해 식민지가 되거나 또는 주권을 상실한 적이 없다. 또한 당시 22개의 주들로 이루어진 연방국의 국경이 현재의 국경으로 지속되고 있다.

1815년 영세중립국이 되기는 하였으나 신구와 구교 간의 국내문제로 1847년에 분리주의자들에 의한 내전이 발생하였다. 이듬해인 1848년 신 · 구교 간 화해로 내전의 피해를 극복하고 연방헌법을 최초로 제정하면서 연방국가로 탄생하였다. 이 헌법에 따라 연방은 국방과 외교, 재정과 경제 등 국가적 차원의 통일이 필요한 분야에서 권한을 행사하고, 그 외에 환경, 교육 등은 주정부 차원에서 권한을 행사하고 있다.

국토는 작고 가진 자원이라고는 사람밖에 없었던 중세시대의 스위스는 가난한 국가였다. 산악지대로 경작지는 부족하고 일할 곳이 없었던 강건한 남자들이 돈을 벌기 위해서는 타지로 나갈 수밖에 없는 상황에서 당시 대규모의 고용을 보장하는 용병傭兵(Mercenary), 즉 인력

---

6 박후건, 앞의 책, 44쪽.

을 해외로 수출하는 것이 스위스로서는 최대의 산업이었다. 이들이 벌어오는 돈으로 국민을 먹여 살려야만 할 정도로 스위스는 '피血를 수출'해서 먹고 살았던 것이다.[7]

이렇게 스위스는 루이 11세 시절인 1474년 처음 정식으로 용병을 파견하기 시작한 이래 300여 년에 걸쳐 50만여 명이 프랑스를 위해 목숨을 잃었다.[8] 이후 수차례 용병의 파견이 있었으며, 특히 프랑스 혁명 당시 루이 16세를 끝까지 지키다가 숨진 800여 명의 스위스 용병은 충성심을 나타내는 대표적인 이야기 중의 하나가 되어 전해지고 있다. 오늘날에는 로마교황청Vatican을 지키는 80여 명의 근위병들이 바로 스위스인이다. 그들은 엄격한 과정을 거쳐 선발되며, 그들의 충성심 또한 이러한 역사적 연유에 기인하는 바가 크다.

2. 스위스의 정치

스위스는 26개 주로 구성된 연방공화국이다.[9] 연방제를 택하고

---

7 기구치 요시오, 김숙이 역, 『용병 2000년의 역사』, 사과나무, 2011, 80~81쪽. 용병들은 주목적이 돈으로, '돈 없는 곳에는 스위스 병사도 없다'라는 말이 있을 정도로 스위스 용병은 돈을 찾아서 활동을 하였다.

8 위의 책, 81쪽. 당시 용병계약에는 "스위스 병사는 해전에 투입하지 않는다. 신성로마제국 및 스위스와 동맹관계가 되는 나라에는 투입하지 않는다. 스위스 병사들을 분산시키지 않고 일괄해서 투입한다. 프랑스 왕은 지체 없이 급료를 지불한다" 등의 내용이 포함되어 있었다.

9 현재 전 세계에는 11개 국가가 연방제를 택하고 있다. 아르헨티나, 오스트레일리아, 오스트리아, 브라질, 캐나다, 독일, 인도, 말레이시아, 멕시코, 미국과 스위스이다. 연방제를 택하는 이유는 국토의 크기(미국과 캐나다, 인도, 브라질 등)와 국민의 다양성(미국과 인도, 브라질, 스위스) 등 여건에 따라 그 이유가 다르다.(Georges C. Edwards III · Martin P. Wattenberg · Robert L. Linebery, *Government In America : people, politics and policy*, Person Education Inc., 2011, p.67)

있는 나라는 약간씩 차이는 있으나 중앙정부와 주정부가 헌법에 의해 통상 권한을 나눠서 행사한다.[10]

스위스 연방의회Federal Assembly는 양원제로 상하원을 두고 있다. 상원Ständerat(Council of States)은 20개 주Kanton에서 각 2명의 의원을 선출하고 6개 반주半州(Halbkanton)에서 각 1명의 의원을 선출하하며, 총의석수는 46석이다. 상원의원은 각 주마다 상이한 법률적 절차에 따라 선출되며, 임기는 4년이다.

하원Nationalrat(National Council)의 의석은 총 200석이며, 각 주별 의석수는 주민수로 결정된다. 취리히 주는 가장 많은 34명의 하원의원을 선출하며, 반주 및 글라루스Glarus 같은 작은 주들은 1명의 하원의원만을 선출한다. 하원의원은 비례다수결 원칙에 따라 선출되며, 임기는 4년이다.

연방의회는 입법권으로 헌법 · 법률 · 연방결의 · 국가조약을 입법하고, 재정권으로 예산 승인 및 집행 조정을 하며, 임명권으로 연방각료 · 내각 사무처장 · 연방법관 · 최고군법회의 법관 등을 갖는다. 연방의회는 국가의 행정권을 행사하는 7명의 의원을 선출하며, 국가비상시에는 연방군의 최고사령관을 선임하고 전쟁을 선포하거나 군사에 관한 총체적 통제권을 행사한다.

스위스의 연방정부는 연방각의Bundesrat(Federal Council)로 연방의회에서 4년 임기로 선출된 7명의 각료로 구성되며, 중요 정책을 입안하여 의회에 제안한다. 연방각료는 아니지만 연방장관급에 해당하는 연방사무처에서는 연방각의를 주재하며 국내외적으로 발생하는

10 *Ibid.*, pp.66~68에서 연방주의에 대한 자세한 내용 참조.

주요사항에 대한 상황 파악 및 처리와 정부정책계획 및 지원, 연방의회에 연방법 및 연방결의 제출 등을 수행한다. 외교와 안보, 조세, 체신과 금융, 병역 등의 업무는 연방정부의 소관이다. 연방정부에는 외교부, 내무부, 법무 · 경찰부, 국방 · 민방위 · 체육부, 재무부, 경제부, 환경 · 교통 · 에너지 · 통신부 등 7개 부처가 있다.

연방의회는 7명의 연방각료 중 1명을 연방각의 입각 순서에 따라 매년 윤번제를 통해 대통령으로 선출한다. 대통령의 직위는 다른 연방장관과 동일하며, 연방각의를 주재하고 대외적으로 국가를 대표하는 상징적 직위에 불과하다.

주 정부는 연방정부의 결정을 시행하고, 공공재산과 학교 · 경찰 · 소방 · 보건 · 민방위 등의 분야에서 독자적으로 권한을 행사하며, 독자적 행정부와 의회 및 법원을 구성하고 운영한다.

스위스에서는 18세 이상의 국민이면 참정권이 있으며 하원선거권 및 피선거권을 가질 수 있다. 스위스는 직접민주정치제도를 도입하고 있는데, 이것은 국민제안Das Initiativrecht(Popular Initiative)으로 18개월 이내 10만 명 이상의 서명을 받으면 연방헌법의 개정을 요구할 수 있는 제도이다. 스위스는 국민투표Referendum 제도도 도입하고 있는데, 이는 100일 이내 5만 명 이상이 서명하면 연방법률과 의회결정 및 국제조약 등에 의견을 개진할 수 있는 제도이다. 또한 모든 국민은 어떠한 국가기관에 대해서도 서면으로 청원Petition을 할 수 있는 권리도 있다.

스위스는 1863년에 설치된 국제적십자사International Committee of the Red Cross(ICRC)와 1차 대전 이후 1920년에 설치된 국제연맹League of Nations 본부 등 많은 국제기구들이 위치하여 국제정치사에서 중요한 역할을 하였다. 현재에도 스위스에 본부를 두고 있는 국제기구로는 적십자사 외에 국제노동기구(ILO), 국제보건기구(WHO), 국제전기통신연합(ITU), 유엔아동기금(UNICEF), 국제축구연맹(FIFA), 국제올림픽위원회(IOC) 등 다수가 있으며, 국제정치는 물론 경제와 문화, 사회, 스포츠 등에서도 여전히 중요한 역할을 하고 있다. 이러한 국제기구를 위해 스위스 정부는 매년 2억 달러에 이르는 비용을 지원하고 있는 것으로 알려지고 있다.[11]

3. 스위스의 사회

2011년 현재 스위스의 총인구는 약 764만여 명이다. 주민은 독일계가 약 65%, 프랑스계가 약 18%, 이탈리아계가 10%이고 약간의 기타민족으로 구성되어 있다. 이들이 사용하는 언어도 독일어 63.7%, 프랑스어 20.4%, 이탈리아어 6.5%, 그 외에 로망슈어(0.5%)가 있다.[12] 따라서 스위스를 여행할 시 독어와 프랑스어, 이탈리아어 등으로 도로안내판이 표시된 것을 본다거나 방송을 듣는 일, 신문을 보는 것 등은 하나도 이상한 일이 아니다. 종교는 가톨릭이 41.8%, 개신교가 35.3%, 이슬람교 4.3% 기타 18.8%로 알려지고 있다.[13]

스위스는 민족과 언어, 종교의 다양성이 유럽의 다른 어느 나라보다도 강한 국가이기는 하다. 그러나 1·2차 대전과 같이 독일과 프랑

11 2006년 스위스의 외교부 자료에 의하면 제네바의 경우 국제기구 22개(직원 18,900명), 비정부기구 170개(직원 2,400명), 각국 대표부 154개(외교관 및 직원 3,600명), 연간 각종회의 2,492회(참석인원 126,619명)에 달하였다.

12 Tom Lansford, *Political Handbook of the World 2013*, New York : CQ Press, 2013, p.1397.

13 외교통상부, 『2011 세계각국편람』, 마스타상사, 2011, 374쪽.

스 등이 대결한 전쟁에서 이러한 다양성이 표면화되어 분열을 초래하지 않았다. 만약 그러한 다양성을 각기 주장한다면 그것은 분열로 가는 첩경임을 잘 알기 때문에 그들은 연방헌법에 따라 행동하면서도 내부적 단결을 도모하였다. 그러한 결과로 1 · 2차 대전에서도 교전국 중 어느 일방을 지원하거나 전쟁에 참전하지 않으면서 중립을 지킬 수 있었던 것이다.

4. 스위스의 경제

스위스는 내륙국가이면서도 석유와 철광석 등 국가의 경제발전에 중요한 부존자원이 거의 '0'에 가까운 나라라고 해도 과언이 아닐 정도로 없다. 인구밀도도 대단히 높은 나라 중의 하나이기도 하다. 나라가 크지도 않은데 국토의 상당부분이 알프스를 포함하는 산지와 제네바, 루체른 같은 호수이다 보니 국민을 모두 먹여 살릴 정도로 충분한 농경지를 갖고 있지도 못하다.

이러한 환경으로 인해 스위스는 중세기 용병을 수출하였으며,[14] 이는 1792년 프랑스 혁명까지 계속되었다.[15] 뿐만 아니라 19세기에

14 기구치 요시오, 앞의 책, 80~81쪽. 17세기 프랑스 루이 14세 당시, 프랑스의 어느 고위 관료가 스위스 용병대장에게 "프랑스가 스위스 용병에게 지급한 급료를 금으로 두드려 금판으로 만들면 파리에서 바젤까지 도로를 완전히 덮을 수 있다"라고 스위스 사람들의 돈에 대한 집착을 꼬집자 스위스 용병대장은 "프랑스를 위해 스위스인이 흘린 피는 파리에서 바젤에 이르는 모든 하천에 넘쳐흐르고 있다"고 응수하였다. 이는 프랑스가 스위스 용병을 엄청난 돈으로 샀지만, 스위스에서는 프랑스를 위해 너무 많은 사람들이 목숨을 잃었음을 의미하는 말이다.

15 위의 책, 180~181쪽. 당시 용병의 최대 고객은 프랑스로서, 프랑스를 위해 3백년간 50만여 명의 용병이 목숨을 잃었다. 루이 14세 당시 스위스의 인구는 90만여 명으로 이 가운데 12만여 명이 프랑스를 위해 일했다. 프랑스가 용병의 주 고객이었던 것이다.

는 남북아메리카로 다수가 이민을 가기도 하였다. 자원이 부족하다 보니 1930년대에는 국민의 1/3이 전기 및 기계장비와 시계 수출에 종사할 정도였다.

이러한 자연환경으로 인해 2차 대전 시 스위스는 많은 국가적 어려움을 겪기도 하였다. 식량이 부족하여 이를 수입하고자 해도 내륙국가이기 때문에 항구를 통한 무역을 할 수 없었고, 주변이 독일과 프랑스, 이탈리아 등 교전국들로 둘러싸여 있다 보니 교전국들과 협상을 거쳐 무역활동을 해야 하는 어려움에 처하기도 하였다. 그럼에도 스위스는 이러한 환경을 극복하면서 생존하였고, 경제를 발전시켜온 결과 현재는 전 세계에서 가장 부유한 국가 중의 하나로서 자리매김을 하고 있다. 스위스는 전형적인 산악 · 내륙국으로 직접 바다와 접하고 있지는 않지만 상당량의 선박을 보유하고 있는데, 이는 1 · 2차 대전 당시 생존을 위해 해외로부터 식량을 포함하는 물자를 구입하면서 경험하였던 어려움에 기인한다.

2010년 기준으로 스위스의 국내총생산액(GDP)은 5,238억 달러였고 1인당 소득은 약 66,934달러로 세계 최고 수준이며, 무역규모는 수출 1,953억 달러, 수입 1,762억 달러였다.[16] 국방비는 2010년 기준으로 45.7억 달러였다.

스위스의 주요 산업은 기계공업과 정밀시계산업, 화학공업, 식품산업과 낙농업이다. 특히 금융업과 보험업은 전 세계적으로 잘 알려진 스위스의 대표적 서비스 업종의 하나이기도 하다.[17] 스위스 은행

16 외교통상부, 앞의 책, 375쪽.

17 스위스의 은행숫자는 320개, 금융업 종사자는 전체 정규직의 6.3%인 21만 1,300명, 금융 · 보험업의 부가가치규모는 GDP의 10.5%인 604억 달러, 해외 금융서비스수익은 경상수지흑자의 85.9%인 191억 달러, 역외자산규모는 2.1조 달러로 알려져 있다.(『중앙

〈그림 2-3〉 아름다운 스위스

의 비밀주의는 그동안 유명하였다.

스위스에서 금융업이 발전될 수 있었던 이유는 30년전쟁, 7년전쟁, 보불전쟁, 1 · 2차 대전 등 전쟁이 자주 발생하였던 유럽에서 부유층들이 재산을 안전하게 보호하기 위해 영세중립국이라는 스위스의 국가정체성을 이용하였던 것과 스위스 은행들의 비밀주의Bank Secrecy,[18]

일보』, 2012.7.13)

18 프랑스의 앙리 4세가 종교전쟁 종료 후 위그노 신자들에게 종교의 자유를 허용한 1598년 낭트칙령이 1685년 루이 16세에 의해 철회된 것을 계기로 신교도들이 종교박해를 피하여 제네바로 이주하였으며 그중 일부가 은행업에 종사하였다. 그 후 돈이 필요한 프랑스의 군주들이 여기서 돈을 차용하면서 고객에 대한 비밀주의가 시작되었다. 이러한 은행비밀주의는 1713년 제네바 주정부에서 법제화한 후 연방정부는 1907년 민법에 포함시켜 통일시켰고 1911년 노동법에도 은행비밀이 누설돼 피해를 보게 되는 경우 피해고객에 대한 손해배상을 규정하였다. 1930년대 매국노 · 고리대금업자 · 투기업자 등 해외에 자금을 도피하는 독일인을 사형으로 처벌한다는 나치당의 강령(제18조)에 따라 게슈타포가 스위스에 은닉된 독일인(특히 유태인) 예금에 대한 첩보활동을 하면서 위기에 처하게 된 바, 연방정부는 이에 대응, 1934년 은행에 관한 연방법을 제정하여 은행비밀규정을 누설하는 위법자를 처벌하는 규정을 강화하였다. 현재 이 비밀주의는 유럽연합(EU)과 탈세방지 협약을 체결하고, 2009년 미국인의 조세회피를

스위스 통화인 SFr화의 안정적 가치 등에 기인한다.[19] 스위스연방 관광청의 통계에 의하면 2010년 기준 관광수입액은 약 156억 SFr(약 19조 원)으로, 이는 화학공업, 금속기계, 시계제작수출에 이어 4번째로 큰 수입원이다.

스위스하면 생각나는 시계는 프랑스에서 구교의 박해를 피해 해외 각지로 도피하던 신교도인 위그노Huguenots가 16세기 중엽 스위스에 들어오면서 시작되었다. 프랑스와 인접한 제네바는 이렇게 이주한 신교도와 자유주의 사상가들에게 자유지성과 신지식의 요람역할을 하였으며 위그노들의 시계산업도 자연스럽게 이 지역을 중심으로 자리를 잡은 후 인접한 쥐라Jura 산맥지역이나 뇌샤텔Neuchatel까지 확대되었다. 그렇게 시작된 시계산업은 16세기 말에는 한때 2만 명이 종사하여 연 85,000여 개의 시계를 생산하였다. 이후 시계는 스위스의 주력 수출품이 되었고, 현재도 매년 수천만 개가 생산되어 수출하며 고급시계의 대명사로 불리고 있다.

주목할 것은 영세중립국 스위스가 무기제조산업에도 심혈을 기울인다는 것이다. 국제법은 교전국 당사자들에게 무기 공급을 하지 않도록 제한하고 있지만, 스위스는 자국이 생산한 무기를 교전 당사자들에게 수출하거나 또는 제3국에게 판매되는 무기가 스위스를 경유한 적도 있었다. 예를 들면 1969년 아프리카의 나이지리아에 내전이 발생하였을 때 교전 당사자였던 이보 족과 피아후라 족이 스위스제 무기를 사용하였고, 1976년의 제3차 중동전에는 프랑스가 이스라

도운 혐의로 미국에게 7.8억 달러의 벌금을 부과받는 것 등을 계기로 점차 각국정부와의 협의를 통해 완화되는 추세이다. 한국도 스위스 은행의 한국인 비밀계좌를 양국 간에 체결된 조세조약으로 알 수 있는 길을 열어 놓았다.

19 로렌츠 스토위키, 김택하 역, 『스위스의 신비』, 태광문화사, 1978, 142~143쪽.

엘에게 자국의 미라주 전투기 수출을 불허하자 이스라엘이 스위스를 경유하여 입수한 적도 있다.[20]

한국에서 사용하고 있는 오리콘 대공포도 스위스에서 만든 무기이다. 스위스는 2009년도에 74개국에 무기를 수출하였고 그 주요 수출 대상국은 서독과 사우디아라비아, 덴마크, 영국, 벨기에 등이었다.[21] 이 과정에서 파키스탄과 인도, 이라크와 이란 등 분쟁당사국이나 사우디아라비아와 UAE 같은 인권 후진국에 무기와 탄약 등을 판매하는 데 따른 문제도 제기되었다.[22] 이렇게 스위스는 무기를 생산하여 수출하고 있으며, 2010년도에 9억 달러를 수출한 것으로 알려지고 있다.[23]

이러한 스위스의 경제는 중립국이라는 국가의 정체성이 스위스 이상주의의 산물이 아니라는 것을 보여준다. 강대국들에 둘러싸여 겪어야 했던 잦은 분쟁의 역사적 경험을 따라 힘의 균형을 추구한 결과, 산업발전과 국부를 위해서 군수물자를 생산하고 수출한다는 것을 증명하는 것이다.

---

20 위의 책, 2~3쪽.

21 "Report on the export of Arms from Switzerland 2009 : Swiss Coalition Against Arms Trade Group for Switzerland without an Army", 25.May.2010, info@kriegsmaterial.ch, p.3.(검색일 : 2012.5.29)

22 *Ibid.*, pp.3~4.

23 2012년 2월 28일자 *Defence News*에 의하면 스위스의 2011년 방산수출은 2010년도에 비하여 36%가 늘어난 8.72억 SFr(9.73억 달러)이었고 주요 수출품으로는 훈련용 항공기, 대공방위시스템 등이다.

2장

스위스의 중립국 기원과 발전

1. 중립의 개념

국제법에서는 교전국들이 중립국을 침공해서도 안 되지만 중립국은 중립국대로 교전국들이 자국에 유리하게 병력과 장비, 탄약 등의 물자를 통과하도록 해서도 안 되고 어느 교전국에 유리하게 할 수 있는 제반 활동도 해서는 안 되도록 제한을 하고 있다. 또한 교전국 부대들이 군사목적으로 중립국에 통신국을 세우거나 군사적 목적으로 하는 행위들도 금지하고 있으며, 중립국들도 교전국들에게 도움을 주는 행위를 해서는 안 된다.[1] 교전국이나 중립국이나 모두 지켜야 할 사항이 있는 것이다.

스위스는 영세중립국이다. 영세중립국이란 조약에 의하여 스스로 방위를 위한 경우를 제외하고는 영구히 타 국가 간의 전쟁에 참가

---

1 Dietrich Schinder, Neutral Powers and Persons in War on Land, "Convention Respecting the Right and Duties of Neutral Powers and Persons in Case of War on Land", *The Laws of Armed Conflict*, Dordrecht : Martinus Nijhoff, 1988, pp.942~944.

하지 않을 의무를 부담하는 한편 타 국가에 의하여 자국의 독립과 영토보전이 보장된 국가를 말한다. 중립국으로서 스위스는 타 국가와 분쟁에 휘말려들거나 분쟁이 발생하면 어느 국가에 참여하거나 또는 지지하는 것을 하지 않고 문자 그대로 중립을 지키겠다는 것이다.

이러한 중립에 대해 피쵸니Camille Piccioni는 "전시에 다른 국가들과의 사이에서 직·간접적으로 적대행위에 참여하지 않는 국가의 상태"라고 말한 바 있다. 이러한 개념 아래 전쟁이 발발하기 이전에 중립으로 남겠다는 의도를 밝히고 이를 다른 국가들과 조약으로 구체화시켜 놓았을 때 중립국으로서 인정을 받을 수 있다는 것이다.[2]

『전쟁의 연구*A Study of War*』의 저자인 라이트Quincy Wright는 어느 한 국가가 중립정책을 추구하는 이유를 "전쟁이 발발하면 이에 휘말려들지 않기 위해 택하는 특별한 정책"이라고 설명하고 있다.[3] 그는 중립정책이 특별히 강대국인 미국에서 강조가 되었지만 강대국이 아니면서도 스위스와 네덜란드, 스칸디나비아 반도의 국가들에서도 강조되고 있는데, 그것은 힘의 균형과 상호 배치되지 않으면서 강대국의 분쟁에 휘말려들지 않기 위한 것이라고 하였다. 그는 모든 국가, 특히 해상무역의 이익에 많은 관심을 갖고 있는 국가에서는 힘의 균형을 유지하고자 중립정책을 채택하였다고 하면서 중립국으로 남기 위해서는 힘의 균형을 유지해야 한다고 말하고 있다. 스위스와 같이 국토의 크기가 작은 중립국은 일반적으로 전쟁이 일어날 경우 교전상대국에 휘말려 들지 않고 외부에서 중립으로 머무르고자 노력

---

2 Jean F. Freymond, "Neutrality and Security Policy as Components of the Swiss Model", *Swiss Neutrality and Security*, New York : St. Martin's Press, 1990, pp.177～178.

3 Quincy Wright, *A Study of War*, Chicago : The University of Chicago Press, 1983, pp.135～136.

하지만 교전국들은 그들의 이익이 어떻게 되는지 판단에 의해서 이를 존중하든지 무시한다고 하고 있다.

아무리 중립국이라고 스스로 선언을 하고 국제사회가 이를 인정한다고 할지라도, 또는 국제사회가 특정한 조약으로써 중립국임을 인정해준다고 할지라도 해당 중립국이 자위를 위한 국방력을 갖추고 있지 못하면 강대국의 이익 판단에 따라 희생양이 될 수 있다. 2차 대전 당시 노르웨이, 아일랜드, 벨기에, 네덜란드, 룩셈부르크, 덴마크 등 다수의 중립국들이 있었지만 1940년 4월의 덴마크와 노르웨이, 5월의 벨기에와 네덜란드 등의 독일군 침공사례가 보여주듯이 강대국의 이해관계에 따라서는 언제라도 중립이 훼손될 수 있는 것이다. 특히 1 · 2차 대전에서 두 번씩이나 독일군의 침공을 겪었던 벨기에는 힘없는 중립이 국가의 독립을 유지하는 데 있어 전혀 도움이 되지 못하였다는 경험적 산물로, 2차 대전 이후에는 북대서양조약기구(NATO) 창설에 가입하였으며, 수도인 브뤼셀에는 그 본부가 위치하고 있다.

스위스의 중립과 직접민주주의 정치제도, 연방주의는 스위스의 정치에 있어서 가장 '중요한 원칙Vital Principles'이라고 할 수 있다. 중립이 국가 간의 관계를 다루는 것이라면, 직접민주정치는 국민들이 그들의 의사를 표현하는 정치적 시스템이고 연방주의는 주정부와 중앙정부의 관계를 정립한 것이다.

중립국에 비판적인 학자들은 2차 대전 시 중립국들이 파시스트의 전쟁참여 요구나 그들로부터 침공을 피하기 위해서 중립을 택하였고 냉전시기에는 동맹에 참여함으로써 힘의 균형을 통해 안보를 보장받기 위해서 그러했지만 냉전종식 이후에는 중립국으로 남기 위한 국가의 선택이 불필요하며 국제사회의 협력을 방해한다고 주장하고 있다.[4] 스위스에서도 이러한 변화로 인한 논쟁이 있었다. 1980년대 말 냉전의 종식과 구소련의 해체, 유럽연합의 창설과 같은 전략환경의 변화로 인해 스위스가 중립국을 유지해야 하는지에 대한 논의와, 그러한 환경변화의 연장선상에서 군대가 필요한지에 대한 논란이 촉발되었던 것이다. 오스트리아, 스웨덴, 핀란드와 같이 유럽의 중립국들이 중립국으로서 국가정체성을 유지하면서 유럽연합에도 참여하고 있지만 스위스는 이에 참여하지 않으면서 그대로 중립국 신분을 유지하고 있다.

2. 스위스의 중립국 기원과 발전

스위스가 중립국정책을 택할 수밖에 없었던 이유는 스위스의 경제적 요인과 지정학적 위치, 유럽열강들의 국제정치 논리, 국가정체성 등 종합적 고려에 의한 것으로 볼 수 있다.

먼저 경제적 요인이다. 스위스는 국토가 작고 그나마도 많은 지역이 산악과 호수 등으로 농경지로 사용하기에 부적합하다보니 늘 식량 부족에 시달려야만 하였으며, 따라서 곡물수입을 위해 돈이 필요하였다. 이를 해소하기 위해 발전된 것이 용병이었다. 용병 다수를 해외(특히 프랑스)로 보내 부족한 돈을 벌수는 있었지만, 이 과정에서 각 주는 상호 세력을 넓히기 위한 투쟁을 하였고, 그 과정에서 각 주

4 Kate Morris and Timothy J. White, "Neutrality and the European Union : The Case of Switzerland", *Journal of Law and Conflict Resolution* Vol. 3(7), September 2011, p.104.

들 간의 분열이 일어난 스위스는 이탈리아의 마리냐노에서 벌어진 전투에서 프랑스군에 대패하였다.[5] 스위스의 중립이 언제부터 시작되었는지는 약간의 견해 차이가 있기는 하나 1515년 마리냐노 전투에서 대패한 스위스가 프랑스와 영구적으로 평화를 유지하기로 하고 중립을 채택하면서 시작된 것으로 알려지고 있다.[6]

다음은 지정학적 요인이다. 스위스는 유럽의 중앙에 위치하는 지정학적 환경 덕분에 독일과 프랑스, 이탈리아 등 주변이 열강들에 의해 둘러싸여 있고, 독일계와 프랑스계 및 이탈리아계로 구성된 주민, 구교Catholic와 신교Protestant로 구성돼 있는 종교 등 다양성이 있는 국가이다. 주변국에 비하여 국력도 상대적으로 약하다. 여기서 다양한 종교와 민족 구성은 발칸 반도의 구유고연방 사태가 보여주듯 언제라도 어떤 원인만 기폭제 역할을 한다면 폭발적 분열로 갈 수 있는 중요한 요인이 될 수 있다. 이는 역사가 잘 보여주고 있으며 스위스도 이러한 상황을 잘 알고 있다.

이러한 환경에서 중립제는 지정학적 환경과 연방제를 택하고 있는 정치제도, 구교(가톨릭)와 신교(프로테스탄트)로 구성돼 있는 종교적 구조, 언어와 민족의 다양성 등을 극복하면서 생존과 독립을 유지하기 위해 필수불가결한 선택이었다.

1674년 스위스 의회는 전쟁이 발발한 국가의 어느 편에도 개입하지 않을 것이라고 스스로 선언함으로써 스위스가 정치적 원칙으로 완전한 중립국가임을 밝혔다.[7] 스페인 왕위계승 문제로 발생하였던

---

5 Jonathan Steinberg, *Why Switzerland?*, London : Cambridge University, 1978, p.21.
6 Christian Muhlethaler, "Switzerland and its Tradition of Promoting peace", *Journal of Islands Studies* Vol. IV, 2001, p.11.
7 Edgar Bonjour, *Swiss Neutrality : Its History and Meaning*, London : George Allen & Unwin LTD,

전쟁(1702~1713)에서 스페인이 패하자 지브롤터Gibraltar를 영국에 할양하기로 한 우트레히트 조약Treaty of Utrecht을 채결했다. 이때 프랑스와 스페인, 영국 등이 세력균형 차원에서 스위스를 중립국으로 하는데 대해 인식을 공유하였지만, 그때까지만 해도 이를 국제적으로 완전히 인정하지는 않았다.

1798년 나폴레옹은 스위스를 침공해서 15년간 통치하면서 속령화하였다. 당시 나폴레옹은 "나의 앞에서 스위스의 중립은 의미가 없는 일"이라고 말한 적이 있다. 1812년 나폴레옹이 모스크바에서 패하고 1815년 워털루 전역에서마저 패배하여 대서양의 세인트헬레나 섬으로 유배되고 난 뒤 유럽질서를 재편하기 위해 그해 오스트리아의 비엔나에서 회의를 개최하였다. 이 회의에서 스위스를 영세중립국으로 하기로 합의함에 따라 영국 · 프로이센 · 오스트리아 · 러시아 · 프랑스 · 스웨덴 · 포르투갈 · 스페인에 의해 영세중립국가로 국제적으로 인정받았다.[8] 이것은 스위스가 중립국이 되기를 원하였던 이유도 있었지만, 당시 유럽 열강들의 '힘의 균형Balance of Power'을 추구하는 국제정치적 논리가 스위스를 영세중립국으로 인정하는 데 더욱 영향을 끼쳤기 때문이다.[9]

1848년에 제정된 연방헌법에 스위스가 중립국임을 명시하였으며, 그 이후부터 연방헌법은 19~20세기 유럽에서 발생하였던 전쟁에서 스위스가 중립국으로서 국가의 정체성을 유지하면서 전쟁에 개입하는 것을 방지하였다.

1952, p.11.

8 Morris and White, *op. cit.*, p.108.

9 Freymond, *op. cit.*, p.180.

1차 대전 시 협상국이나 동맹국은 양국이 교전하면서 중립국 스위스에 1,000여 회에 걸쳐 사격을 하는 등으로 위협을 가하기는 하였으나 직접 침공을 하지 않았다. 2차 대전 시 추축국과 연합국의 영공침입이나 오폭으로 인한 피해가 발생하였으나 양측 모두 직접적으로 침공을 하지는 않았으며, 스위스도 이에 항의를 하였지만 중립을 유지하기 위해 노력하였다. 중립국으로서 국제적으로 인정된 이후 내외의 여러 도전에도 불구하고 성공적으로 중립국으로서 국가를 유지하는데 성공하였던 것이다.

이러한 중립국 스위스를 두고서 『군주론*Il Principe*』의 저자인 마키아벨리Niccolo Machiavelli는 "중립은 빈번히 파멸의 원인이 된다"고 하면서도, "스위스는 무장을 잘 갖춘 중립국으로서 자유를 즐기고 있다"[10]고도 하였다. 마키아벨리가 이미 16세기경에 지적한 바와 같이 2차 대전 중 당시 중립국이었던 벨기에, 네덜란드, 덴마크, 노르웨이 등이 독일군의 침공으로 점령되었지만 스위스만은 그렇게 하지 못하였던 것은 바로 무장중립정책을 바탕으로 적절히 위기관리를 하면서 전 국민의 총력 저항Total Resistance 정신과 그에 따른 준비가 있었기 때문이다.

오늘날에도 스위스는 여전히 강력한 영구 무장중립정책을 외교 및 안보정책으로 견지한다고 밝히고 있다. 여기서 중립이란 다른 국가 간의 전쟁에 참여하지 않으며, 또한 어느 일방에도 편향된 군사적 지원을 자제하는 것을 말한다. 또한 영구 중립국으로 평시 스위스는

---

10 Stephen H. Halbrook, *Target Switzerland; Swiss Armed Neutrality in World War II*, MA : Da Capo Press, 2003, p.8; Frederick Martin Stern, *The Citizen Army : Key to Defence in the Atomic Age*, New York : ST Martin's Press, 1957, p.157.

어떤 집단안보체제에 참여하는 것을 금하고 있다. 다만 유럽연합(EU)과 같은 협력기구에는 스위스에 어떤 전시 의무를 부과하는 것이 아니기 때문에 참여하고 있다.[11]

11 Josef Inauen, *Swiss Armed Forces 2002 : Defence and civil protection in Switzerland*, Frauenfeld Huber & Co. AG, 2001, p.71.

3장

스위스의 국가방위 및 민방위 체제

스위스는 영세중립국이지만 총력방위Total Defence 개념 아래 평시에는 국가차원에서 병력과 물자를 동원하고 관리하는 한편, 국민의 정신적 방위자세와 경제적 준비를 골간으로 하는 이른바 4대 방위, 즉 군사방위와 경제방위, 정신(심리전)방위, 민방위를 기본으로 한다.[1] 군사방위는 상비군과 민병군을 주축으로 하며, 민방위는 국민의 안전과 적에 대한 저항을 유지하기 위한 것이다. 경제방위는 전시경제운영을 위한 것으로 평시의 준비를 포함하며, 정신(심리전)방위는 스위스의 독립과 민주헌법을 유지하기 위한 의지의 표현이다.

1. 군사방위–상비군과 민병군

"스위스에는 정규군Regular Force이 없고, 국방은 동원된 민병군Militia

1 국무총리 비상기획위원회, 『세계동원의 역사』, 전광인쇄정보, 2004, 833쪽; 육군본부, 『서독, 스위스, 스웨덴, 네덜란드 동원제도』, 육군인쇄공창, 1986, 77~78쪽.

〈그림 2-4〉 민병군 훈련 모습

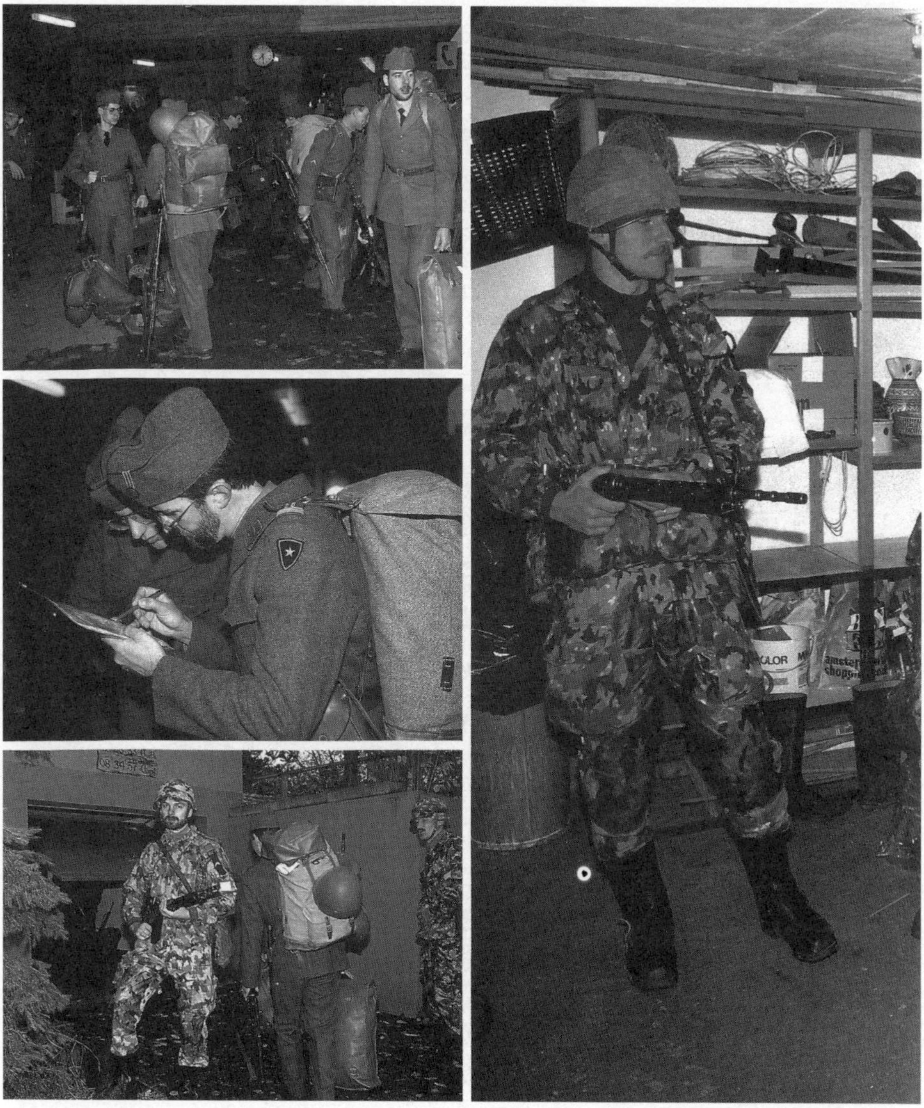

이 주축이 된다. 그들은 매년 학교와 사격협회 등에서 사격술을 함양하기 위해 많은 시간을 사용한다. 인구는 300~400만여 명에 불과하지만 전국에 걸쳐 3,656개의 사격협회와 21.8만여 명의 회원은 매년 2,100만여 발의 실탄을 사격한다."[2] 이는 1차 대전 직전 미국의 윈게이트George Wingate 장군이 스위스 국민의 사격문화에 대해 흥미를 가지면서 한 말이다.

스위스 연방헌법은 직업군대의 보유를 금지하며 원칙적으로 민병군을 보유하도록 규정하고 있다.(헌법 58조, Switzerland shall have armed forces. In principle, the armed forces shall be organised as a militia.)

2. 민병군 동원

스위스가 이렇게 민병제도를 발전시키게 된 이유는 스위스의 경제적 어려움, 즉 가난과 관련된다. 스위스가 1291년 최초로 연방을 시작하였을 당시 인구는 많고 이들을 먹여 살릴 식량은 부족하였다. 이러한 어려움을 극복하고자 유럽의 각지에 많은 용병을 파견하였는데, 이를테면 1400~1700년 기간에는 약 200만여 명이 유럽의 다른 왕들의 용병이 되어서 전투를 하였으며, 이 과정에서 심지어 스위스 용병끼리 전투를 하는 경우도 발생하였다.[3] 1848년 연방헌법을 제정하면서 연방의회가 중립국으로서 용병을 금하기 시작하였다.

---

2 Stephen H. Halbrook, *Target Switzerland; Swiss Armed Neutrality in World War II*, MA : Da Capo Press, 2003, p.18.

3 Marko Milivojevic, "The Swiss Armed Forces", *Swiss Neutrality and Security : Armed Forces, National Defence and Foreign Policy*, New York : St. Martin's Press, 1990, p.14.

스위스군은 1870~1871년 보불전쟁 시 처음으로 완전동원을 한 바 있으며 이후 독일의 힘이 점차 강해지면서 스위스의 독립과 안전보장을 위해 점차 동원제도를 강화하기 시작하였다

스위스는 이렇게 정규군은 없으면서 국가가 비상시에 처하면 병역의무를 갖고 있는 시민들이 민병군으로 동원된다. 부대를 편성하고 장비를 조작하며 진지를 점령해서 방어임무를 수행하는 등 전 국민이 '총력 저항Total Resistance'을 하기 위해 평시 장비와 물자, 훈련 등 많은 준비를 하고 있다. 그중에서도 사격은 전 국민이 관심을 갖고 있는 스포츠이자 총동원 시 전투기량과 직접적으로 연계되는 전투기술이다.

연방헌법은 연방군의 편제와 교육, 훈련 등은 연방정부가 그 권한을 행사하도록 규정하고 있으며, 연방군은 원칙적으로 민병군으로 구성하도록 하고 있다. 연방군에 부여된 임무는 어느 나라도 그렇듯이 전쟁의 예방과 평화의 유지, 국가와 국민을 보호하는 데 있으며, 연방정부는 군의 배치와 운용에 대한 권한을 행사한다.

모든 스위스 남성은 병역의 의무를 가지며, 만약 병역의무를 이행하지 못할 때는 법에 의해 다른 의무를 부과하고,[4] 병역이나 기타 의무를 지지 않는 남성들에게는 세금을 부과하도록 규정하고 있다.[5] 여성들은 자원에 의해 병역을 수행할 수 있다.(헌법 59조) 남성들은 19~

---

4 개인적 사유 또는 종교적 사유 등으로 병역의무를 이행하지 않는 사람들에게는 심사를 통해서 민간공익사업에 투입하는 공익근무제도를 운용한다. 이들은 난민보호, 청소년 선도 외에 민방위업무 지원, 자연재해 복구지원, 해외파견근무 등을 수행한다.(국무총리 비상기획위원회, 『세계동원의 역사』, 전광인쇄정보, 2004, 834쪽)

5 http://en.wikipedia.org/wiki/Conscript in Switzerland.(검색일 : 2012.6.20) 병역에서 면제된 남성들은 불구자가 아닌 한 30세까지 연 소득의 3%를 세금으로 내야 한다. 연간 20% 정도의 남성들이 병역을 수행하는 데 부적합한 판정을 받는 것으로 알려지고 있다.

20세에 징병되어 18개월 동안 근무하며 20~30세에 3주간의 훈련을 7회에 걸쳐 10년 동안 받아야 한다.

〈그림 2-5〉 스위스의 국방체계

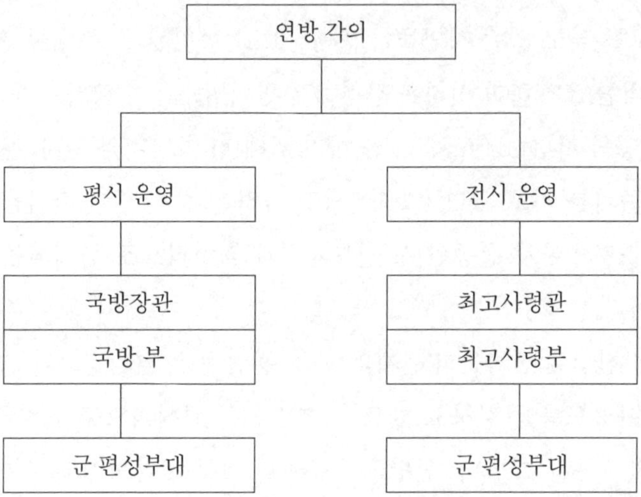

스위스는 그림에서 보듯 전 · 평시 국방조직과 편성 및 운용이 다르다. 평시 국방장관은 민병훈련과 장비획득 및 개선, 동원계획과 연습 등을 담당하고 국방기구를 통해 편성부대에 대한 전투태세를 담당한다. 평시군의 최고사령관은 중장급이다.[6] 또한 소수의 요원으로 훈련소 교관과 편성부대의 지휘관, 참모, 국경수비 임무 등을 담당한다. 전시에는 연방의회가 임명하는 최고사령관이 동원과 용병, 작전지휘 등을 담당한다.[7]

---

6 Josef Inauen, *Swiss Armed Forces 2002 : Defence and civil protection in Switzerland*, Frauenfeld Huber & Co. AG, 2001, p.119.

7 국무총리 비상기획위원회, 앞의 책, 834~835쪽.

〈그림 2-6〉 훈련소Rekrutenschule에 입소하는 청년들

이와 같은 연방헌법의 병역조항을 기본으로 하여 스위스는 상비전력 25,620여 명을 편성해서 공군부대와 국경경비 등으로 운용하고, 전시에는 민병군 17.1만여 명이 예비전력으로 동원되어 국가방위 임무를 수행한다.[8]

이를 구체적으로 보면 평시 합동군이 약 25,620여 명이며 이 가운

데 3,711명은 현역으로 알프스의 요새지 경계와 초계비행대대 조종사, 훈련부대 교관단, 국방성 참모부 인원 등이고, 21,909명은 방공대와 훈련 병사들이다. 민병군이 주축이 되는 예비군은 171,891명이며, 동원 시는 합동군을 포함해서 197,511명으로 완전 편성된다.

지상군(육군)은 동원 시 121,998명으로 편성되며, 평시 현역은 없다. 공군은 동원 시 대공 및 기지방호부대 포함 26,436여 명의 예비군으로 편성된다. 그 외에 군수지원부대 9,321명과 지휘 · 지원조직 14,136명이 편성된다.[9] 조종사들의 연간 비행시간은 200~250시간이고, 내륙국인 스위스는 당연히 해군이 없다.[10]

스위스는 영세중립국이지만 그렇다고 해서 인접한 강대국들인 독일과 프랑스, 이탈리아 등이 스위스의 중립을 존중해서 침공을 하지 않기를 바라는 소극적 중립국이 아니다. 평시부터 언제라도 있을지 모를 주변국의 침공에 적극 대응하기 위해 준비를 갖추는 이른바 '무장중립국Armed Neutrality'이다. 여기서 '무장Armed'의 의미는 국방을 위해서 국가가 강력한 준비태세를 유지할 수 있도록 민병군 편성과 장비를 보유하는 것으로, 그 책임은 연방정부에 있으며(헌법 60조) 국민 개개인에게도 국가비상시에 대비하여 평시 훈련과 전시 동원 등 병역의무에 대한 책임(헌법 58조)을 부여하며, 재난이나 비상시 민방위대원으로서 임무를 수행할 책임을 부과하는 것이다.(헌법 61조)

스위스는 중립국으로서 당연히 침략적 전쟁을 거부하지만 그렇다

8 IISS(The International Institute For Strategic Studies), *The Military Balance 2011*, London : Arundel House, 2011, p.150.

9 *Ibid.*, pp.150~151.

10 스위스는 제네바, 루체른, 마조레, 콘스탄스(보덴) 등 내륙의 호수에서 모터보트 순찰정을 운용하는 중대가 순찰임무를 수행하고 있다.

고 국방을 소홀히 하지는 않았다. 그들은 평시 법으로 규정해 엄격한 훈련을 실시해서 민병군으로서 전투기술을 함양하고, 적의 침공이 우려되는 상황에서는 법이 정한 민병군을 동원해서 최대의 준비태세를 갖추어 적으로 하여금 공격을 포기하도록 하였다. 이를 위해 민병군의 장비는 비록 주변 강대국들에 비해서 수량은 많지 않지만 신예의 장비이며, 보유 장비는 다음과 같다.

〈표 2-1〉 스위스군의 주요 전투장비

구분	전차	장갑차	포병화기	미사일	항공기	헬기
수량	344	446	498	110	158	59
비고	Leopard II	Eagle II	자주 : 200	TOW	전투기 : 54 지상공격기 : 33	

출처 : IISS, *The Military Balance 2011*, pp.150~151.

전차는 최신의 독일제 레오파드Leopard II 전차를 보유하고 있고, 항공기도 미국제 F-18 호넷Hornet과 F-5 타이거Tiger-II 등의 신예기종으로 전투기와 지상공격기, 훈련기 등을 보유하고 있다. 현재 주변국가인 독일과 프랑스, 이탈리아, 오스트리아 등이 스위스를 침공할 가능성은 전혀 없다고 해도 과언이 아니다. 이를 감안한다면 영세중립국 스위스가 이렇게 전차와 항공기 등 다수의 전투 장비를 보유할 필요가 있을지 의문이다. 그럼에도 불구하고 〈표 2-1〉에서 보는 바와 같이 다양한 전투 장비를 보유하고 있고 또한 많은 시민들은 민병군으로서 주기적 훈련을 통해 전투기술을 함양하는데, 이는 1 · 2차 대전 등 역사적 경험에 의존하는 바가 클 것이다.

이렇게 스위스가 중립정책을 유지하는 한편으로 강력한 국방력을 보유하면서 스위스의 힘이 바로 "무장중립정책과 국방력에서 나

〈그림 2-7〉 튠Tüne에 있는 자주포 정비공장

온다"고 국방장관은 말하고 있다.[11] 이와 같이 스위스의 군사제도는 유럽에서 관리가 가장 잘되고 있는 은행처럼 완벽하게 조직돼 있고, 최소한의 예산과 시간 및 노력으로 운영되고 있다.[12]

스위스에는 사격협회Schützenverein(Swiss Shooting Federation, SSV)가 전국적으로 조직돼 있고 이 협회에는 자발적으로 가입한 회원들이 스위스 민병군의 주력으로서 역할을 할 수 있도록 사격연습을 하고

11 2011년 한국을 방문한 스위스의 마우러 국방장관은 "사병의 경우 직장에서 일하면서 만 34세까지 군 복무를 하는데 21주의 입소 기본훈련을 마친 후 매년 3주간 새벽 5시 30분부터 밤 10시까지 진행되는 동원훈련을 받아야 하며 매주 1~2회는 야간전투훈련을 하고 일정한 사격명중률을 달성해야 훈련을 수료한 것으로 인정해 준다. 효율적인 군사훈련과 유사시를 위해 200만여 정의 실전용 총을 각 가정에 보관하고 있다. 스위스군은 국민들의 전폭적인 지지와 신뢰를 받고 있다"고 하였다.(『조선일보』, 2011.7.26, 검색일 : 2012.7.12)

12 Frederick Martin Stern, *The Citizen Army : Key to Defence in the Atomic Age*, New York : ST Martin's Press, 1957, p.159.

〈그림 2-8〉 정비 중인 공군기

있다. 그들은 '엎드려 쏴' 자세와 '무릎 쏴' 자세로 300m 사거리 표적에 명중시키는 사격연습을 함으로써 동원되면 즉시 일등사수로서 임무를 수행할 수 있도록 훈련한다. 동원되면 그제서 사격연습을 하는 것이 아니라 평시 사격협회를 중심으로 지속적으로 사격술을 연마하는 것이다.

민병군으로서 스위스 사람들의 모습에 대해 1927년부터 1937년까지 스위스 주재 미국대사를 역임하였던 윌슨Hugh Wilson은 "스위스 사람들은 각 가정에 군복과 총을 갖고 있으며 즉시 동원될 준비를 하고 있다. 그들은 일요일에 다른 외국인들이 골프나 낚시 등으로 휴식을 취하는 동안, 많은 시간을 그의 친구들과 함께 특등사수 자격을 취득하기 위해 사격연습을 하면서 보낸다"고 말하였다.[13]

2차 대전 당시 스위스군의 최고사령관을 지냈던 기상Henri Guisan 장군도 "일요일에 스위스를 돌아다니다 보면 사격하는 소리를 자주 듣게 되는데, 그것은 평화로운 소리이다. (…중략…) 스위스 국민들이 좋아하는 스포츠를 하는 것이다. 그들은 조상들이 그랬던 것처럼 의무적으로 사격을 하거나 주 또는 연방차원의 사격대회축제를 위해 연습을 한다"[14]고 하였다.

연방의회의 의장이면서 '정신방위' 개념을 처음 주장하였던 에테르Philipp Etter는 "스위스 사람들은 항상 손에 총을 갖고 있다. 총은 가정의 준비품이다. 그것은 스위스의 오랜 전통에 부합한다. (…중략…) 그들은 국가가 소집하면 이러한 총기로 조국과 가정, 가족을 지킨다. 그들에게 있어 총은 명예와 자유의 표시이자 믿음이다. 스위스 사람들은 총과 분리될 수 없다"[15]고 하였다.

특기할 것으로 정부는 남성들에게 신체적 단련과 군 임무수행 능력향상, 대원들 간의 동료애 향상 등을 목적으로 연방사격협회에서 주최하는 사격대회 참가, 국제경기대회 참가, 자발적인 군 스포츠 행사와 등산행사 참여, 주 사격협회 주최 군 체육경기 참여 등 다양한

---

13 Halbrook, *op. cit.*, p.27.
14 *Ibid.*, p.61.
15 *Ibid.*, p.72.

〈그림 2-9〉 총을 둘러메고 쇼핑 중인 청년

활동의 참여를 장려한다.[16] 이들은 동계에는 알프스의 설원을 이용하여 스키를 타면서 체력단련은 물론, 민병군으로 동원되어 보병이나 산악보병으로 임무를 받게 되면 능숙한 임무를 수행할 정도가 되도록 훈련하는 것으로 알려져 있다. 이러한 연방정부의 노력과 더불어 시민들의 자발적 참여의식이 스위스가 무장중립국으로서 외부의 침공을 억제하는 데 기여하는 것이다.

시민들이 무장을 하게 된 기원은 역사적으로 뿌리가 깊다. 그리스 시대에는 플라톤이 국가에 대응하여 시민들이 무기를 휴대할 수 있

16 Inauen, *op. cit.*, p.268.

는 사회 · 정치적 결론을 이끌어 냈고, 소크라테스는 분별력 있는 개인이 무기를 보유하는 것을 윤리적으로 받아들일 수 있는 일이라고 하여 무기보유에 대한 정당성을 부여하였다.[17]

중세시대 마키아벨리는 시민들이 전제군주에 대응하여 방어적 목적으로 무기를 보유할 필요성을 언급하면서 '국민무장론Citizen militia'을 주장하였다.[18] 영국의 지배를 받던 당시의 미국은 영국이 무장해제를 강요하자 이에 반발하여 영국으로부터 벗어나려는 독립운동을 하면서 각 가정에 무기를 보유하기 시작하였다. 이제는 미합중국 수정헌법(제2조)에서도 개인의 무기보유를 합법화하고 있다.

스위스에서는 나폴레옹 전쟁 이후 '무장시민Armed Citizens' 개념 아래 1815년 통과된 헌법에 따라 1817년 8월의 군사규정에서 모든 남성에게는 동원 시 민병군으로서 병역의무를 규정하였으며 사격연합이 창설되었다. 이는 1824년에 전국사격연합으로 통합되었다.[19]

현재 스위스에서 정부가 허가한 민병군(사병은 30세, 장교는 34세)은 소총을 각 가정에 보유하고 있다. 2007년까지는 가정에 소총 50발, 권총 48발의 탄약을 봉인된 상태에서 주기적으로 점검을 받으면서 보유하고 있었으나, 그해 10월 이후 사병에게 탄약지급이 금지되면서 이미 지급되었던 탄약은 99% 이상 회수하였으며 나머지는 신속배치부대와 헌병만이 보관 중에 있다. 민병군으로서 복무기간이 끝나면 개인의 선택에 따라서 소총을 계속 보유할 수 있으나, 이 경우 소총은 공장으로 보내져 자동소총기능을 제거한 뒤 반자동소총으로

---

17 Stephen P. Halbrook, *That Every Man Be Armed; The Evolution of a Constitutional Right*, University of New Mexico Press, 1984, p.9.

18 *Ibid.*, pp.9~11.

19 Halbrook(2003), *op. cit.*, p.15.

〈그림 2-10〉 가정에 보관하고 있는 소총과 피복 및 군화 등 군 장류

출처 : Inauen, *Swiss Armed Forces 2002*, 2001, p.278

개조돼 개인이 보관한다.

2001년 기준으로 스위스에는 42만여 정의 공격용 소총과 32만여 정의 반자동 소총 등, 120만여 정에서 300만여 정의 소총이 있는 것으로 알려져 있다.[20] 정부는 사격장에서 실탄사격 시 염가로 실탄을 구입할 수 있도록 보조금을 지급하고 있고, 매년 20만여 명이 주말 사

20 스위스군이 발행한 책자(『육군*L'Esercito*』)에서는 1991년에 신형 공격용 소총 22만 정, 구형 공격용 소총 55.5만 정, 머스켓 소총 100만 정, 시그Sig 9mm 권총 10만 정, 구형 권총 10만 정, 스포츠 용 10만 정 등이 있는 것으로 소개되고 있다.(Roger de. Diesbach, *L'Esercito(Army) : È una Creazione Delle Edizione Mondo*, Bern : Buri Druck SA, 1988, p.12)

〈그림 2-11〉 탄약

격에 참여하는 세계에서 가장 큰 대회가 열리기도 한다.[21]

스위스가 중립국이지만 어느 정도로 무장을 하고 있는지는 인접한 오스트리아와 비교를 해보면 알 수 있을 것이다. 오스트리아는 1차 대전 당시 오스트리아-헝가리 제국이었다. 독일과 더불어 동맹국의 주력이 되어 전쟁을 일으키는 원인을 제공하였고, 러시아 · 이탈리아 등

21 http//en : wikipedia.org/wiki/Gun-Politics in Switzerland(검색일 : 2012.7.4)

과 전쟁을 하였던 적이 있다. 1차 대전에서 패하면서 오스트리아와 헝가리 제국으로 분리되었고, 2차 대전 때는 전쟁이 발발하기 1년 전에 나치독일에 합병돼 추축국의 일부로 독일군에 병력과 장비를 제공하면서 연합국과 전쟁을 하였던 적이 있다. 2차 대전 이후에는 1955년에 중립을 선포하였고 국제적으로 영세중립국임을 인정받고 있다.

오스트리아는 현재 동쪽에서는 헝가리와 슬로바키아, 서쪽에서는 스위스, 남쪽에서는 이탈리아와 슬로베니아, 북쪽에서는 독일과 체코 공화국으로 둘러싸여 있다. 이 국가들 가운데 체코와 슬로바키아, 헝가리 등과 같은 일부는 과거 바르샤바조약기구(WTO)의 회원국이기도 했으나 현재는 북대서양조약기구(NATO)와 유럽연합(EU)의 회원국이 되었다. 그러나 이 나라들은 민족적으로도 게르만 족의 오스트리아와는 많이 다르다. 오스트리아가 스위스보다 더 많은 국가들과 국경을 접하고 있기 때문에 스위스보다 더 안전한 안보환경이라고 말하기는 쉽지 않을 것이다.

같은 내륙국이자 영세중립국으로서 서로 국경을 맞대고 있는 이 두 나라의 국력을 국토의 면적 · 인구 · 국민총생산액 등으로 간단히 비교해 보고, 상비 및 예비병력 규모와 주요 전투 장비의 일부를 통해서 스위스가 어떻게 무장중립정책을 펴 나가는지 알 수 있다.

〈표 2-2〉 영세중립국 스위스와 오스트리아의 비교

구분	면적 (만 Km^2)	인구 (만명)	GDP (억 $)	병력 (만명)	전차 (대)	야포 (문)	항공기 (대)	헬기 (대)
스위스	4.12	759	5,260	상비 : 2.56 예비 : 17.1	344	498	158	59
오스트리아	8.38	838	3,750	상비 : 2.59 예비 : 19.5	114	352	60	67
비 교	1 : 2.03	1 : 1.1	1 : 0.7	1 : 1.12	1 : 0.33	1 : 0.7	1 : 0.38	1 : 1.4

출처 : IISS, *The Military Balance, 2011*, p.50(오스트리아), p.150(스위스).

앞의 도표를 보면 스위스는 오스트리아와 인구와 병력규모에서는 비슷하지만 국토면적은 1 / 2에 불과하다. 그럼에도 국민총생산액은 더 높고 전차와 야포, 항공기 등 주요 전투장비에서 더 많은 수량을 보유하고 있음을 볼 수 있다. 무장중립정책을 추구하는 일면으로 보인다.

스위스에서는 냉전종식 이후 스위스의 안보를 위협하는 대상이 많이 사라졌다는 판단과 유럽의 여러 국가들이 징병제를 폐지하고 지원병제를 택하는 것을 보면서, 국방비 절약을 이유로 2000년대 초 의무병역제를 폐지하는 대신에 유사시 민병을 동원하는 제도 또는 직업군제를 택할 것인지 논의된 바 있다.[22] 사회에서는 일부의 조직들이 지속적으로 스위스의 군 폐지와 무기획득 반대 등을 주장하고 있다. 이에 대하여 수차례의 찬반논의를 거쳐 국민투표를 실시하였으나 다수 국민들의 반대로 이들의 주장이 관철되지 못하면서 폐지되었다.[23] 여전히 스위스 국민들 다수가 철저한 무장중립을 선호하고 있다는 것을 보여주는 결과이다.

이러한 움직임과 1989년 구소련의 해체 등 전략적 환경 변화에 부응하여 스위스군은 2004년부터 '육군 개혁 Army XXI'이라는 군 개혁을 추진하면서 부대규모와 민병군의 규모를 조정하였다.[24]

---

22 「스위스 '의무병역제 존폐' 논란」, 『한겨레신문』, 2004.8.23.(검색일 : 2012.7.10)

23 http://en.wikipedia.org/Group for a Switzerland without Army(검색일 : 2012.7.19) '군 없는 스위스를 만들기 위한 그룹'은 1982년에 조직돼 그간 스위스에서 군대를 없애자고 하는 국민투표 제안과 무기획득에 반대, 파병금지 등 다양한 활동을 수차례 하였다. 그러한 활동결과로 1989년 국민투표에서 35.6%(105만 명)의 투표자가 이에 찬성하였지만 부결되었다. 1992년에는 의회가 F-14 호넷을 구입하기로 결정하자 이에 53만여 명이 반대하는 서명을 주도하여 국민투표를 하였지만 국민은 57 : 43으로 의회의 결정을 지지하였다. 1999년 유엔가입 국민제안이나 파병반대 제안도 있었다. 2007년에는 무기 수출금지와 민병군의 가정에 소화기를 보관하는 것을 중지하는 국민제안을 하였지만 2009년에 거부된 바 있다.

<그림 2-12> 스위스 공군의 폭격훈련 장면

현재 스위스는 무기획득에 있어 어려움에 당면해 있다. 고가의 현대장비로 인한 국방비 상승압박, 군에서는 변화하는 안보환경에 따라 새로운 무기를 도입하고자 하나 이 과정에서 무기도입 결론에 이르기까지 의회의 복잡한 과정과 절차 및 일부 국민들의 반대의견, 스

24 Inauen, *op. cit.*, p.117; http://en.wikipedia.org/Military of Switzerland(검색일 : 2012.7.20) 스위스군은 '육군 개혁 Army XXI'하에서 야전군단 2개, 산악군단 1개 등 60만여 명의 민병군이 있었으나 1989년 군대폐지 제안에 따라 국민투표를 실시한 결과 그 안이 부결된 이후 'Armee 95'으로 대체되면서 규모를 40만 명으로 축소하였다. 2001년 다시 군대폐지 논란이 있으면서 2003년 투표를 통해 'Armee 95'를 대체하여 예비군을 포함, 20만여 명으로 그 규모를 축소(Army XXI)하여 2004년부터 시행에 들어갔다.

위스군이 사용하는 모든 장비를 생산할 수 없는 상황에서 외국과의 면허생산을 통해 연방의 무기 공장에서 생산하는 무기를 구입할지 또는 외국산 무기를 구입할지에 대한 문제 등으로 발생하는 딜레마를 갖고 있다.[25]

스위스가 현재 당면한 위협으로는, 비록 냉전의 종식과 더불어 재래식 군사위협 역시 줄어들었지만 국내의 어떤 갈등이 대규모의 분쟁으로 확대될 가능성에 대한 위협, 난민유입에 따른 갈등, 대량살상무기의 확산에 다른 위협, 세계적이거나 국지적인 환경오염, 정보 및 통신 인프라에 대한 위협, 테러리즘과 범죄조직들에 의한 범죄, 극단적 인종주의, 자연적 · 인위적 자연재해 및 재난 등이다.[26]

스위스는 중립국이지만 국제평화유지활동에는 비전투원들을 참여시켜 활동하고 있다. 1996~2001년 사이 사라예보에 본부를 둔 보스니아-헤르체고비나 평화유지군 사령부에서 50여 명을 파견하여 군수 및 의무지원임무를 수행한 바 있으며, 한국에는 중립국감시위원회(NNSC)의 주요 구성원으로 소장급 장성을 중심으로 5명이 파견돼 있다.[27]

---

25 Edwin Stetter, "Relation between National Defence and the Economy in Switzerland", *Swiss Neutrality and Security*, 1990. pp.88~90.

26 Inauen, *op. cit.*, pp.21~23.

27 스위스군은 평시 장성급 직위자가 중장급 1명이지만 평화유지작전이나 중립국 감시위원회와 같이 해외에서 임무를 수행하는 경우는 일시적으로 장성급을 임명하고 있다.

3. 민방위 체제

스위스에 있어 민방위Civil Defence는 1934년 최초로 시작된 개념이며, 2차 대전 이후 1954년 민방위령제정을 계기로 발전되기 시작하였다. 1959년 헌법개정시 이에 반영되었으며 1962년에 민방위법이 제정되었다. 특히 1950년대 말로부터 1960년대 초까지는 전시 국민의 보호와 핵을 포함하는 대량살상무기의 사용으로부터 국민의 안전을 보장하기 위해 민방위가 강조되기 시작하였다.

이 무렵은 냉전시대로 유럽에는 북대서양조약기구와 바르샤바조약기구의 대립이 있었고, 이로부터 시민들을 보호하기 위한 대책으로 민방위가 발전되기 시작한 것이다.[28] 1970년대 들어서는 민방위개념이 대량살상무기와 재래식 무기의 위협에 대비하는 개념으로까지 확장되었다.

연방정부는 재난이나 국가비상사태 발생 시 시민과 시민의 재산을 보호할 책임이 있으며, 이를 위해서 남성들을 의무적으로 민방위대로 편성하고 동원할 수 있는 권한을 갖고 있다. 여성은 지원에 의해 가능하다.(헌법 59조) 현재 민방위대의 규모는 약 8만여 명이다.[29]

민방위는 총력전 차원에서 중요하게 여겨지며, 국가방위의 일부분인 민방위대는 연방정부의 통제에 따라 전시 외부의 침공으로부터 저항능력을 증대시키기 위해 또는 전시나 그와 유사한 상황에서 국민의 생존 가능성을 증대시키기 위해 동원된다. 평시에는 자연 및

---

28 Hans Mumenthaler, "Civil Defence : Means for Disaster Relief", *Swiss Neutrality and Security : Armed Forces, National Defence and Foreign Policy*, New York : St. Martin's Press, 1990, p.49.

29 IISS, *op. cit.*, pp.150～151.

〈그림 2-13〉 민방위 경보센터와 상황토의 모습

인위적 재난발생 시 시민들의 안전과 재산보호에 대한 책임을 수행한다.[30]

스위스의 민방위 체제는 스웨덴과 더불어 세계에서 가장 잘 발전된 것으로 평가받고 있다. 전국에 걸쳐 민방위 경보센터가 설치되어 있고, 이 센터는 중앙방송에 연결되어 있다. 민방공 경보는 적 항공기 공습과 자연적 재난경보 및 화생방 경보로 구분되어 있다.

민방위를 위해서 스위스 정부는 세 가지의 의무사항을 규정해 놓고 있다.[31] 첫 번째 의무사항은 민방위 시설설치에 관한 의무로, 주택이나 건물을 대규모로 신축하거나 재건축을 할 시 피난시설을 의무적으로 설치해야 한다. 이것이 스위스에 있어서 민방위의 기본이다. 개인 또는 공공시설 외에도 지하병원 같은 의무시설, 군 지휘시설, 소방인원과 장비를 보관하기 위한 공간과 전 국민을 수용할 수 있는 지하시설도 준비되어 있다.

두 번째 의무사항으로, 26개 주에 있는 3,000여 개의 지역사회가 자체 민방위조직을 갖추고 장비 준비와 훈련을 실시하며 민방위상황, 이를테면 재해와 재난이나 재래식 또는 핵공격 같은 공격으로 인명에 피해가 발생하면 구호와 구조, 치료 등의 임무를 수행해야 한다.

세 번째 의무사항은 남성들이 민방위대에 편성돼서 민방위임무를 수행하는 것으로, 20~60세의 남성 가운데 병역의무가 없으면 민방위대에 의무적으로 편성되어야 한다. 그들은 민방위기본교육을 이수한 뒤 각각의 분야에서 민방위대원으로서 임무를 수행해야 한다.

2011년 한국을 방문한 스위스의 국방장관은 "스위스에 있는 모든

---

30 Mumenthaler, *op. cit.*, p.50.
31 *Ibid.*, pp.52~54.

〈그림 2-14〉 화생방 공격 대비 제독훈련 중에 있는 민병군

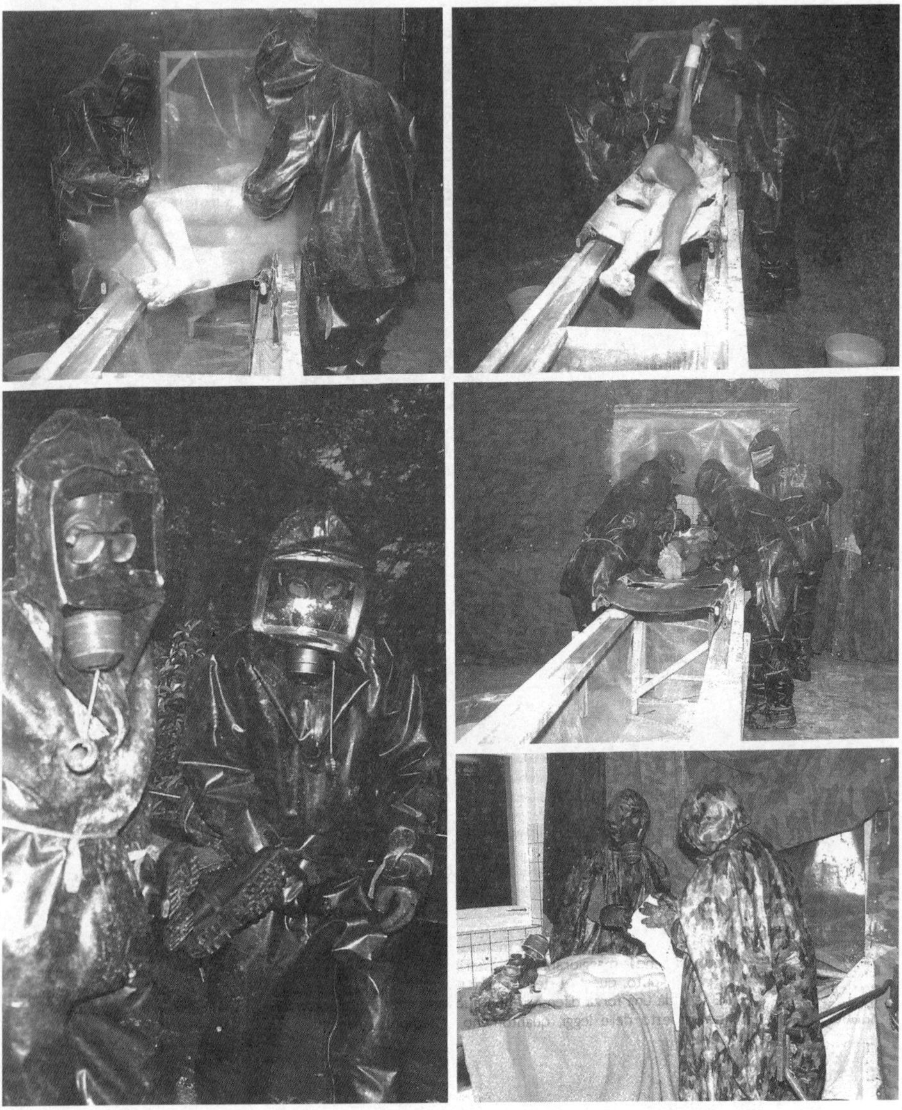

주택과 빌딩 가운데 95%는 지하 방공호를 갖고 있고, 핵 공격과 핵 오염에 수개월간 버틸 수 있는 축구장만한 크기의 지하 방공호가 3만 5,000개가 넘는다"고 하면서 전국에 공공 대피소만 해도 27만여 개가 있다고 하였다.[32] 그는 최근에도 지하방공호촉진법안이 연방의회를 통과하였다고 말했다. 이렇게 준비된 대피시설은 스위스 전 국민을 수용하고도 남을 수 있을 정도로 충분(전 인구의 114% 수용)하며, 그 지하에는 병원은 물론 지휘센터 같은 시설들도 있는 것으로 알려지고 있다.[33]

스위스의 민방위 시설 준비 실태를 보면서, 핵실험을 하고 핵을 보유하고 있다고 주장하며 화학 · 생물학 작용제도 다량으로 보유하는 북한과 대적하는 한국은 얼마나 많은 민방위 시설들을 준비하고 있는지, 그래서 전시 북한군의 화생방 공격이 시작된다면 얼마나 많은 국민들을 안전하게 보호할 수 있을지 걱정이 앞선다.

4. 경제방위 및 정신방위

스위스는 산악국가이자 내륙국가이다. 평시 필요한 식량의 자급자족이 곤란하여 수입에 많은 양을 의존하며, 석탄과 석유 등 기타의 부존자원도 없다. 전시에는 2차 대전에서 경험하였던 바와 같이 주변상황에 따라 무역이 중단될 우려가 있기 때문에 경제에서의 중립

32 「스위스 힘의 비결은 중립과 국방력」, 『조선일보』, 2011.7.27.(검색일 : 2012.7.11)
33 http://en.wikipedia.org/wiki/Military of Switzerland(검색일 : 2012.6.20)

〈그림 2-15〉 도로가의 포진지와 박격포 사격연습을 하고 있는 민병군

이란 불가능하다. 따라서 이러한 국가적 비상상황에 대비하여 전략물자Strategic Material를 정부와 기업 및 가정에서 비축하도록 정부가 자금을 지원을 하는 등 유사시에 신속히 전시경제로 전환할 수 있도록 경제방위Economic Defence를 강조하며, 평상시에 준비와 그 역량을 갖추고 있다.

한편, 중립국인 스위스는 2차 대전 시 나치의 선전전에서 독립과 민주주의를 지키기 위하여 군사적 대비 못지않게 정신방위Spiritual Defence를 강조한 바 있으며, 국민들은 이러한 정신을 바탕으로 나치의 침공위협에도 불구하고 끝까지 이를 극복하는 데 성공하였다. 현재에도 스위스는 독립과 민주주의를 보전하기 위한 정신방위 개념을 발전시키고 있다.

오늘날에도 여전히 스위스는 주권과 국민, 영토, 영공을 지키기 위해 신뢰할 만한 국방능력과 효율적이면서 융통성 있는 민방위 체제, 높은 수준의 장비와 훈련수준, 상황변화에 신속히 대응할 수 있는 준비태세의 유지, 다른 국가들과 국방을 위한 협력 유지를 기본으로 하고 있다.[34]

---

34 Inauen, *op. cit.*, p.28.

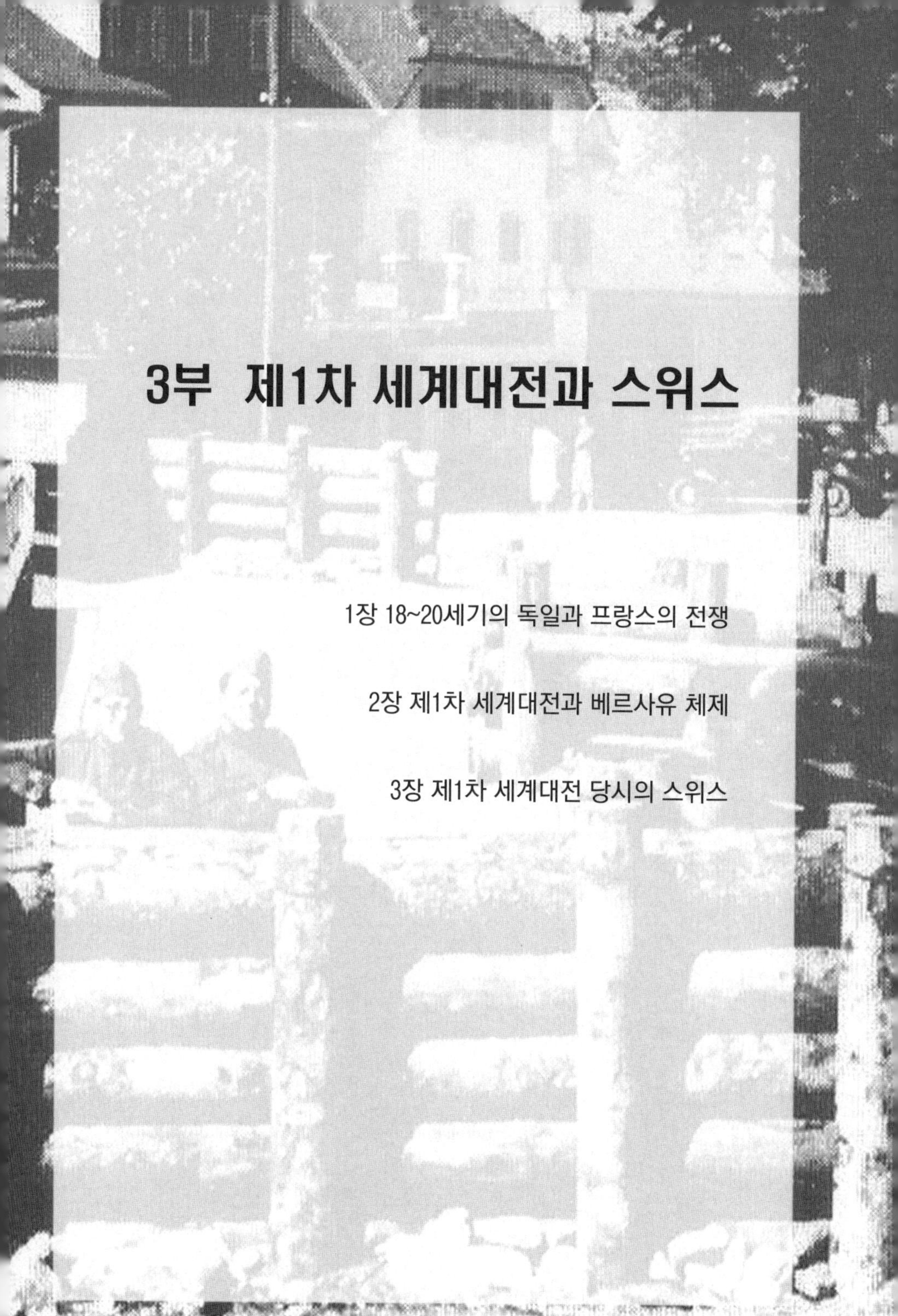

3부 제1차 세계대전과 스위스

1장 18~20세기의 독일과 프랑스의 전쟁

2장 제1차 세계대전과 베르사유 체제

3장 제1차 세계대전 당시의 스위스

1장

18~20세기의 독일과 프랑스의 전쟁

인접한 국가들 사이에서는 대체적으로 영토와 민족, 역사, 자원 등 여러 이해관계가 얽히고설켜 있기 마련이어서 통상적으로 관계가 좋지 못한 것이 과거나 현재의 사실이다. 그러한 나라들로는 인도와 파키스탄, 이스라엘과 중동의 아랍국, 발칸 반도의 국가 등 많이 있으며, 독일과 프랑스도 여기에 포함된다. 독일과 프랑스가 19세기 이래로 세계적 규모의 전쟁을 치른 것만 해도 나폴레옹 전쟁과 보불전쟁, 1차 대전과 2차 대전 등 4차례가 된다. 이러한 전쟁은 독일과 프랑스 두 교전당사국의 문제로 끝난 것이 아니라 유럽은 물론 전 세계의 세력균형에도 커다란 변화를 가져왔다.

라이트의 연구만 봐도 독일과 프랑스가 얼마나 대립적이었는가를 알 수 있다. 그는 1480년으로부터 1940년에 이르는 460여 년의 기간 동안 유럽 국가를 포함하여 2,600여 회의 전투가 있었는데, 여기에 프랑스가 47%, 오스트리아-헝가리 제국이 34%, 독일(프로이센)가 25%, 영국과 러시아가 약 22% 관여되었다고 하면서 최근 50년만 놓고 보았을 때는 프랑스와 오스트리아, 영국은 일정하고 독일과 러시

아는 증가하는 경향이 있다고 하였다.[1]

라이트의 지적대로 독일과 프랑스는 인접하여 상호 간 국제질서에 커다란 영향을 미칠 수 있는 전쟁을 수차례 하였다. 이렇게 양국이 전쟁을 하는 동안 인접한 스위스는 어떤 방식으로든 영향을 받지 않을 수 없었다.

나폴레옹은 1797년부터 1815년까지 프랑스 군대를 이끌며 영국을 중심으로 동맹을 체결한 여러 나라를 상대로 이른바 나폴레옹 전쟁Napoleonic Wars을 하였다. 당시 프랑스는 혁명에 성공하여 절대 왕정을 타도했지만, 그 외의 유럽 국가들은 아직 절대 왕정을 유지하고 있었다. 이 국가들은 프랑스 혁명정신이 자국에 유입되는 것을 원치 않았기 때문에 프랑스를 혁명 이전의 상태로 돌려놓고자 노력했다. 초기 나폴레옹 전쟁은 이러한 상황에 대응해서 혁명의 성과를 지키기 위한 방위적 성격을 띠었으나 점차 침략적 성격으로 변해갔다. 나폴레옹은 프로이센 · 이탈리아 · 오스트리아 · 스페인 · 이집트 원정 등 여러 나라와 여러 차례 전쟁을 치르면서 한동안 승승장구 하였지만, 1812년의 러시아 원정과 1815년 워털루 전투에서 패배하면서 몰락하였다.

보불전쟁Franco-Prussian War은 스페인 국왕 선출문제가 독일과 프랑스 양국 간의 분쟁 원인이 되어 일어났다. 1870년 7월 19일 프랑스는 준비도 제대로 안된 상태에서 프로이센에 선전포고를 하였지만, 프로이센군이 압도적으로 우세하여 9월 2일 나폴레옹 3세가 항복하였다. 그러나 프로이센군이 계속 진격하여 파리를 포위하자 파리 시민들도 완강하게 저항하였지만 이듬해 1월 28일 도시가 함락되면서 프

---

1 Quincy Wright, *A Study of War*, Chicago : The University of Chicago Press, 1983, p.53.

로이센군의 승리로 끝났다. 2월 베르사유에서 평화협정, 5월 프랑크푸르트에서 강화조약이 체결되어 프랑스는 배상금 50억 프랑을 지불하고 알자스-로렌의 대부분을 할양하였다.

1차 대전은 오스트리아-헝가리 제국의 황태자암살 사건이 원인이 되어 영국과 프랑스, 러시아 등 28개국이 협상국Entente Powers으로, 독일과 오스트리아-헝가리 제국, 터키 등 4개국이 동맹국Allied Powers으로 나뉘어 1914년 7월 28일부터 1918년 11월 11일 독일이 항복하기까지 4년 4개월 진행되었으며, 협상국의 승리로 1919년 6월 베르사유 강화조약을 체결하면서 끝났다. 프랑스는 협상국 주력 중의 하나로서, 독일은 동맹국의 주력으로서 각각 전쟁을 하였다. 이 전쟁에서 승리하여 프랑스는 알자스-로렌을 되찾았고 전쟁배상금을 요구하였으며, 군비통제를 통해 독일을 완전 무력화하고자 하였다.

2차 대전은 유럽지역에서는 1939년 9월 1일 독일군의 폴란드 침공과 이에 대한 영국과 프랑스의 대독 선전포고로 시작되었다. 아시아에서는 1941년 12월 7일 일본군의 진주만 미 해군기지에 대한 침공으로 시작되었다. 이 전쟁은 6년여 동안 계속되다가 1945년 5월 8일 독일군이, 8월 15일 일본군이 항복하면서 끝났다. 미국과 영국, 프랑스, 소련 등이 연합국의 주력으로, 독일과 일본, 이탈리아가 추축국의 주력으로 전 세계에서 60여 개국이 참전하여 진행됐다.

2차 대전 중 프랑스는 독일군의 침공에 6주 만에 항복하면서 드골Charles de Gaulle 장군을 중심으로 하는 자유프랑스Forces françaises libres(FFI)가 영국으로 망명하여 저항하였다. 1944년 6월 노르망디 상륙작전에서 자유프랑스가 연합군의 일원으로 참전하여 독일군을 격파하면서 프랑스를 해방하였다.

19세기 이후에 발생하였던 전쟁만 놓고 보면 결과적으로는 프랑스와 독일은 각각 4전 2승 2패(프랑스 승리 : 제1 · 2차 대전, 독일승리 : 나폴레옹 전쟁, 보불전쟁)의 결과로 끝을 맺었다고 할 수 있다.

이렇게 독일과 프랑스가 수차례에 걸쳐 진행한 세계적 전쟁에서 스위스의 지정학적 위치는 스위스의 의지와는 관계없이 양국 사이에서 매번 긴장상태를 만들었지만 항상 중립을 유지하였으며, 이는 결국 스위스의 독립에도 기여하였다. 이 과정에서 스위스의 중립은 독일과 프랑스의 세력균형과도 밀접히 연계되었다.

스위스는 독일과 프랑스 모두와 국경을 접하고 있고, 독일이나 프랑스가 서로 양국을 침공할 시 스위스는 중요한 침공로가 될 수 있었다. 따라서 스위스가 독일이든 프랑스든 어느 한편으로 연합을 한다면 힘(세력)의 균형추는 기울어지게 될 가능성이 컸지만 그러한 일은 한 번도 발생되지 않았다.

스위스의 민족구성도 긴밀한 상관관계가 있다. 독일계와 프랑스계, 이탈리아계로 구성돼 있는 스위스는 독일과 프랑스 상호 간에 갈등이 발생하면 스위스의 독일계와 프랑스계의 민족 감정에도 미묘한 파장을 불러일으켰다. 그렇지만 이러한 민족적 감정이 확산되면 이것은 곧 분열로 갈 수 있음을 알기 때문에 그들 스스로 자제하였다.

이와 같이 18~20세기 양국의 대립관계에 있어서 스위스가 중립을 유지한다는 것은 스위스의 독립을 유지하기 위해 필수불가결한 요소였던 것이다. 실제로 독일과 프랑스 간의 수차례의 전쟁에서 한 번도 휘말려들지 않았던 이유는 스위스가 매번 중립을 지키면서도 어느 한편으로 치우치지 않도록 노력한 결과의 산물이기도 하였다.

2장

제1차 세계대전과 베르사유 체제

1차 대전은 독일의 해군력 팽창과 발칸 반도에서의 게르만 족과 슬라브 족의 대립 등이 갈등을 야기하다가, 1914년 6월 28일 사라예보를 방문하던 오스트리아-헝가리 제국의 황태자 페르디난트Franz Ferdinand 공 암살 사건을 계기로 촉발되었다. 오스트리아-헝가리 제국이 7월 28일 세르비아에 대한 선전포고와 함께 다음날 사라예보를 폭격하고 독일이 이에 동원을 하자, 러시아도 동원에 들어가고 영국과 프랑스 등도 선전포고를 하면서 본격적으로 시작되었다.

전쟁에 참여한 당사국들은 전쟁이 수개월 안에 끝날 것으로 예상을 하였다. 독일에서는 황제와 장군들이 전선으로 출전하는 장병들을 보면서 "전쟁은 낙엽이 떨어지기 전에 끝나서 장병들은 집으로 돌아갈 것이다"고 하였고 이는 러시아에서도 마찬가지였지만,[1] 그들의 바람과는 달리 무려 약 4년 4개월여 동안 지속되었다.

1차 대전은 영국과 프랑스, 러시아 등 28개국이 협상국으로, 독일

---

1 John G. Stoessinger, *Why Nations go to War?*, Boston, MA : Wadsworth Cengage Learning, 2011, p.3.

과 오스트리아-헝가리 제국, 터키와 불가리아 등 4개국이 동맹국으로 연합하여 범세계적으로 치룬 전쟁으로, 1918년 11월 독일이 항복하고 협상국이 승리하면서 1919년 6월 베르사유 조약[2]을 체결하는 것으로 끝났다.

베르사유에서 미국과 영국, 프랑스 등 승전국의 대표와 독일 등 패전국 간에 체결된 조약에 의해 독일은 엄청난 굴욕을 감수해야만 하였다. 이 조약으로 독일은 아시아와 아프리카에서 대부분의 식민지를 잃었고, 보불전쟁의 승리로 프랑스로부터 할양을 받았던 알자스-로렌을 다시 프랑스에 반환하는 등 유럽 영토 역시 많은 부분을 승전국에 넘겨주어야만 하였다.(이때 면적은 13%, 인구는 10%가 넘겨졌다.) 또한 전쟁도발의 책임을 물어 연합국에 1,320억 금화 마르크라는 거대한 배상금이 부과되었다.[3]

군 병력규모에 있어서도 육군은 보병 7개 사단과 기병 3개 사단에 10만 명(장교 : 4,000명, 부사관 : 40,000명 병 : 56,000명) 이내로, 해군은 병력 15,000명에 선박보유량은 10.8만 톤 이내로 제한되었고, 공군과 잠수함 보유는 금지되었다. 참모본부Generalstab와 의무병역제도도 폐지되었다. 수많은 조항들이 독일의 숨통을 죄게 만들었던 것이다.

라인 강 좌안은 비무장지대로 15년간 연합국의 점령 아래에 두고,

---

2 프랑스 베르사유 궁전 '거울의 방'에서 조인된 것으로, 전체 440조로 이루어졌다. 1차 대전 후의 국제관계를 확정한 의의를 지닌 회의다. 베르사유 조약에 관한 자세한 내용은 다음을 참조할 것. Margaret Lamb & Nicholas Tarling, *From Versailles to Pearl Harbor : The Origin of the Second World War ii Europe and Asia*, New York : Palgrave, 2001, pp.23～28.

3 당시 독일의 연간 국민생산액(GDP)은 약 457억 마르크였다. 베르사유 조약에 의한 배상을 하자면 독일의 연간 총생산액의 3년분을 연합국에 배상해야만 하였다. 이 배상금은 최초에는 해 마다 17억 마르크씩 1988년까지 지불하도록 하였지만, 도스안Dawes Plan(1,320억 → 370억 마르크)과 영안Young Plan을 거치면서 점차 삭감되다가 히틀러 정권이 들어서면서 폐기되었다.

〈그림 3-1〉 제1차 세계대전 이후의 유럽

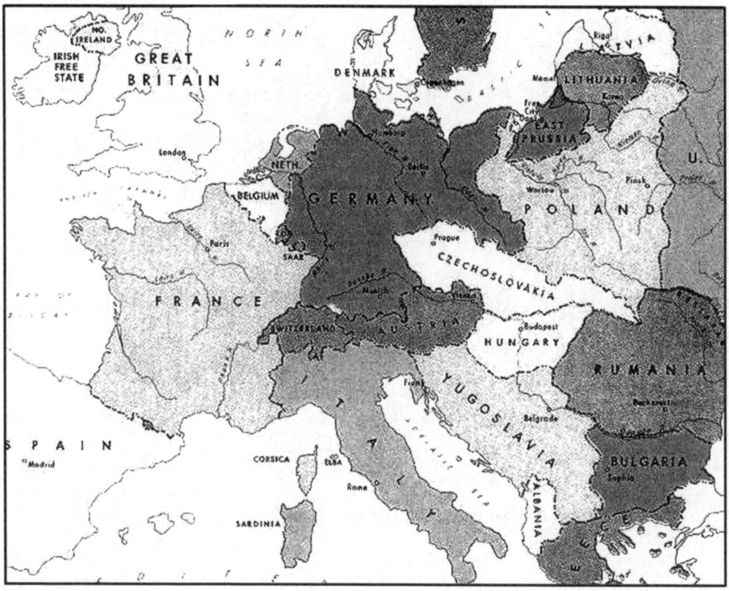

자르지방은 15년간 국제연맹의 관리 아래에 두며, 15년 후에 주민투표에 의해 그 귀속을 결정하기로 하였다. 연합국 군비관리위원회가 독일에 주재하면서 육·해군의 무장 등 휴전협정에 대해서도 감시를 엄격히 하였다.

이러한 베르사유 조약을 두고 당시 처칠Winston Churchill은 경제조항의 60억 파운드(1,320억 금화 마르크)라는 배상금액을 "악의적이고 우매한 것"이라고 하였고, 프랑스군의 페탱Henri Pétain 원수도 "이것은 평화가 아니라 단지 20여 년의 휴전일 뿐이다"라고 하였다. 독일의 막스 베버Max Weber는 "앞으로 10년 이내에 우리는 다시 군국주의가 될 것이다"고 예언하였고, 미군의 한 장군도 "앞으로 30년 내에 다시 전쟁이 일어날 것이다"고 우려하였다.[4] 당시 조약체결에 참석하였던 이탈리아의 수상도 조약의 불공정한 조항을 들어 "베르사유 조약은 당대의 역사를 통틀어 최악이었다는 선례로 남을 것이다"[5]라고 우려하였으며, 이는 영국의 경제학자 케인즈John M. Keynes도 마찬가지였다. 미 국무장관 헐Codell Hull도 1933년 유럽에서 "군비협상의 난항과 평화를 유지할 만한 어떤 일도 발생하지 않아 향후 20~30년 사이에 전쟁이 발발할 가능성이 있다"[6]고 하였다. 이러한 각국의 베르사유 체제에 대한 우려는 1933년 선거에서 나치당이 다수당이 되고 히틀러가 정권을 잡으면서 점차 현실이 되었다.

독일은 동프로이센이 분리되었고 단치히가 자유도시화되었으며, 오스트리아-헝가리 제국이 오스트리아와 헝가리로 분리되었다. 그 외의 폴란드와 체코, 발칸 반도의 여러 국가들도 독립하였다.

---

4 정하명 외, 『세계전쟁사』, 황금알, 2001, 260쪽.

5 쑹훙빙, 홍순도 역, 『화폐전쟁』 2, 랜덤하우스코리아, 2010, 303쪽.

6 Robert Goralski, *World War II Almanac : 1931 ~1945*, New York : Bonanza Books, 1981, p.24.

3장

제1차 세계대전 당시의 스위스

1차 대전이 발발하기 수년 전인 1911년, 미군 대령 벨George Bell은 스위스의 민병군이 행진하는 모습을 본 뒤 그 모습이 별로 인상적이지는 못하였으나 그들이 조국을 충분히 지킬 수 있을 정도로 전투에 필수적인 기술을 갖고 있다고 하면서 다음과 같이 말하였다.[1]

> 어떤 강대국일지라도 스위스를 공격하기에 앞서 잠시 주저한다. 스위스는 조상으로부터 물려받은 죽음을 두려워하지 않는 애국주의와 용기, 국가에 대한 사랑이 있다. 스위스군, 즉 민병군은 전쟁터에서 전사를 하기 전에 적에게 막대한 손실을 가한다. 스위스 사람들은 평화를 믿고 그것을 다른 무엇보다도 최고의 가치로 생각한다. 그들은 평화가 평시의 준비에 의해 보장됨을 확신한다.

1차 대전 당시 스위스는 영국과 프랑스, 러시아 등의 협상국(연합

---

1 Stephen H. Halbrook, *Target Switzerland; Swiss Armed Neutrality in World War II*, MA : Da Capo Press, 2003, pp.18~19.

국)이나 독일, 오스트리아-헝가리 제국 같은 동맹국 어느 편에도 가담하지 않은 채 중립을 유지하였다. 스위스는 중립국이기는 하였지만, 전쟁이 발발할 무렵 이에 대비하여 제대로 준비가 되어 있지 않았다. 전쟁이 발발했을 때 비록 양 진영에 가담하지는 않았으나 그렇다고 전혀 대응을 하지 않았다든가 또는 관계를 단절하고 있었던 것도 아니었다. 스위스는 협상국인 프랑스와 동맹국인 독일 및 이탈리아(추후 협상국으로 가담), 오스트리아-헝가리 제국의 사이에 끼여 있었지만 그냥 평범한 중립국으로 있었던 것이 아니라 무장중립국으로 있으면서 양측의 도발에는 나름의 대응을 통해 중립을 유지하였다.

그 첫 번째, 전쟁이 발발하자 스위스 정부는 1815년 비엔나 회의에서 스위스가 중립국임을 보장하는 데 서명한 국가와 그 외의 국가들에게 스위스가 수세기 동안 지켜온 전통인 중립을 위반해가면서 어느 나라에 치우치는 일은 없을 것이라는 확고한 입장을 전달하였다.[2] 연방정부는 스위스가 "교전국인 독일, 오스트리아-헝가리 제국 대 프랑스와 마주보고 있는 국가로서 엄격히 중립을 지킬 것"이라고 재확인을 하였다.[3]

당시 중립국이었던 네덜란드 역시 전쟁이 발발하자 전 국민의 압도적인지지 아래 무장중립국임을 선언하면서 침략국들에게 어느 나라에도 치우치지 않고 공평하게 대할 것이라고 하였다. 이러한 네덜란드의 선언과는 별도로 당시 독일에서는 네덜란드를 침공할 것인지를 논의하였으나 중립국으로 남겨서 독일이 전쟁을 하는 데 필요한

---

2 Edgar Bonjour, *Swiss Neutrality : Its History and Meaning*, London : George Allen & Unwin LTD, 1952, p.106.

3 Halbrook(2003), *op. cit.*, p.19.

식량과 자원을 수출 · 입을 하는 역할을 해주기를 바라면서 중립을 보장하기로 하였다.[4] 그러나 같은 중립국이었던 벨기에는 독일군이 프랑스를 침공하는 길목에 있었기 때문에 중립이 보장되지 않았다.

두 번째, 연방헌법에 따라 연방의회는 7월 31일 스위스 전 육군을 동원하도록 지시하였고, 연방정부에 국가의 안전보장책임을 이행할 수 있도록 전권을 부여하였으며, 빌레Urlich Wille 장군을 최고사령관으로 임명하였다.[5] 동시에 그의 지휘 아래 3백만여 명의 전 인구 가운데 25만여 명의 민병군이 동원되었다.[6] 그들은 8월 중순, 독일과 프랑스의 국경지역인 쥐라 산맥 일대에 배치되었다. 그들은 그해 8월부터 전쟁이 끝나던 1918년 봄까지 그곳에서 영토를 지키면서 독일과 연합군 간의 지루한 참호전이 스위스 영토 안으로 확산되는 것을 방지하였다. 전장지역이었던 독일과 프랑스의 국경지역처럼 높은 밀도는 아니었지만, 이탈리아와의 국경지역인 알프스 산맥을 따라서도 민병군이 배치되었다. 이렇게 당시 스위스군이 동원해서 배치하였던 부대들은 독일과 프랑스 국경지역의 3개 사단과 예비 3개 사단, 남부의 알프스 산악지대의 4개 산악여단에 달하였다.

이 부대들은 전쟁이 지속되는 동안 동원과 해제를 반복하였다. 초기에는 1915년 5월까지 동원이 계속되었으나 협상국이나 동맹국이 스위스의 중립을 존중함에 따라 동원된 민병군이 점차 해제되기 시작

---

4 Marc Frey, "Bullying the Neutrals : The Case of the Netherlands", *Great War, Total War* , Washington D. C : Cambridge University Press, 2000, pp.227~228.

5 Bonjour, *op. cit.*, p.106; http://en.wikipedia.org/wiki/Military of Switzerland.(검색일 : 2012.6.20) 스위스 역사에서 최고사령관 임명은 앙리 뒤푸르Henri Dufor(1847~1848, Sonderbund War와 Neuchatel 총파업 시), 한스 헤르조그Hans Herzog(1871~1872, 보불전쟁 시), 우르쉬 빌레Ulich Wille(1914~1918, 1차 대전 시), 앙리 기상Henri Guisan(1935~1945, 2차 대전 시) 등 4차례가 있었다.

6 Jonathan Steinberg, *Why Switzerland?*, London : Cambridge University, 1978, p.39.

하면서 가정이나 산업현장으로 복귀하였고, 1916년 11월에는 38,000여 명 수준에서 동원상태를 유지하였다. 그러나 1916~1917년 겨울에 들어 프랑스군의 스위스 국경지역 공격이 예상됨에 따라 10만여 명으로 다시 증가되었다. 프랑스의 작전이 무위로 돌아감에 따라 민병군은 다시 감소되었다. 마침 노동자들의 파업이 발생하여 전쟁이 끝날 무렵인 1918년에는 12,500여 명이 남아 있었을 뿐이었다.

독일군이 중립국인 벨기에를 침공하는 것을 본 스위스 대다수의 국민은 깜짝 놀랐고 여론에 깊은 영향을 끼쳤다. 독일어를 말하고 독일계가 다수 거주하는 북동부 지역이 독일을 좋아하고, 프랑스어를 말하고 프랑스계가 다수 거주하는 서부지역이 프랑스를 좋아하며, 이탈리어를 말하고 이탈리아계가 다수 거주하는 동남부 지역이 이탈리아를 좋아하는 것은 당연한 이치이다. 그러나 그들이 좋아하는 것과는 다르게 전쟁이 발발하였을 때에 중립국의 위치를 훼손할 수 있는 일을 방지하기 위해서 어느 편을 지지한다든가 또는 이를 지원하여 전쟁에 참여하는 것은 스위스로서는 극도로 신중해하면서 피해야 할 일이다.

독일계 주민들은 독일의 경제와 과학기술의 발전으로 그들과 끈끈한 유대감을 갖고 있었는데, 그런 독일이 중립국 벨기에를 침공하자 연방의회는 이런 독일의 행동을 개탄하면서 유감을 표하였다.[7]

세 번째, 스위스에 대한 교전당사국의 확전방지책을 강구하였다. 전쟁기간 동안 독일이나 프랑스 등 교전국들은 스위스 영토 내로 1,000여 회의 사격을 가하였으며, 약간의 교전도 발생하였으나 스위

---

7 Bonjour, *op. cit.*, p.107.

스의 항의로 교전국들이 사격을 하지 않기로 동의함에 따라 상황은 점차 안정되었다. 이렇게 스위스는 1차 대전 시 무장중립정책을 추진해 온 결과 외부로부터의 침공을 막을 수 있었으며 또한 전쟁에 휘말려 들어가지 않고 독립을 유지할 수 있었다.

전쟁의 가능성이 있어서 동원을 하였으나 장기간 전투 없이 준비태세만 유지하다 보면 동원된 병력을 포함하는 부대는 긴장이 해이해지고 사기가 저하되기 마련이다. 스위스는 무려 1914년 8월부터 1918년 봄까지 상당한 기간 동안 그러한 상태를 유지해야만 하였기 때문에 그럴 가능성이 충분히 있었으나 동원과 해제를 융통성 있게 적용하면서 이를 극복하였다.[8]

네 번째, 전쟁기간에 예상되는 경제적 어려움에 대비하는 조치를 하였다. 1차 대전 당시 스위스는 국민을 먹여 살리는 데 필요한 식량과 산업을 운용하는 데 필요한 원자재가 부족하였다.(이 문제는 2차 대전에서도 반복되었다.) 독일이나 프랑스 등 교전국들은 서로 상대방을 이겨야만 하였기 때문에 국제법 준수에 대해서는 거의 무관심하였고 중립국 스위스의 항의에도 신경조차 쓰지 않았다.

스위스로서는 식량과 원자재 수입을 위해서 교전국(특히 프랑스와 이탈리아)들의 영토를 통과해야만 하였기 때문에 이 과정에서 종종 주권을 침해당하는 어려움도 겪어야만 하였다. 이웃의 선의에 전적으로 의존해야만 하는 상황에 처해있었던 것이다. 이러한 경제적 어려움을 당시 베른 주의 군사담당 수장이었던 슈러Karl Scheurer는 1915년 6월 15일 그의 일기에서 다음과 같이 절망적으로 기술하고 있다.[9]

---

8 *Ibid.*, p.108.
9 Steinberg, *op. cit.*, p.39.

우리의 상황은 더욱 악화되고 있다. 외부환경은 그렇게 나쁘지 않으며, 이탈리아로의 입국도 우리에게 그렇게 위협을 주는 것 같지는 않다. 그렇지만 국내에서의 문제는 더욱 악화되고 있다. 독일과 프랑스의 갈등은 시골과 도시에서 식량가격 문제가 악화되는 것처럼 더욱 악화되고 있다.

이로 인해 전쟁기간 동안 물가가 급상승하는 등 국민들의 고통이 가중되자 도처에서 노동자들이 총파업을 일으켰고 민병군을 동원하여 이를 진압해야 어려움도 겪어야만 하였다.

전쟁 도중 그림-호프만Grimm-Hoffmann 사건이 발생하면서 한때 중립주의가 크게 훼손될 수 있었던 위기도 발생하였다. 즉, 1917년 사회주의 정치가인 그림Robert Grimm이 사회주의와 평화주의 이익을 위한다는 명분으로 동부전선에서 독일과 러시아의 전쟁을 끝내고자 양측의 평화협상을 위해 행동하면서 문제가 발생하기 시작하였다. 그림은 러시아를 방문하여 자신을 외교관이자 스위스 정부의 대표단인양 행동하면서 독일과 러시아의 평화협상을 진전시켰으나 이것이 러시아 정부에 의해 사기임이 밝혀지면서 강제로 추방되었다. 그가 귀국하자 그림을 후원하였던 연방의회의장 호프만Arthur Hoffmann이 책임을 지고 사임하면서 한때 훼손되었던 스위스의 중립정책이 회복되었다.[10]

내륙국인 스위스는 1차 대전 시는 협상국과 동맹국, 2차 대전 시는 추축국과 연합국으로 둘러싸여 있었기 때문에 자신의 의지와는 상관없이 양측의 교전에 휘말려 크고 작은 피해를 입거나 이로 인해

---

10 http://en.wikipedia.org/switzerland-during the world war(검색일 : 2012.5.29); Steinberg, *op. cit.*, pp.39~40

어려움을 겪기도 하였다. 때로는 중립을 유지하는 데 대해 비난도 없지 않았으나 이에 개의치 않고 끝내 중립을 지킴으로써 전쟁의 참화를 피해갈 수 있었다.

1차 대전이 발발하기 얼마 전에 독일의 빌헬름 2세 황제가 스위스 정부의 초청으로 스위스군 기동훈련을 참관한 적이 있었다. 그 자리에서 빌헬름 2세는 "스위스는 동원 시 50만여 명의 군대를 편성하는데, 스위스군은 사격을 잘한다. 그렇지만 만약 독일군이 100만 명으로 공격을 한다면 스위스는 어떻게 할 것인가?"라고 질문을 하였고, 스위스군은 이렇게 대답하였다. "우리는 사격을 두 번 할 것이다.(50만 명이 두 번씩 사격하면 독일군 100만 명을 이겨낼 수 있다.) 그렇게 되면 독일은 집으로 돌아가지 않을 수 없을 것이다.(본국으로 철수해야만 할 것이다.)" 이것은 외부에서 침공을 하더라도 이를 이겨낼 수 있다는 스위스 사람들의 자신감 또는 국민적 자세를 보여주는 수많은 사례 중의 하나이다.[11]

비록 1차 대전에서는 중립을 유지하면서 전쟁에 참여하지는 않았지만, 스위스는 중립을 지키면서 많은 고통, 특히 경제적 고통을 받았기 때문에 전쟁 이후 연합국이 주축이 되는 국제연맹에 국제평화와 안전을 유지하고 국제적 · 경제적 협정을 증진시킨다는 명분으로 가입하였다.

11 Halbrook(2003), *op. cit.*, p.18.

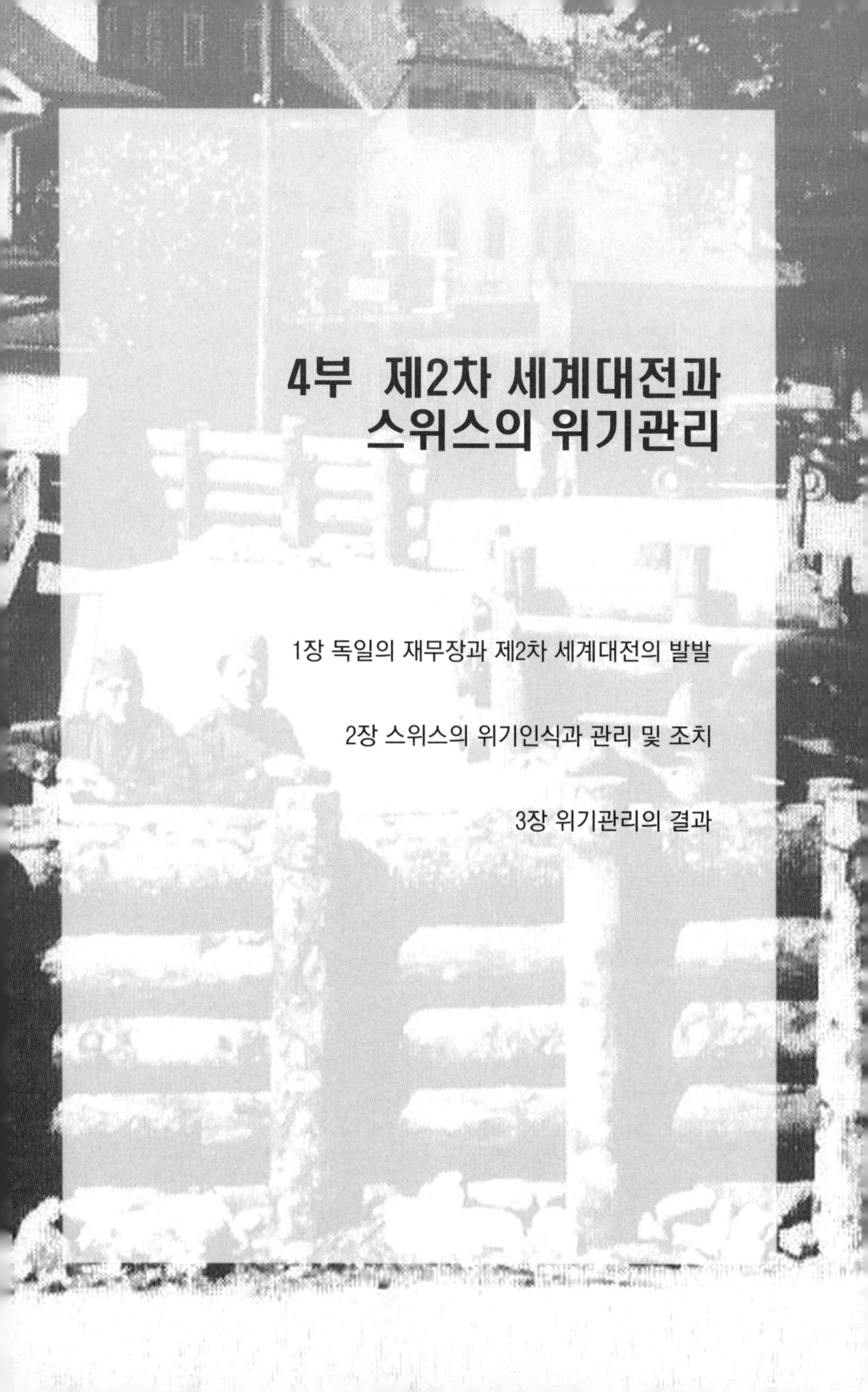

4부 제2차 세계대전과 스위스의 위기관리

1장

독일의 재무장과 제2차 세계대전의 발발

1. 히틀러의 집권과 군비확장 및 주변국 합병

1929년 미국 뉴욕시장의 주가폭락을 계기로 시작된 대공황Great Depression으로 전 세계의 경제는 극심한 혼란 속에 빠져들었다. 이를 시작으로 1930년대 공황이 한창일 무렵, 이러한 경제적 어려움과 베르사유 체제에 대한 독일 국민들의 불만 등을 이용하여 1933년 선거에서는 히틀러Adolf Hitler가 주도하는 나치NAZI(Nationalsozialistische Deutsche Arbeiterpartei : 국가사회주의 독일 노동자당)가 다수당이 되었다. 히틀러는 "선전선동술이 대중의 정서적 감정을 발견하고 이를 이해하며 심리적으로 대중의 마음을 움직여 주목을 받는 것"[1]이라고 하였는데, 그는 이러한 선전선동으로 피폐해진 경제에 대한 독일인의 불만을 교묘히 이용하여 정권을 잡는 데 성공하였을 뿐만 아니라 전쟁을 일으키고 패전을 할 때까지 지속적으로 활용한 것이다.

1 David Welch, *The third Reich : Politics and Propaganda*, New York : Routledge, 2002, p.8.

히틀러는 총리로 취임한 뒤 바이마르 공화국의 힌덴부르크Paul von Hindenburg 대통령이 사망하자 스스로 총통Führer으로 취임하면서 전권을 행사하였고, 국방군과는 별개로 최고 엘리트를 선발해서 비밀경찰Gestapo과 친위대Schutzstaffel(SS) 등을 창설하여 정적들을 모두 제거하기 시작하였다.

총통이 된 히틀러는 전 장병으로부터 개인적으로 충성선서를 받았으며, 군부의 최고 직위에 있는 사람들은 그에게 고분고분한 장군으로 임명하였다. 히틀러는 군대를 자기의 의지를 실현하기 위한 하나의 수단이라고 생각하였으며,[2] 누구도 자신의 의지를 거역하면 그 직위를 행할 수 없도록 하였다.

히틀러는 선전과 선동으로 게르만 민족의 우월성을 강조하기 시작하였다. 그는 1933년 5월 베르사유 조약이 "미래 독일의 중요성에 비추어 명백하고 합리적인 방법으로 문제들을 해결하는 데 성공하고 있지 못하고 있다"고 하면서, 독일은 베르사유 조약 때문에 100,000명의 군사를 보유하고 있는데 독일보다 작은 체코는 138,000여 명, 폴란드는 266,000여 명의 군사를 보유하고 있으므로 평등 차원에서 이를 개정해야 한다고 주장하였다.[3]

이렇게 유럽을 서서히 긴장으로 내몰면서 국제연맹을 탈퇴하였고(1933.10), 베르사유 조약에 의해 금지된 징병제를 부활시켰으며(1935.3), 육군부대의 확장과 공군을 보유하는 등 재무장을 선언하였다(1935.3). 라인란트[4]에도 독일군을 진주(1936.3)시켜 긴장을 조성하였다.

---

2 Andreas Dorpalen, "Hitler, the Nazi Party, and the Wehrmacht in World War II", *Total War And Cold War : Problem in Civilian Control of the Military*, Ohio : Ohio State University Press, 1962, pp.67~69.

3 Robert Goralski, *World War II Almanac : 1931~1945*, New York : Bonanza Books, 1981, p.21.

히틀러의 이러한 베르사유 조약을 혐오하는 주장과 행동은 독일 국민들로부터 지지를 받았으며, 이는 히틀러의 권력을 강화시켜 주는 계기가 되었다. 마치 히틀러가 독일의 혼란을 제거하면서 독일민족의 앞날을 밝게 해주는 인물로 비춰지기 시작한 것이다.[5] 이러한 지지와 독재를 바탕으로 히틀러는 군비를 대폭 확장하면서 중공업 위주로 산업을 육성하여 대량의 무기들을 생산하기 시작하였다.

〈표 4-1〉 히틀러 집권 이후 군비증강 추이[6]

구분	1930	1933	1934	1935	1936	1937	1938
군사비(억 $)	1.62	4.52	7.09	16.07	23.32	32.98	74.15
증가율(%)	-	279	437.6	992	1,439	2,035	4,577
비고	기준년도	히틀러 집권 이후					

또한 그는 독일 전국을 고속도로Autobahn로 연결하였고, 군대를 대폭 증강하기 시작하였다. 히틀러유겐트Hitler-jugend 같은 청소년 단체를 만들어 장차 제3제국 확장에 필요한 나치스 병력을 대량으로 만들어 내는 데 착수하였고 전 사회를 조직화하였다.

히틀러가 이렇게 재무장을 선언하고 국방력을 강화하자 군부는

---

4 라인란트Rheinland는 일반적으로 독일과 프랑스, 룩셈부르크, 벨기에, 네덜란드 사이의 국경으로부터 라인 강에 이르는 지역을 가리킨다. 1871년 보불전쟁 결과, 알자스-로렌이 프로이센에게 병합되면서 라인란트 전역은 독일 제국의 영토가 되었다. 1차 대전에서 독일이 패하면서 베르사유 조약으로 알자스-로렌은 다시 프랑스의 영토로 넘어갔고, 라인란트 전역과 라인 강 동안의 50km 지역까지 비무장지대가 설정되었다. 이 라인란트 비무장지대는 1936년 3월 7일 히틀러가 독일군을 진주시키면서 사라졌다.

5 이언 커쇼, 이희재 역, 『히틀러 II-몰락 1936~1945』, 교양인, 2010, 25~26쪽.

6 폴 케네디, 이일수 외역, 『강대국의 흥망*The Rise And Fall Of The Great Power*』, 한국경제신문사, 1996, 407쪽. 또 다른 자료에 의하면 히틀러가 집권하여 1933년부터 전쟁이 발발하기 이전인 1939년까지의 재정지출이 총 1,050억 마르크로 이중 군사비에 60%인 600억 마르크가 투입되었고, 전쟁이 발발한 이후부터 1945년 종전 시까지는 총 6,850억 마르크의 지출이 있었는데 이중 75%인 5,100억 마르크가 군수부문과 전쟁비용으로 사용되었다.(정해본, 『독일근대사회경제사』, 지식산업사, 1991, 348~349쪽)

쾌재를 불렀다. 히틀러는 앞으로 "4~5년 동안 국방력 증강을 위해 온 힘을 쏟겠다"라고 1933년 2월 공약을 한 바 있는데,[7] 그러한 조치들이 대규모의 군비확장과 국방군Wehrmacht의 전투력으로 나타나면서 독일군 모습이 눈에 띠게 바뀌기 시작한 것이다.

국방군은 사실상 히틀러의 생활권 철학Lebensraum을 실현시켜 주는 데 핵심적 역할을 했고, 그것은 공군Luftwaffe과 기갑사단의 창설로 나타났다. 그러나 사실 그의 주 수단은 다름 아닌 선전전이었으며, 그것은 스페인 내전(1936)에서 제5열The Fifth Column의 형태로 나타났다. 독일은 이 기간 중 브란덴부르그Brandenburg연대와 후일 사단급으로 확장된 공수보병사단Fallschrimjäger을 만들어 공격과 방어 작전 간 선전전 부대로 활용하였다.[8]

히틀러는 그가 불신하는 정규군의 역할을 줄이기 위해 자신의 지시를 받는 국방군 참모부Wehrmachtfűhrugsstab를 설치하였으며, 여기서는 육·해·공군에 최고수준의 지시를 하달하는 임무를 수행하였다.[9]

이러한 히틀러의 군사적 조치에 영국이나 프랑스가 제대로 대처를 하지 못하자 더욱 기고만장해진 그는 이른바 '잠식전술Piece Meal Tactics'로 군대를 보내 서서히 인접국을 합병Annexation하기 시작하였다. 그 첫 번째가 오스트리아로, 독일과 인종·언어·문화가 같다는 이유로 합병(1938.3)하고 이를 선거를 통해 정당화하였다. 이어 체코슬로바키아의 수데텐란트Sudetenland에도 다수의 독일인(300만여 명)이 거주한다는 이유로 체코에도 공공연하게 위협을 가하여 적대행위가 임박하였

---

7 이언 커쇼, 앞의 책, 22~24쪽.

8 J. E Kaufmann & H. W. Kaufmann, *Fortress Third Reich : German Fortifications and Defence Systems in World War II*, Cambridge : Da Capo Press, 2003, p.113.

9 Dorpalen, op. cit., p.71

음을 강조하면서 대통령을 협박, 마침내 합병(1939.3)하여[10] 유럽지역에서 전운이 고조되기 시작하였다.

당시 오스트리아군는 5개 사단, 체코군도 34개 사단을 보유하고 있었고, 더욱이 체코의 스코다Skoda 무기공장에서는 전차와 항공기 등 우수한 품질의 무기를 생산해내고 있었지만,[11] 히틀러의 강요와 독일군의 무력시위에 제대로 저항다운 저항이나 총 한방 쏘지도 못하고 굴복하였다. 오스트리아와 체코 양국 지도자의 의지박약과 무기 · 군사력의 취약성, 국민의 저항의지 결여로 제대로 된 저항 없이 허무하게 독일의 강요와 무력시위에 굴복하고 만 것이다.

여기에 체코가 위기에 처할 시 지원하겠다고 한 프랑스도 준비가 안 된 상태에서 체코를 지원할 수 없었고, 소련도 스탈린의 군부숙청[12]으로 야기된 자신들의 문제에 매여있던 것과 더불어 체코를 지원하기 위해서는 폴란드와 루마니아를 통과해야 하는데 양국이 이를 허가해 줄 리가 없었다.[13] 그렇게 오스트리아와 체코는 합병되었다.

이제 히틀러의 제3제국Drittes Reich은 '하나의 민족, 하나의 국가, 하나의 총통Ein Volk, ein Reich, ein Führer'이라는 구호 아래 독일국민 6,600만

---

10 Quincy Wright, *A Study of War*, Chicago : The University of Chicago Press, 1983, pp.13～14.

11 Peter Calvocoressi and Guy Wint, *Total War : Cause and Courses of the Second World War*, New York : Penguin Books, 1979, pp.70～71. 당시 체코는 인구 1,400～1,500만여 명 가운데 체코인과 슬로바키아인 1,000만여 명, 독일계 300만여 명, 기타 우크라이나, 폴란드 계 등이 살고 있었다. 체코는 비록 인구는 독일보다 많이 적었지만 병력과 장비 면에서는 독일군과 비슷한 규모를 갖고 있었다. 또한 군수산업에 있어서도 스코다 공장이 있었으며, 영국과 프랑스가 동맹국이었다.

12 자료에 의하면 스탈린은 1937년 5월부터 1938년 말까지 5명의 원수 중 3명, 11명의 국방인민위원 전원, 80명의 군사 소비에트위원 중 75명, 85명의 군단장 중 57명, 195명의 사단장 중 110명, 406명의 여단장 중 186명 등을 숙청하여 소련군 장교 전체인원 7만 5,000여 명 가운데 1만 5,000～3만 명이 제거되었다.(육군본부, 『소련군사』, 육군인쇄창, 1975, 53쪽)

13 이언 커쇼, 앞의 책, 146쪽.

명, 오스트리아 국민 700만 명, 체코 수데텐란트의 독일계 주민 300만 여 명 등 스위스를 제외한 게르만 족의 대제국을 건설하는 데 성공하였다. 이는 베르사유 조약을 당연히 위반하는 것이었지만, 제3제국을 중심으로 독일제국을 건설하고자 하였던 히틀러에게는 더할 나위 없이 매력적인 목표가 달성된 것이다.[14]

이렇게 오스트리아가 독일군에 합병되자 오스트리아 대통령은 "오스트리아가 독일의 한 지방이다"라고 하였고, 수도 비엔나에서는 독일어를 사용하는 스위스의 북동부 지역이 제3제국에 포함된 지도를 내걸었다. 바로 그날 베른 주재 독일대사는 히틀러 총통이 스위스에 아무런 관심이 없다고 확신시켜 주었으나, 반면에 공군원수 괴링 Hermann Göring은 스위스가 독일에 속하는 지도를 발행하였다. 스위스에서 독일어를 사용하는 지역에 거주하는 국민들은 독일에서 추방된 사람이라는 주장도 나왔다.[15] 한편에서는 스위스를 위협하면서도 다른 한편에서는 달래는 이중적인 모습을 보이면서 스위스를 우롱하였던 것이다.[16]

히틀러가 오스트리아와 체코의 수데텐란트를 합병한 이유로 나치당 강령 제1조에서 "우리 당(NAZI)은 민족자결의 이념에 의거하여, 모든 독일인이 대독일국 아래 결집할 것을 요구한다"라고 주장하였는데, 그들 입장에서는 독일과 피를 나눈 게르만 족이 살고 있는 오

---

14 히틀러가 집권하여 제2차 대전을 일으키기까지의 과정은 다음을 참조. 김용구, 『세계외교사』, 서울대 출판부, 2011; 존 키건, 류한수 역, 『2차 세계대전사』, 청어람미디어, 2007; A. J. P. 테일러, 유영수 역, 『2차 대전의 기원』, 지식의풍경, 2003 등.

15 Stephen H. Halbrook, *Target Switzerland; Swiss Armed Neutrality in World War II*, MA : Da Capo Press, 2003, P.47.

16 Peter Calvocoressi and Guy Wint, *Total War : Cause and Courses of the Second World War(Revised Second Edition)*, New York : Penguin Books, 1989, pp.269~270.

스트리아와 체코의 수데텐란트가 독일제국에 속하는 곳이기 때문에 합병은 당연한 것이었다.[17]

히틀러에게는 베르사유 조약이 불평등 조약이기 때문에 당연히 폐지되어야 하며, 같은 게르만 족이 살고 있는 오스트리아와 체코의 수데텐란트에 군대를 보내 합병하는 것은 아무 문제가 없었던 것이다.[18] 체코를 합병한 뒤 스위스에 바로 인접해 있는 리히텐슈타인Liechtenstein 마저 제3제국에 강제적으로 합병하기 위한 시도가 있었으나 이는 실패로 돌아갔다.[19]

히틀러는 스위스를 오스트리아와 체코의 수데텐란트처럼 합병하거나 유럽의 다른 국가처럼 침공해서 점령하지는 않았지만, 그에게는 스위스도 합병 또는 침공목표 중의 하나였으며, 그러한 징후를 보여주는 침공계획이 여러 차례 수립이 되었던 적이 있다. 이러한 우려에 대해 스위스 사람들은 히틀러가 오스트리아를 점령하면 그 다음 목표는 스위스가 될 것이며, 오스트리아가 독일군의 간단한 아침식사용이었다면 스위스는 영양분을 공급하는 점심거리가 될 것이라고 하여 독일군의 침공 가능성을 두려워하였다.[20]

이렇게 히틀러가 주변국을 합병해 나가는 과정에서 당시 영국 수

---

17 나치당의 강령 제1조에 의해 그들이 그린 대독일 지도에는 네덜란드, 벨기에, 오스트리아, 보헤미아-모라비아, 독일어를 사용하는 스위스 지역, 서부 폴란드 지역으로부터 단치히와 크라코우를 포함하는 서부 폴란드 지역 등이 포함된다. 당연히 주권국가 스위스의 위치는 무시되었다.http://en.wikipedia.org/wiki/Operation-Tannenbaum(검색일 : 2012.7.25)

18 나치당의 25개조 강령에서 첫째, 우리 당은 민족자결의 이념에 의거하여 모든 독일인이 대독일국 아래 결집할 것을 요구한다. 둘째, 우리 당은 베르사유 조약 및 생 제르망 조약의 종결과, 타국과의 동등한 권리를 요구한다고 주장한 바 있다. 이러한 주장에 따라 게르만 족이 거주하는 곳을 점령하였기 때문에 아무런 책임을 느낄 이유가 없었다.

19 Constance Howard, "Switzerland, 1939~1946", Arnold Toynbee and Veronica M. Toynbee(ed.), *The War and The Neutrals*, London : Oxford University Press, 1956, p.202.

20 Halbrook(2003), *op. cit.*, p.31.

상 체임벌린Arthur N. Chamberlain과 프랑스 수상 달라디에Edouard Daladier 및 이탈리아 총리 무솔리니Benito Mussolini는 발생된 위기를 타개하기 위해 뮌헨에서 회담을 가졌다.[21] 회담을 마친 후 체임벌린은 런던으로 돌아가서 "우리 시대의 평화Peace in our times"가 왔다고 확신을 하였지만, 히틀러가 그의 생각대로 주변국을 합병해 나가면서 사실은 히틀러의 기만전술에 속고 있었다.[22]

독일이 오스트리아와 체코를 합병하고 난 뒤 유럽에서 점차 위기가 고조될 무렵, 스위스 연방의회 의장은 3월 중순의 어느 모임 연설에서 "우리를 명예롭게 여기고 평화롭게 살도록 내버려두는 사람들은 우리의 친구이지만, 우리의 독립과 정치적 통합성을 공격하는 사람들은 전쟁에 직면할 것이다"고 경고하였으며, 연방대통령도 방송에서 모든 희생을 무릅쓰고라도 스위스의 독립과 자유를 위해 싸울 것이라고 하였다.[23]

2. 독일군의 폴란드 침공과 제2차 세계대전의 발발

독일은 군비를 증강하고 인접국을 합병하던 중 1939년 8월 30일에는 폴란드 침공의 구실을 찾기 위해 13개 조항으로 구성된 최후통첩Ultimatum을 보냈다.[24] 그리고 이틀 뒤인 9월 1일 폴란드를 전격적으로

---

21 뮌헨 회담의 자세한 내용은 다음을 참조. Walter C. Langsam, *Historic Documents of World War II*, Connecticut : Greenwood Press Publisher, 1977, pp.10~13.

22 Julian E. Zelliner, *Arsenal of Democracy : The Politics of National Security- From World War II to the War on Terrorism*, Philadelphia : Basic Books, 2010, p.43.

23 Halbrook(2003), *op. cit.*, pp.67~68.

24 이에 관한 자세한 내용은 Walter C. Langsam, "The German Ultimatum to Poland,

<그림 4-1> 1939년 9월 독일군의 폴란드 침공

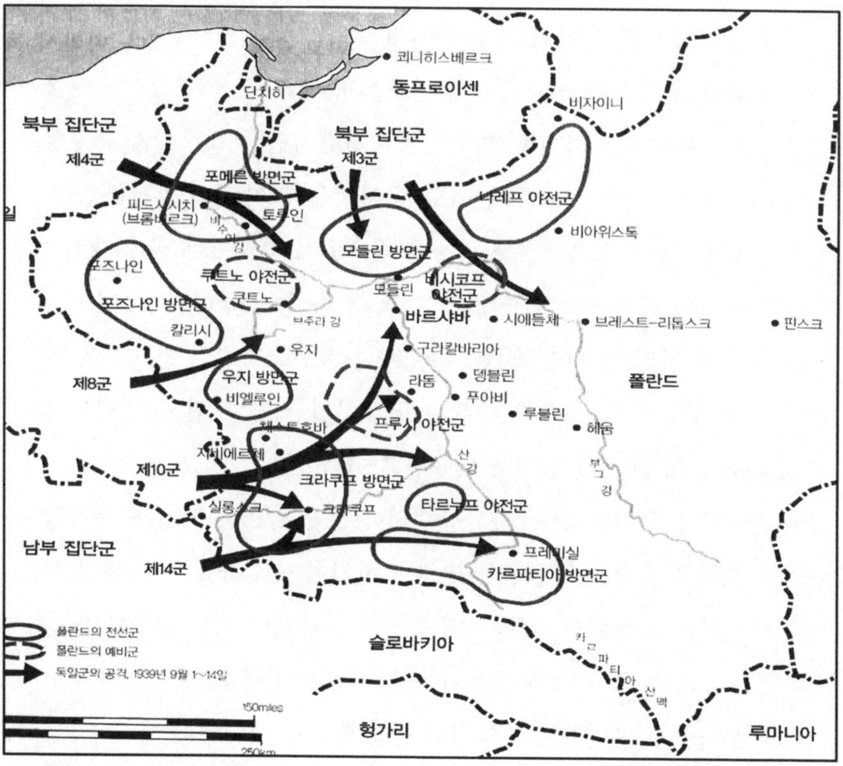

출처 : 존 키건, 『2차 세계대전사』, 72쪽.

침공함으로써 2차 대전이 발발하였다.[25]

미국 종군기자 쉬러는 전쟁발발 하루 전에 "모두가 전쟁을 반대하고 있다. 국민이 반대하는 전쟁을 어떻게 할 수 있는가?"라고 하였는

August.30~31.1939", *op. cit.*, pp.21~25 참조.

25 2차 대전의 발발시점이 1935년 이탈리아 군의 에티오피아 아비시니아 침공이라고 하는 주장과 또 다른 주장으로 1937년 일본군의 중국 침공(중일사변)을 2차 대전의 시작이라는 주장, 그리고 1939년 독일군의 폴란드 침공을 2차 대전의 시작이라는 주장도 있다. 1939년 독일군의 폴란드 침공을 2차 대전의 시작으로 보는 것이 일반적인 견해이다.

데, 히틀러는 이에 상관하지 않고 "어젯밤에 폴란드군이 총격을 가해서 독일군이 반격에 나섰다"고 하면서 침공을 정당화하였다.[26]

영국과 프랑스는 독일군이 폴란드를 침공하면 폴란드의 독립을 보장하기 위해 지원하기로 협정을 체결하였지만,[27] 폴란드가 항복할 때까지 선전포고를 하였으면서도 군사지원 없이 수수방관하였다. 폴란드는 소련군으로부터도 협공을 받으면서 악전고투 끝에 개전 1개월여 만에 항복하였다. 히틀러는 장차 "동쪽으로의 진격(소련을 공격)을 하기 위해 염두에 둔 첫 단계"로 폴란드를 점령할 필요성을 언급한 바 있는데,[28] 그러한 목표를 달성하기 위해 폴란드를 희생양Scapegoat으로 삼아 첫 단계를 완수한 것이다.

폴란드를 점령한 뒤 국가사회주의 정신을 강조하기 위해 나치당의 관료들은 육군의 역할을 애써 외면하거나 축소하였고, 이를 친위대의 공적으로 돌렸다. 점령지역의 통치는 육군이 아닌 친위대가 행하였는데, 이는 육군이 국가사회주의(NAZI) 정신을 완전히 이행하고 있지 못하다고 판단하는 히틀러의 불신에 의한 것이었다.[29]

친위대는 폴란드에서 나치독일에 조금이라도 반항하는 사람들은 무차별적으로 처형하였으며, 인종청소Ethnic Cleansing 목적으로 수많은 사람들이 이유도 없이 사라졌다. 고삐 풀린 폭력이 방대한 규모로 도처에서 자행되면서 이는 1941년 6월 소련침공 시 우크라이나와

---

26 이언 커쇼, 앞의 책, 292~293쪽.

27 이에 관한 자세한 내용은 다음을 참조. Walter C. Langsam, "The Western Guarantee of Polish Independence", *op. cit.*, pp.14~15. 당시 영국은 독일군이 폴란드에서 군사행동을 중단하고 철수하겠다는 약속을 11시까지 하지 않으면 그 시간 이후부터 두 나라가 전쟁상태로 들어가겠다고 경고하였지만 독일은 이를 거부하였다.

28 John G. Stoessinger, *Why Nations go to War?*, Boston, MA : Wadsworth Cengage Learning, 2011, p.34.

29 Dorpalen, *op. cit.*, pp.68~69.

벨라루스에서의 슬라브 족에 대한 탄압을 미리 연습하는 것으로 보였다. 이렇게 통제되지 않은 국가의 절대 권력에 의한 폭력이 무자비하게 행해질 때는 그 결과가 어떻게 나타나는지는 주목해야 할 것이다.

3. 독일군의 프랑스와 소련 침공

폴란드를 점령한 독일군은 이어서 1940년 4월 중립국이었던 덴마크와 노르웨이 등에도 군대를 보내 점령하였고, 5월에는 프랑스를 침공하면서 전쟁은 전 유럽지역으로 확대되었다. 6월에는 마지노선Maginot Line[30]에 그토록 기대던 프랑스마저 독일군의 전격전Blitzkrieg에 별다른 저항 없이 무기력하게 항복하였다. 휴전협정을 체결하면서 프랑스 전역은 예상외로 쉽게 끝났다.[31]

1차 대전에서는 수년간의 전투 끝에 베르사유 조약을 체결하면서 승전국이 된 프랑스가 어떻게 2차 대전에서는 마지노선이라는 강력

---

30 1차 대전 이후, 프랑스가 독일군의 공격을 저지하기 위해 구축한 지하요새선地下要塞線이다. '마지노선'이라는 이름은 이 지하요새를 만들 것을 창안한 당시의 프랑스 국방장관 '앙드레 마지노'의 이름에서 유래한다. 프랑스는 1차 대전 시 참호선 전투에서 많은 젊은이들이 희생되면서 이를 방지하고 독일군의 전차공격을 효율적으로 방어하기 위해서는 국경을 따라서 긴 요새선을 만들 필요가 있다고 생각했다. 그래서 북서부 벨기에 국경에서 남동부 스위스 국경에 이르는 총연장 약 750km의 지하요새를 구축하였다. 이를 위해 당대 최고의 축성기술이 총동원되었으며, 주거지역 · 보급품 창고 · 방어선을 연결하는 지하철 도로망까지 연결되어 있었을 정도로 매우 발전된 지하요새를 건설하였다. 하지만 1940년 독일군의 기갑부대가 마지노선을 우회해 벨기에를 침공하여 프랑스로 진격함으로써 결국 엄청난 기술과 인력, 자금으로 만들어진 프랑스 최고의 요새는 무용지물無用之物로 전락하고 말았다. 현대에는 '최후방어선', '넘어서서는 안 되는 선'이라는 의미로 자주 사용된다.

31 독일과 프랑스 비시정권 간에 체결된 휴전협정에 관한 자세한 내용은 다음을 참조. Walter C. Langsam, "The Franco-German Armistice, June.25.1940", *op. cit.*, pp.37~43.

한 방어선이 있었음에도 불구하고 제대로 저항다운 저항을 하지도 못한 채 불과 6주 만에 허망하게 패배하였는지 수많은 의문을 남긴 채, 서부전선에서 프랑스 전역이 무너지면서 이제 유럽본토가 모두 히틀러의 수중에 들어가는 것처럼 보였다.[32]

1940년 4월 10일 독일군이 덴마크와 노르웨이를 침공하자 벨기에는 비상경계태세에 들어가면서 중립을 강조하였다. 그러나 영국과 프랑스가 독일군의 침공에 맞서 예방적 차원에서만 지원하려 하자 벨기에는 이를 중립정책의 포기로 인식되는 것이 두려워 거절하였다.[33] 그리고 한 달 뒤, 독일군이 벨기에를 침공하자 벨기에 정부는 독일군이 중립을 위반했다고 하면서 모든 사실과 문서들이 독일군의 사전침공을 계획하였음을 입증한다고 주장하였지만,[34] 독일군의 점령을 피할 수는 없었다.

당시 영국의 처칠은 독일군이 프랑스를 공격하기 위해서는 첫째, 남부의 마지노선을 우회한 뒤 스위스를 이용하여 공격하거나 둘째, 막대한 희생을 무릅쓰고 마지노선을 정면으로 통과하여 공격하는 방법, 세 번째는 네덜란드와 벨기에 등 저지대 국가를 이용하여 공격하는 방법이 있을 것이라고 회상한 바 있는데,[35] 세 번째 방법을 이용하여 프랑스를 공격한 것이다.

히틀러는 프랑스 및 영국과의 전쟁이 오랫동안 지속될 것으로 보

---

32 프랑스의 패배와 관련된 책은 다음을 참조. 존 윌리엄즈, 이용호 역, 『프랑스-던케르크의 패주』, 백조출판사, 1972; 박지현, 『누구를 위한 협력인가』, 책세상, 2004; Andre Beaufre, *1940 : The Fall of France*, London : Cassell, 1968 등.

33 Goralski, *op. cit.*, p.109.

34 *Ibid.*, p.112.

35 Winston S. Churchill, *The Second World War and Epilogue on the Years 1945 to 1957*, London : Cassell & Company LTD, 1961, p.189.

〈그림 4-2〉 1940년 5월 독일군의 베네룩스 3국 및 프랑스 침공

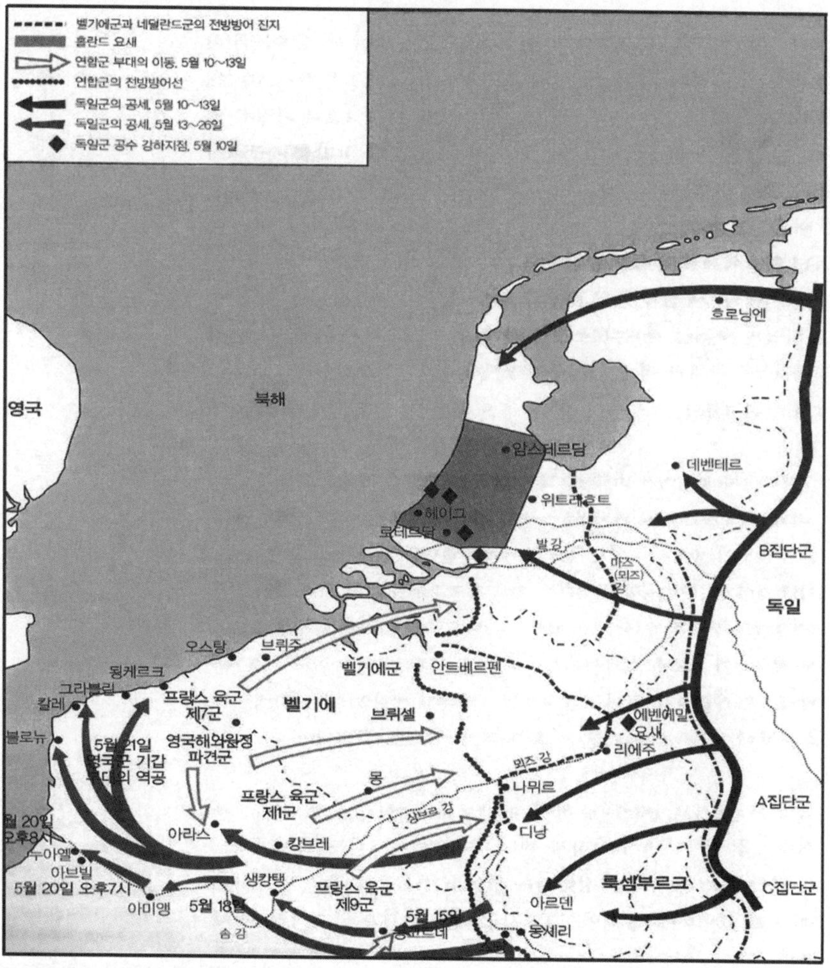

출처 : 존 키건, 『2차 세계대전사』, 83쪽.

았으며 독일이 쉽게 이길 수 없을 것으로 판단하였다. 히틀러는 연합국을 공격함에 있어서 독일의 경제 · 군사적 승리를 확신하지 못하였고, 따라서 연합국이 동원을 해서 완전한 준비를 갖추기 전에 승리하고자 하였으며 이러한 목적을 전격전을 통해서 달성하였다.[36]

그러나 유럽 본토에서 독일군의 승승장구와는 달리 영국이 처칠 수상의 전쟁지도 아래 끝까지 항전하자 독일군의 전선은 영국 본토에 대한 폭격으로 확대되었다.[37] 당시 미국은 아직 중립국으로서 부분적으로는 영국에 장비와 탄약 등을 지원하고는 있었지만 전쟁에는 직접 참전하지 않고 있었다. 소련도 독소불가침조약German-Soviet Nonaggression Pact[38]에 따라 독일과 전쟁을 하지 않고 있었기 때문에 영국만이 영연방 국가의 일부 지원을 받으면서 단독으로 독일군에 대항하는 외로운 전쟁을 하고 있었다.

히틀러는 영국과의 전쟁을 완전히 끝내기도 전에 이를 중단하고 그가 주장하였던 이른바 생활권Lebensraum[39] 철학을 실현하고자 독소불가침조약을 파기했다. 그는 볼셰비즘을 제거하고 서구문명 전체에 위협을 가하는 소련을 제거한다는 예방전쟁론Präventivkrieg(Preventive War)

---

36 Dorpalen, *op. cit.*, p.71

37 Marines G. Steinert, *Hitler's War and The Germans : Public Mood and Attitude during The Second World War*, Ohio : Ohio University, 1977, pp.72～78 참조.

38 1938년 8월 23일 모스크바에서 독일과 소련이 체결한 불가침 및 중립조약. 1조에 양국은 상호 간 어떠한 공격도 하지 않도록 하고, 2조에서는 양국 간 중립을 지키고 제3국과의 전쟁이 발발할 경우 그 제3국을 지지하지 않을 것이며, 이 조약의 기간을 10년(6조)으로 하였다. 동 조약의 비밀 부속협정에는 폴란드, 발트 3국(에스토니아 · 라트비아 · 리투아니아) 등의 분배 약속과 양국의 물자지원 내용도 포함하고 있다. 이 조약으로 소련의 중립을 보장 받은 독일은 1939년 9월 폴란드를 침공, 1940년 5월에는 프랑스를 침공하면서 전쟁이 전 유럽지역으로 확대되었다. 이 조약은 1941년 6월 22일 독일군의 소련에 대한 기습공격(바바로사 작전)으로 불과 2년여 만에 파경을 맞았다. 더 자세한 내용은 다음을 참조. Walter C. Langsam, "The German-Soviet Treaty of Non-Aggression, August.23.1939", *op. cit.*, pp.18～21.

39 육군대학, 『세계전쟁사』 상, 육군인쇄창, 2004, 5-78～5-79쪽. 생활권 철학은 영국의 지정학자인 맥킨더의 '대륙중심지정학 이론Heartland theory'에 하우스호퍼Karl Haushofer가 교묘히 탈을 씌운 것을 다시 히틀러가 주장한 것이다. 이 주장에 의하면 지구상에는 인력이 작용하는 중심이 있으며, 이곳을 장악하는 민족이 지구상의 지배권을 장악할 수 있다는 것이다. 바로 여기에 생활권을 마련하여 자급자족의 체제를 달성한다는 것이 히틀러가 주장하는 생활권 철학의 중심논리이다. 히틀러는 "우크라이나의 곡창지대를 점령하고, 코카서스의 유전지대를 점령하며, 우랄의 지하자원과 시베리아의 삼림자원을 확보하여 독일을 번영하게 만든다"는 것을 주장하여 소련 영토에 대한 욕심을 드러내면서 1941년 6월 바바로사 작전을 시작하였다.

〈그림 4-3〉 1941년 6월 독일군의 소련 침공(바바로사 작전)

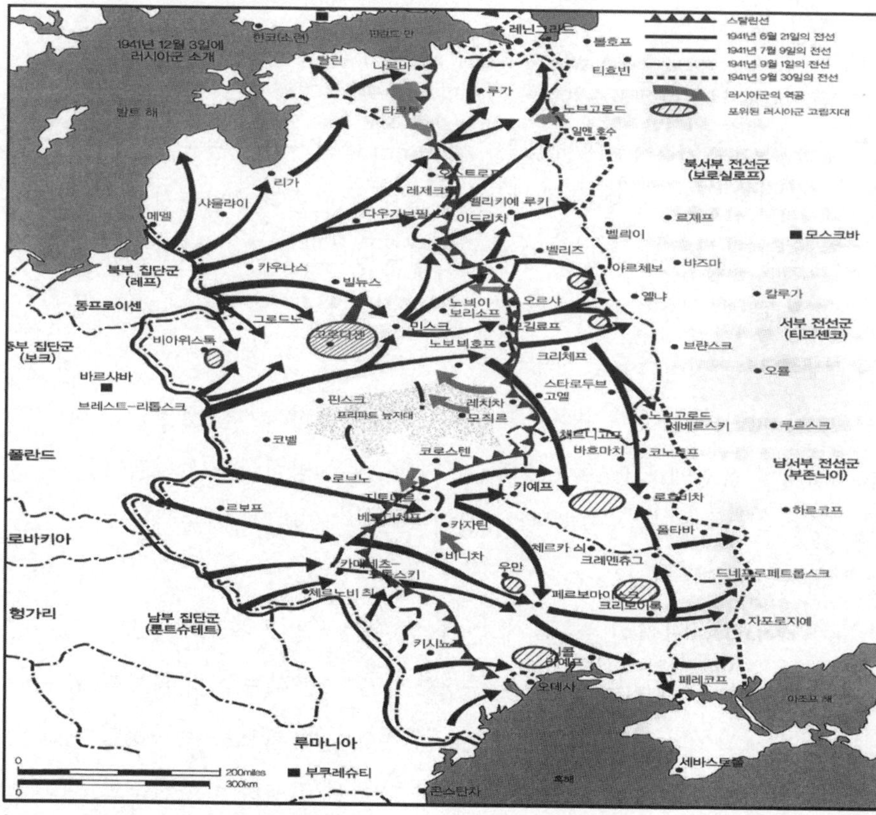

출처 : John Keegan, 『2차 세계대전사』, 271쪽.

을 내세워 전쟁의 방향을 소련으로 돌려 1941년 6월 22일 바바로사 작전Operation Barbarossa을 실행하며 소련을 공격하였다.[40] 서부 유럽을 점령하고자 하였던 히틀러의 야망은 영국의 저항에 의해 무산되면서 이미 1차 대전에서 양면전쟁을 경험하였던 독일이 그토록 피해야만 하였던 양면전쟁을 스스로 택한 것이다.

40 Steinert, *op. cit.*, pp.117~132.

독일군은 소련을 침공하면서 이 작전을 단기간에 끝낼 것이라고 하였다.[41] 그들은 1812년 나폴레옹이 러시아 정벌에서 왜 패배하였는지 그 교훈(동장군, 진흙장군)을 망각하고 유명한 병학자인 조미니 Anthonie H. Jomini가 말한 바 있는 "러시아는 들어가기는 쉬운 나라이나 나오기는 힘든 나라"라는 지적도 잊은 채, 소련공격이 단기간에 끝날 것으로 판단하여 국방군 장병들은 겨울피복도 제대로 준비하지 않은 상태에서 작전을 시작하였고 장비들의 윤활유와 부동액 같은 동계작전 준비도 소홀히 하였다.[42]

그러나 독일군의 예상과는 달리 작전이 장기화되자 장병들은 러시아의 혹한에 그대로 노출되었으며, 수많은 병력이 동사하거나 동상으로 전투력을 상실하였다. 장비들도 동파되면서 가동이 불가능하였다.

바바로사 작전이 중반전에 들어설 무렵, 국방군 참모부는 모스크바를 우선적으로 점령할 것을 주장했지만, 히틀러는 식량 확보를 위한 우크라이나 곡창지대와 도네츠 탄전지대의 확보를 주장하였다. 이에 다시금 국방군에서는 모스크바를 우선 점령하여 소련군의 사기를 저하시키고 심리적인 타격을 가할 것을 주장하였지만, 히틀러는 우크라이나와 도네츠의 경제적 가치가 중요함을 재차 강조하였다.[43] 국방군의 작전목표와 히틀러가 주장하는 작전목표가 상이하면

---

41 히틀러는 소련을 공격하기에 앞서 장성들을 모아놓고 이 전쟁이 볼셰비즘에 맞서는 전쟁으로 싸움은 6주 만에 끝날 것이라고 하면서 그렇게 되면 영국도 협상장으로 나올 수밖에 없을 것이라고 하였다. 그는 독일군이 나폴레옹의 전철을 밟지 않을 것이라고 하였다.(이언 커쇼, 앞의 책, 478~479쪽)

42 Jurgen Foster, From "Blitzkrig" to "Total War", Roger Chickering · Stig Foster · Bernd Greiner(ed.), *A World at Total War : Global Conflict and the Politics of Destruction, 1937~1945*, Washington D. C : Cambridge University, 2010, p.98; 폴 콜리어 외, 강만수 역, 『2차 대전 – 탐욕의 끝, 사상 최악의 전쟁』, 플래닛미디어, 2008, 596~598쪽.

〈그림 4-4〉 전성기의 독일과 일본(1942)

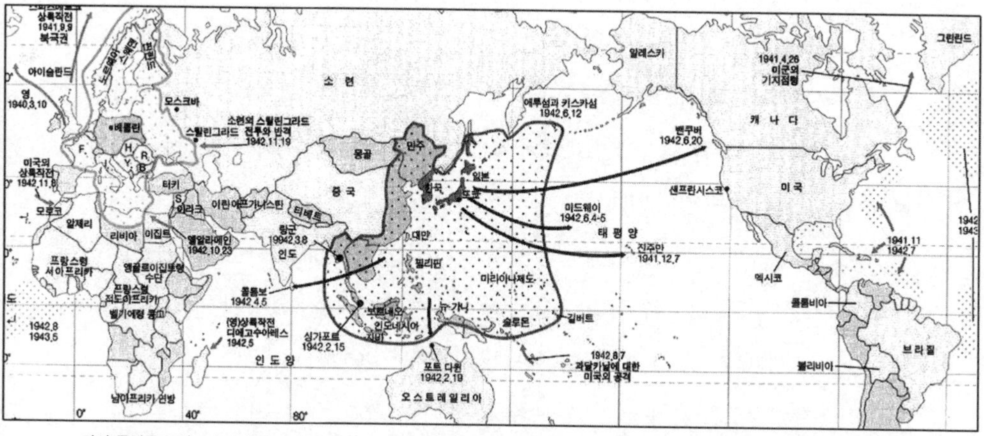

당시 독일은 프랑스와 베네룩스 3국, 폴란드, 발칸 반도와 스칸디나비아 3국, 아프리카 북부 등을 점령하고 있었지만, 중부 유럽의 한 가운데 있는 작은 나라 스위스는 여러 이유로 점령하지 못하였다.
출처 : George Duby, *Grand Atlas Historique*, p.101.

서 독일군은 점차 승리에 대한 가능성이 사라져가기 시작하였다.

개전 초기 독일군은 동부전선에서 소련군을 격멸시키면서 눈부신 성과를 거두었으나 스탈린그라드 전투(1942.8~1943.2)에서의 패배를 전환점으로 패퇴를 시작하였다.

그림이 보여 주듯 나치독일은 전성기인 1942년도에 프랑스와 스칸디나비아 반도, 네덜란드와 벨기에, 발칸 반도, 우크라이나와 벨라루스 등 대부분의 유럽 지역을 점령하고 북부 아프리카에까지 독일군을 파견하여 연합군과 전투를 하면서 그 세력을 떨쳤다.(그러나 유럽의 그 한가운데 있는 작은 나라 스위스는 점령하지 못하였다.)

연합군이 1944년 6월 노르망디 상륙작전에 성공하여 독일로 향해 진격하고 1943년 8~9월 이탈리아 반도에 상륙한 연합군도 북쪽을

43 Dorpalen, *op. cit.*, p.75.

향해서 진격을 하는 한편, 소련군도 반격하여 나오면서 동·서·남 3방면으로부터 협공을 받아 더 이상 전쟁을 지속할 수 없었던 나치독일은 선전상 게벨스Joseph Goebbels를 '총력전 최고사령관'으로 임명했다. 수세에 몰린 독일은 소련군에 대한 '두려움을 통한 강화Strength through fear' 전략[44]에 바탕을 둔 새로운 선전전을 강화하면서 국민돌격대Volkssturm를 창설하고[45] 국민전투기(He-162, 살라만더Salamander)를 제작해서 히틀러공수소년단을 이용, 가미카제神風 식 자살특공대 전술을 구사하는 등 총력 저항을 전개하고자 하였다.[46]

그러나 이미 전세는 기울어 연합군이 베를린을 근거리에서 포위하여 압박해오자 히틀러가 자살(1945. 4. 30)하고 독일이 무조건 항복함으로써(1945.5.8) 유럽지역에서의 전쟁은 끝났다.(태평양 지역에서의 전투는 일본이 1945년 8월 15일 무조건 항복함으로써 끝났다.)

전쟁기간 중 나치당의 국방군에 대한 간섭은 심했다. 국방군에서의 승진은 나치당의 동의가 있어야 가능해졌고, 당은 심지어 그들의 생각과 다르면 강등까지도 요구하였다. 나치당은 군부에 대해서 우선권을 행사하였고, 군에 나치식의 인사를 요구하였으며, 나치당에서 교육을 받은 정치장교들이 군사령부와 함선에까지 올라 나치당에 대한 장교들의 정치적 자세를 검열하고 당의 교리를 주입함으로써 그 정점에 달하였다.[47] 히틀러도 군을 자신의 목적 달성을 위한 하나의 수단으로 인식하였을 뿐이었다. 이렇게 군부가 위축된 상황에

---

44 David Welch, *The third Reich : Politics and Propaganda*, New York : Routledge, 2002, p.142.

45 클로드 다비드, 홍순호 역, 『제3제국의 전체주의』, 학문과사상사, 1981, 144쪽; Welch, *op. cit.*, pp.152~153.

46 존 콘웰, 김형근 역, 『히틀러의 과학자들』, 웅진싱크빅, 2008, 472~473쪽.

47 Dorpalen, *op. cit.*, p.84.

서 당연히 본연의 역할을 할 수 없었다.

히틀러는 전쟁을 도발하면서도 어떻게 전쟁을 지도해 나갈 것인지 분명한 대책이 없었으며, 히틀러 자신의 의도와 신임에 따라 나치당과 군부, 비밀정보기관, 경제부문, 전권을 가진 개인 · 특별 참모들을 각각 운용하여 통치를 하였다.[48] 전쟁을 승리로 이끌기 위해서는 지도자의 전쟁지도와 더불어 국가의 자산을 적절히 통제 · 배분하기 위한 중앙집권적 권한을 가진 기구가 필요하나 나치는 이러한 조직 없이 히틀러의 신임정도에 따라 분산된 조직들이 무소불위의 권력을 행사하면서 패하는 중요한 원인이 된 것이다.[49]

제1선에서 나치 정권을 수호하는 역할을 한 친위대는 전쟁이 진행되는 동안 계속 확장되었으며, 이에 필요한 병력을 충원하기 위해 제3제국이 점령한 국가들의 장정을 징집하였다. 나치독일은 스칸디나비아 국가들과 네덜란드, 벨기에 같은 저지대 국가, 나아가 프랑스와 우크라이나 등의 사람들까지 이용하여 친위대를 만들었지만, 스위스 사람들은 극히 일부만 참여하도록 하였다.[50] 친위대장 히믈러 Heinrich Himmler는 전쟁 중 국방군이 스위스를 점령하면 스위스를 독일의 한 지방으로 만들 계획을 갖고 있었다.(이 계획이 히틀러에게 보고됐는지는 확인되지 않는다.)

---

48 Foster, *op. cit.*, p.92.

49 *Ibid.*, p.93.

50 친위대에는 독일인 말고도 다수의 외국인들이 지원하였다. 1945년 40개의 친위대 사단 가운데 27개 사단의 약 50만여 명은 유럽인(일부는 아시아 및 미국인 포함)으로 이들은 나치독일의 엘리트 부대 사상에 매료되어 지원(네덜란드 : 50,000, 프랑스 : 20,000, 덴마크 : 6,000, 스위스 : 800, 플랑더스 : 22,000, 벨기에 : 20,000)하였다. 가장 많은 지원자들은 죄수로 구금되어 있었던 우크라이나 사람들로서 약 10만여 명에 달하였고, 그 외에도 크로아티아, 라트비아, 에스토니아, 핀란드, 알바니아 등지에서도 지원하였다.(Goralski, *op. cit.*, p.372) 유태인과 러시아인, 폴란드 사람들은 배제되었다.

히틀러는 스위스 사람을 가리켜 제3제국에 적합하지 않다고 하면서 호텔 문지기로밖에 쓸 수 없다고 할 정도로 경멸하였다.[51] 1941년 무솔리니와의 회담에서는 스위스를 가리켜 "스위스는 가장 구역질 나는 비참한 국민과 정치제도를 갖고 있다. 스위스 사람들은 새로운 독일에 있어 치명적인 적이다"라고 하였는가 하면, 외무장관 리벤트로프Joachim Ribbentrop는 스위스를 독일과 이탈리아로 각각 분할할 가능성을 직접적으로 언급하기도 하였다.[52]

51 Halbrook(2003), *op. cit.*, pp.151~152.

52 http://en.wikipedia.org/wiki/Operation-Tannenbaum(검색일 : 2012.7.25) 히틀러는 또한 스위스를 "유럽의 얼굴에 있는 뾰루지(여드름)로, 더 이상 존재할 권리가 없는 국가이며, 스위스 국민을 독일 민족의 사생아"라고 하였다.

2장

스위스의 위기인식과 관리 및 조치

1. 프랑스와의 군사협력

1933년 히틀러가 집권한 초기부터 나치 이론가 중 한명이었던 반세Ewald Banse는 만약 언제인가 독일군이 프랑스군을 공격한다면 북쪽에서는 중립국 네덜란드와 벨기에를 경유하여 공격하고 남쪽에서는 스위스를 경유하여 공격할 것이라고 하면서도 스위스는 쉽게 이길 수 있는 결코 만만한 상대가 아니라고도 하였다. 그러면서 스위스는 미국과 같이 독일인, 프랑스인, 이탈리아인 등 다양한 민족으로 구성돼 있는 국가가 아닌 낮은 수준의 이민족 혼합체라고 혹평하였다.[1]

그는 "독일은 네덜란드, 플레밍 지역, 알자스-로렌 지역, 오스트리아, 보헤미아 등과 같이 스위스를 독일제국의 한 지역으로 당연히 생각한다. 언제인가 우리는 이들을 독일의 한 국기 아래 뭉치게 할 것이다. 만약 여기서 벗어나고자 하는 국가가 있다면, 우리는 그 국

---

1 Stephen H. Halbrook, *Target Switzerland; Swiss Armed Neutrality in World War II*, MA : Da Capo Press, 2003, pp.23~24.

〈그림 4-5〉 나치가 주장하였던 대독일Groβdeutschland 지역

1935년 당시 나치가 주장하였던 독일제국의 범위. 당시 나치독일은 신성로마제국의 영토를 과거 독일의 영토라고 주장하면서 그림에서 보는 바와 같이 오스트리아, 벨기에, 룩셈부르크, 네덜란드, 덴마크와 체코 및 프랑스, 폴란드의 일부, 스위스의 독일어권 지역을 대독일Groβdeutschland 지역에 포함하였다.[3]

가를 전멸시킬 것이다"라고 경고하기도 하였다.[2]

이와 유사하게 독일의 스위스 침공 가능성을 언급하는 기사들도 일부 신문에 게재되어 평지풍파를 야기하는 일도 발생하였을 정도로 독일군의 스위스 침공 가능성은 높았다. 다만, 이때는 2차 대전이 발발하기 이전이라 스위스를 침공해서 완전히 점령하는 것보다는 프랑스를 공격하는 과정에서 그 침공로상에 위치한 스위스의 침공 가능성이 언급되었다.

---

2 http://en.wikipedia.org/wiki/Operation-Tannenbaum(검색일 : 2102.7.25)

3 Halbrook(2003), *op. cit.*, p.32.

스위스는 1차 대전 당시 중립국 벨기에가 독일군에 침공을 당하였던 기억과 1930년대 나치의 부상에 따른 독일군의 침략에 위협을 느끼면서 비밀리에 인접한 프랑스와 군사교류를 하였다. 스위스군의 고급지휘관 또는 참모들이 프랑스를 비밀리에 방문하여 고급장교를 만나서 협정을 체결하거나 훈련을 참관하기도 하였다.

그들은 또한 프랑스가 자랑하였던 마지노선Maginot[4]을 방문하여 프랑스군의 방어준비태세를 관찰할 수 있는 기회도 가졌다. 이러한 활동들은 스위스가 중립국이라는 국가 정체성을 감안해 볼 때 부적절한 것이며, 더군다나 독일이 알게 되면 문제가 발생될 우려가 있는 충분한 사안임을 감안하여 비밀리에 이뤄졌다.

스위스군의 최고지휘부나 참모부, 모든 국민들은 독일군의 침공 가능성, 아니 개연성을 생각하였다. 군의 임무는 그런 것을 예측하고 그러한 움직임이 현실화되면 이를 저지하는 것이다. 스위스에 대한 가능한 모든 위협을 판단한 뒤 그들은 북쪽, 즉 독일과 국경을 접하고 있는 곳으로부터 공격 가능성에 대비해야만 하였다.

프랑스군은 독일군이 남쪽에서 프랑스를 공격한다면 스위스를 통과하여 벨포트Belfort를 우회 공격할 것을 우려하였으며 이에 대비하고자 스위스와 협의하는 한편 제8군을 이 지역에 주둔시켰다.[5]

---

4 마지노선은 육군 장관이던 앙드레 마지노Andre Maginot의 이름을 딴 것으로, 마지노의 후임으로 육군 장관이 된 팡레브Painlev가 구상하여 1930~34년에 스위스 국경지대로부터 몽메디까지 독-불국경선을 따라 750km를 당시 150억 프랑이라는 거액을 들여 설치한 대독일 방어선이다. 마지노선을 구축하게 된 배경에는 먼저 1차 대전 당시인 1914년처럼 프랑스의 젊은이들을 아무 방호물도 없는 개활지에서 전투를 하도록 내버려두어서는 안 되겠다는 이유와 그 당시 출산율 저하에 따른 인구의 감소 외에 공업기반도 정체되던 상황이 있었다. 마지노선에는 일련의 요새와 요새들을 지하철도로 연결하였고, 각각의 요새에는 병원과 병영, 침실 및 탄약고와 연료창고, 환기 시스템 등을 모두 갖추어 설사 독일군에게 포위되더라도 요새로서의 기능을 잃지 않고 한동안 전투를 계속할 수 있도록 구축되었다.

스위스군의 방어선은 기본적으로는 독일군의 침공에 대비하여 전략적인 판단과 방어에 유리한 지리적 위치를 고려하여 정해졌다. 이들 방어선은 1934년 시작된 방어계획의 틀 안에서 이루어졌지만, 1935년 3월 이후 독일이 베르사유 조약을 부인하고 재무장을 함에 따라 전략적 상황이 변화되면서 보다 광범위한 계획으로 이뤄졌다.[6]

독일군이 전통적으로 적인 프랑스를 향해 서쪽으로 공격할 경우 남쪽이나 북쪽의 프랑스 방어선 또는 양쪽 모두를 이용할 가능성이 있었으며, 만약 남쪽을 이용한다면 스위스를 통과할 가능성이 있었다. 왜냐하면 독일과 프랑스의 중부 국경선 지역은 이미 마지노선이 견고하게 설치되어 있었기 때문에 대부대를 이용하여 프랑스를 공격하기에는 많은 피해가 예상되었고, 남부의 스위스 국경지대와 북부의 벨기에 국경지역에는 이와 같은 시설들이 없어서 상대적으로 공격에 유리하였기 때문이었다.

스위스 정책입안자들에게는 그러한 위협의 개연성이 점차 높아지는 것 같았다. 따라서 그들에게는 독일군의 침공 가능성에 대비하여 인접한 프랑스 군과의 군사협력이 필수적인 것으로 인식되었다.

그러나 중립국을 표방하는 스위스에게 있어 프랑스와의 군사협력이 독일에 노출되면 이는 당연히 독일군이 문제 삼을 수 있고, 스위스가 스스로 중립국임을 포기하는 것으로 생각될 수도 있는 중요한 사안이었다. 따라서 프랑스군과 어떠한 접촉이나 조약을 체결한

---

5 J. E Kaufmann & H. W. Kaufmann, *Fortress Third Reich : German Fortifications and Defence Systems in World War II*, Cambridge : Da Capo Press, 2003, p.139; 정하명 외, 『세계전쟁사』, 황금알, 2001, 291쪽.

6 Urs Schwarz, *The Eye of the Hurricane : Switzerland in World War Two*, Colorado : Westview Press, 1980, p.15.

다고 할지라도 독일에게 알려지는 날에는 그것은 비중립적이자 독일군에 공격의 빌미를 줄 수 있는 행동이었기 때문에 신중에 신중을 기하면서 보안을 유지해야만 하였다. 그러면서도 스위스는 그러한 행동이 중립국 스위스를 지켜주기 위해 필요한 권리와 의무를 확신시켜 주는 것으로 생각하였다.

2차 대전이 발발하기 수년 전 연방정부의 국방장관은 당시 군의 최고 책임자였던 기상 장군과 프랑스군과의 협조문제에 대하여 협의를 하였다. 그들은 기밀유지를 위해 연방정부의 누구에게도 알리지 않은 채 프랑스군의 최고지휘관들과 의견을 교환하기 위해서 접촉을 하기로 하였다.

이렇게 시작된 양국의 대화는 프랑스와 스위스에서 번갈아 가면서 개최되었다. 프랑스에서 있었던 기동연습에서 기상 장군은 프랑스군의 최고책임자인 가믈렝Maurice Gamelin과 조르주Alphonse Georges 장군을 만났으며, 1938년 스위스의 기동연습에서는 퇴역해 있었던 1차 대전의 영웅 페탱Henri Pétain 원수도 만났다. 1938년 10월에는 마지노선에 대한 비밀 사열에 프랑스 장군의 초대를 받았으며 국방장관은 방문을 승인하였다.

기상 장군은 민간복장으로 수행원도 없이 완전히 비밀로 스트라스부르그를 향해 출발하였다. 그러나 우연히 네덜란드 무관이 같은 열차에 타고 있다가 기상 장군을 보고 어디에 가는지 질문하였다. 당시 중립국 스위스의 최고 군 지휘관이 프랑스를 방문하는 것이 노출될 경우는 독일과 아주 미묘한 문제로 확대될 가능성이 있었기 때문에 기상 장군은 그 무관에게 어디를 가는지 말할 수가 없었다. 당시 독일로부터 야기되는 상황의 긴박성에 비추어 볼 때 네덜란드 무관도 대체적으로 무슨 일이 일어나는지 추측은 하였지만 그것을 더 알려고 할 입장이 되지 못하여 비밀로 유지하였다.[7]

전쟁이 발발하기 직전 기상 장군의 참모장교도 파리를 방문하여 가믈렝 장군과 조르주 장군을 만나 양국 간 군사협력에 관한 회의를 개최하기로 협의하였으나 끝내 합의에는 이르지 못하였다. 중립국 스위스는 스위스대로 중립국 신분이 노출되지 않은 가운데 협력을 하기를 바랐지만, 프랑스 입장에서는 중립국 스위스가 프랑스와 보조를 같이 한다는 것을 널리 알리고자 하였던 것이 장애물로 작용한 것이다.

2. 제2차 세계대전의 발발과 최고사령관의 임명

1939년 9월 1일 새벽, 독일군은 전격적으로 폴란드를 침공하였다.[8] 히틀러는 이미 1939년 3월 말 폴란드 침공계획을 수립하도록 국방군에 지시하였고, 8월 22일에는 군 장성들을 모아놓고 당장은 전술과 장비 등에서 독일이 우세하지만 군사적으로나 경제적으로나 시간은 독일에게 반대되게 움직이고 있다고 하면서 독일의 생존공간 확대

---

7 *Ibid.*, p.18.

8 히틀러는 1934년 1월 인접한 폴란드와 상호불가침 협정을 체결한 바 있다. 당시 히틀러가 폴란드와 불가침 협정을 체결한 이유는 독일군이 폴란드를 공격할 정도로 충분한 군사력을 보유하고 있지 못하였고, 폴란드를 프랑스와 떼어 놓으면서 또한 폴란드를 이용해 소련을 견제할 목적 등이었다. 히틀러는 자유도시 단치히를 독일로 귀속시키고, 동프로이센과 독일의 고속도로 건설을 불가침조약에 포함하자는 제안을 폴란드가 거절하자 1939년 4월 이 조약을 파기하였다. 동시에 이 무렵 폴란드 침공계획을 국방군에 지시하였으며, 그러한 계획이 1939년 9월 1일의 폴란드 침공으로 구체화되면서 2차 대전이 발발한 것이다.

를 위해 폴란드를 침공해야한다고 주장하고 이를 정당화하였다.[9] 히틀러에게 있어서 인접한 폴란드는 독일 국민의 안전보장과 생존공간을 넓혀 주는 것 이외에는 아무런 의미가 없는 곳으로 따라서 폴란드의 운명이나 국민들의 삶은 관심 밖이었다.

독일의 재군비 선언과 인접국 합병을 바라보던 스위스는 독일군이 폴란드를 침공하기 얼마 전부터 이미 여러 조치들을 시작하였다. 1939년 8월 28일에는 국경경비대들을 소집하였고, 연방의회는 바로 전날 상하원 특별회의를 열어 재적의원 229명 가운데 202명이 찬성으로 기상Henri Guisan 장군을 스위스군의 전권을 부여한 최고 사령관으로 임명하였다.[10] 당시 65세였던 그는 1938년 뮌헨 위기 이후 스위스군의 최고 책임자로서 군단장이었으나 이제 대장으로 승진하면서 최고 사령관 직위에 오른 것이다.

스위스군은 국가가 비상시에 처하여 의회가 최고 사령관을 임명하기 전에는 소규모의 직업군인만 보유하고 있고 한 명의 장군이 있으며, 최고 계급은 중장급이다. 연방헌법은 전시가 닥치면 최고사령관에게 국가방위를 위한 전권을 부여하고 있다. 평시에 군은 연방정부와 적절한 협상과 타협에 의해 업무를 하면서 군은 민간권력의 하위로 인정되었으며 이에 대해 의문의 여지가 없었다. 그러나 전시가 되면 의회가 임명하는 최고 사령관이 전권을 갖고 국방에 대한 최고

---

9 Jurgen Foster, From "Blitzkrig" to "Total War", Roger Chickering · Stig Foster · Bernd Greiner(ed.), *A World at Total War : Global Conflict and the Politics of Destruction, 1937～1945*, Washington D. C : Cambridge University, 2010, p.96~97.

10 Constance Howard, "Switzerland, 1939～1946", Arnold Toynbee and Veronica M. Toynbee(ed.), *The War and The Neutrals*, London : Oxford University Press, 1956, p.206; Jonathan Steinberg, *Why Switzerland?*, London : Cambridge University, 1978, p.46; Peter Calvocoressi and Guy Wint, *Total War : Cause and Courses of the Second World War(Revised Second Edition)*, New York : Penguin Books, 1989, p.271.

〈그림 4-6〉 기상 장군과 민병군 사열장면

책임자로서 임무를 수행한다. 기상 장군이 최고 사령관으로 임명되는 날, 연방정부와 의회는 1차 대전 때와 같이 스위스 안보와 독립, 중립을 유지하고 국가의 경제적 이익과 생존을 위해서 그에게 전권을 위임하면서 국방에 대한 전권을 행사하도록 한 것이다.

기상 장군은 최고사령관으로 임명받으면서 스위스의 독립이 중립보다 더 중요하다고 하였다. 그는 독립이 없으면 심혈을 기울여 보호할 중립도 없다고 하면서 스위스의 독립을 해칠 위협은 오로지 독일로부터 올 것이며, 따라서 이러한 위협에 대비해야 한다고 강조하였다.[11]

기상 장군은 "국민이 군대이고 군대가 국민이다. 군복을 입으면 사회적 차이 없이 모두 동등하며, 가난한 자와 부자, 노동자와 고용주, 도시와 농촌의 거주 구분도 없이 모두 국가를 위해 봉사하는 사람만 있다"[12]고 하였다. 이제 군에서는 독일계, 프랑스계, 이탈리아계의 구

---

11 Calvocoressi and Wint(1989), *op. cit.*, p.271.

분도 모두 사라지고 오로지 스위스군, 즉 민병군만 있을 뿐이었다.

의회가 최고사령관을 임명하였다는 것은 스위스가 국가적 비상 사태로 전환하며 나아가 전쟁으로 갈 수도 있음을 의미하는 것이자, 시민들이 동원될 수 있고 평시의 생활이 끝남을 의미하는 것이기도 하였다. 스위스는 다가올 시련에 대응하면서 조치를 해 나가기 시작한 것이다.

3. 독일군의 프랑스 침공

1940년 3월, 독일군이 프랑스를 공격하기 두 달 전, 스위스군의 참모장교가 가믈렝과 조르주 장군을 만났다. 두 장군은 당시 프랑스가 현재 스위스처럼 벨기에 최고사령부와 접촉을 하지 않은 것에 후회하고 있었다. 프랑스와 벨기에는 북부에서 서로 인접한 국가로서 만약 독일군이 프랑스를 공격해 온다면 벨기에를 반드시 경유할 것으로 예상되었다.(실제로 독일군은 프랑스를 공격할 때 벨기에의 아르덴느 Ardennes 삼림지대를 경유하여 공격하였다.) 따라서 1939년 독일군이 폴란드를 침공한 뒤 영국과 프랑스는 이러한 일이 현실화될 경우에 대비하여 벨기에 정부에 협조를 요청하였으나 벨기가 이를 거절하였다.[13]

이것은 당시 또 다른 중립국이었던 벨기에가 프랑스와의 협조가 독일에 어떤 침공의 빌미를 제공할 것을 우려한 결과였다. 프랑스는

---

12 Halbrook(2003), *op. cit.*, p.61.

13 Gordon Wright, *The Ordeal of Total War 1939~1945*, IL : Waveland Press, 1997, p.12. 벨기에 정부는 영국과 프랑스가 중립국 벨기에를 지원할 시 독일군의 침공과 동시 중립의 포기라는 빌미를 줄 것을 우려하여 양국의 지원의사를 받아들이지 않았다.

벨기에의 비협조적이고 마지못해 하는 태도 때문에 머지않아 북쪽 지역에서 독일군의 작전으로 위태롭게 될 것이라고 우려하였다. 그러한 우려대로 독일군은 프랑스와 벨기에의 미협조를 이용, 아르덴느 삼림지대를 경유하여 프랑스를 침공하였던 것이다.[14]

4월에 스위스군의 공식 대표단이 마지노선 방문에 초대되었다. 당시 대표단 단장은 스위스와 프랑스의 비밀거래에 대해 전혀 모르고 있었다. 반면에 방문단 단원의 한 명인 어느 장교는 프랑스-스위스 협상의 중심에 있으면서 조용한 관찰자로 참석하고 있었다. 두 사람은 방문을 마치고 어두운 얼굴로 돌아와서 독일군의 침공이 임박해 오는 가운데서도 프랑스군의 전투준비태세 미흡에 대해 우려를 표하였다.

이러한 우려는 영국이나 미국의 대표단들에게도 그대로 관찰이 되었다. 즉, '가짜 전쟁' 기간Phony War[15] 동안 프랑스 정부와 군당국은 미국과 영국의 고위관료는 물론 파리 주재 무관까지도 마지노선에 초청하여 프랑스의 방위태세가 굳건함을 보여주고자 하였지만 오히려 그곳을 방문하였던 영국군 참모총장 브룩Alan Brooke 장군은 프랑스군의 군기와 사기가 형편없고 긴장감이 해이해지고 있다고 지적하였다.[16]

전쟁이 발발하자 체임벌린의 뒤를 이어 수상으로 취임한 처칠은

---

14 Schwarz, *op. cit.*, p.21.

15 J. E Kaufmann & H. W. Kaufmann, *Fortress Third Reich : German Fortifications and Defence Systems in World War II*, Cambridge : Da Capo Press, 2003, p.139~146; Richard A. Preston and Sydney F. Wise, *MEN IN ARMS*, New York : Prager Publisher, 1970, pp.296~297. 이는 미국의 한 기자가 한 말로, 독일군이 1939년 9월 1일 폴란드를 침공하자 2~3일 뒤 영국과 프랑스 등 연합국이 독일에 대하여 선전포고를 하였음에도 불구하고 폴란드가 점령된 그해 9월 이후부터 프랑스를 침공하는 1940년 5월까지 8개월 동안 서로 대치를 하여 전투는 하지 않고 '눈싸움Eye War'만 하고 있었던 기간을 말한다.

16 J. E. Kaumann and H. W. Kaufmann, *Fortress France : The Maginot Line and French Defence in World War II*, Conneticut : Prager Security International, 2006, pp.151~152.

프랑스를 네 차례에 걸쳐 방문해서 프랑스와의 협력을 통해 독일의 침공을 저지하고자 하였지만, 프랑스군은 독일군의 전격전에 힘없이 무너졌다. 처칠은 6월 16일 독일과 끝까지 싸운다는 의미로 프랑스에 '절대 무너지지 않은 연합An Dissoluble Union'을 제안하였지만 이는 임시정부의 수반으로 지명된 페탱이 받아들이지 않았다.[17]

어느 나라든지 외교와 군사비밀 내용을 포함하는 문서 또는 전문이나 그와 유사한 자료들이 적의 수중에 들어간다면 경우에 따라서는 외교단절 또는 전쟁과 같은 중대한 결과를 초래하는 일이 생길 수 있다. 이를테면 1차 대전 시 중립국이었던 미국이 협상국의 일원으로 참전하게 된 원인에는 독일군의 무제한 잠수함 작전으로 미국 시민이 다수 희생된 것 이외에도 독일이 멕시코 주재 독일대사관으로 보낸 '짐머만의 전문'[18]을 영국해군이 입수하여 미국에 제공함으로써 직접적으로 참전케 유도했던 바 있다.

이야기를 스위스로 돌려보자. 2차 대전 직전, 중립국 스위스와 협상국의 주역 프랑스가 비밀리에 체결한 군사비밀 내용들을 포함하는 문서들이 그대로 독일군의 수중에 들어갔다면 그 결과는 어떻게 되었을까? 그러한 일이 실제로 발생하였다. 프랑스가 항복하기 일주일 전, 프랑스군이 후퇴를 하면서 미처 파기하지 못하고 철도차량에 유기한 비밀문서들을 독일군이 우연히 입수한 것이다.

---

17 John Keegan, *Atlas of World War II*, Hong Kong : Printing Press, 2006, p.32.

18 1차 대전 당시 미국이 협상국의 일부로 참전할 것이 확실해지자 독일의 짐머만Alfred von Zimmermann 외상이 멕시코 주재 독일대사에게 보낸 전문이다. 이 전문에서는 독일이 멕시코에 동맹을 제안하면서, 만약 멕시코가 이에 응하면 독일은 멕시코에 재정적 지원과 아울러 멕시코가 미국에 상실한 뉴멕시코와 텍사스 주 등의 회복을 돕겠다는 것을 주요 내용으로 하고 있다. 그러나 이 전문이 도청되면서 미국의 여론이 악화되어 참전을 결정하게 되었다.(김용구, 『세계외교사』, 서울대 출판부, 2011, 598~599쪽)

4. 프랑스 항복과 스위스 위기인식

전쟁 발발 이전까지 프랑스는 정치권과 국민이 군을 무시하였고 그에 따라 군은 사기는 저하되어 있었다. 군 장비를 현대화하기 위해 어렵게 확보된 예산은 고급 장교들의 전력증강 우선순위에 대한 인식의 차이로 집행도 되지 않고 그대로 남다보니 장비는 점차 노후하였다. 여기에 훈련수준마저도 저조하였다.

방위산업체에서는 공산주의 사상에 물든 노동자들이 침투해 있었다. 항공기를 만드는 공장에서는 항공기가 이륙하는 과정에서 추락하도록 연료공급 장치를 일부러 고장 나게 만들었는가 하면, 르노사의 노동자들은 전차를 만드는 과정에서 막 생산된 전차에 부품을 끼워 넣어 고장 나도록 만들었다. 대공포를 만드는 공장의 노동자들은 포신을 망가트려 사격이 안 되도록 만들기도 하였다.[19] 이렇게 노동현장에서도 이적행위가 발생하였다.

독일군이 폴란드를 점령한 1939년 9월 이후부터 프랑스를 공격하는 1940년 5월까지, 즉 독일군이 프랑스를 공격하기 위해 전력을 기울이는 8개월여 기간 동안 프랑스군은 여전히 마지노선을 믿고 아무런 준비를 하지 않았다. 이 8개월 동안 독일은 조용히 있었다. 조용히 있었다기보다는 '가짜 전쟁' 기간을 이용하여 프랑스를 침공할 준비를 하고 있었다. 이 기간 독일군은 폴란드 전역에서 나타난 문제점들을 분석하고 훈련을 하면서도 한편으로는 프랑스군을 심리적으로 무력화하기 위해 여러 가지 노력을 기울였다.

---

19 칼 하인츠 프리저, 진중근 역, 『전격전의 전설』, 일조각, 2008, 506~507쪽; 알란 셰퍼드, 김홍래 역, 『프랑스 1940』, 플래닛미디어, 2006, 39~40쪽.

이 기간 독일군은 국경지역에서 프랑스 공격의도를 감춘 채 그해 크리스마스에 트리를 상호 간 교환하거나 축구경기를 하는 등으로 프랑스군에게 심리전을 하고 있었지만 프랑스군은 이를 알아채지 못하고 있었다.[20] 전쟁이 장기간 중지된 채 있다 보니 프랑스군은 사기가 저하되고 군 생활에 염증을 느끼면서 주말에 전선을 이탈해서 다음 주 월요일이 되어도 부대로 복귀하지 않는 병력들이 있을 정도로 군기는 해이해져 있었다.[21]

이렇게 느슨해진 틈을 이용하여 마침내 독일군이 전격전으로 공격을 시작하자 프랑스 국민들 중의 일부는 프랑스군이 독일군 기갑부대의 공격을 저지하기 위해 교량폭파용으로 설치해 놓은 폭약 도전선을 절단하였고, 어느 시골의 작은 마을에서는 프랑스 군이 주둔해 있으면 마을에 관광객이 오지 않는다는 이유로 철수를 요구하는 일도 발생하였다.

이렇게 당시 프랑스는 시시각각으로 풍전등화의 위기에 처해가고 있었지만 정치권이나 군, 국민들 모두 그러한 위급 상황을 제대로 알아차리지 못한 채 지리멸렬해 가고 있었다.

1940년 6월 17일 독일군의 프랑스 침공이 시작된 후 5주 만에 프랑스는 제대로 전투다운 전투도 해보지 못하고 패하면서 독일에 휴전을 요청하였다. 당시 프랑스군에는 60여 개의 사단과 해군 전함의 상당수 외에 4,000여 대의 항공기도 있었다. 프랑스는 전투력을 그대로 갖고 있었음에도 불구하고 정치 · 군사지도자들의 전략적 판단과오와 무책임, 국민들의 항전의지의 결여 등의 패배주의로 이러한 군사

20 칼 하인즈 프리저, 위의 책, 511~512쪽.
21 알란 셰퍼드, 앞의 책, 39쪽.

력을 제대로 사용도 못한 채 6월 22일 정식으로 항복하였다.[22]

이렇게 독일군이 북부지역에서 프랑스로 진격해 가는 동안, 연합군 최고사령부에서는 남부에서도 마지노선을 우회하기 위해 스위스를 이용하는 대규모의 공격이 있을 것이라고 확신하고 있었다. 당시 스위스군과 연방정부는 프랑스로부터 독일군 공격이 임박하였음을 경고받았으며, 로마 주재 스위스 국방무관은 이탈리아군의 고위직에 있는 친구로부터 독일군 침공 가능성을 경고받기도 하였다. 정보부서에서는 30개의 독일군 사단들이 라인 강 북부의 독일과 스위스 국경 사이에 집중되고 있다고 보고하였고, 강의 북부 언덕에서는 교량건설용 자재들도 집적되고 있는 것이 관찰되었다.[23]

수천의 스위스 경계병들이 국경선 밖 독일군의 움직임을 주의 깊게 살펴보고 있었다. 스위스군은 독일군이 프랑스의 마지노선을 우회하여 라인 강을 건넌 다음 스위스를 통과해서 프랑스를 공격하는 것을 우려하였다.[24] 따라서 스위스군은 최고의 경계태세에 돌입하면서 독일군의 공격이 15일 아침에 시작될 것이라고 예측하였다. 기상 장군은 독일군의 공격이 다음 날 아침에 시작될 것이라는 정보부서장의 보고를 받았다.

그러나 15일이 되어도 독일군의 침공은 없었다. 그러한 잘못된 첩보는 프랑스 남부지역에 배치돼 있는 프랑스 육군이 전투가 치열하게 전개되고 있는 북부지역으로 이동하지 않기 위해서 확산시킨 것이었다. 스위스 국경에 대한 독일군의 침공 가능성은 사실이라고 하

---

22 칼 하인츠 프리저, 앞의 책, 83~98쪽.
23 Schwarz, *op. cit.*, p.26.
24 Denis J. Foder, *The Neutrals*, Virginia : Time Life Books Inc, 1981, p.49.

〈그림 4-7〉 헬멧을 착용한 스위스군 장병들이 스위스 영토 안으로 도피한 프랑스군의 장비들을 수거하는 장면

출처 : Foder, *The Neutrals*, p.54.

기에는 너무나 조용하였다. 이렇게 15일, 프랑스 남부에서는 아무런 일도 없이 지나갔으나 북부에서는 독일군의 전격전으로 연합군 전선이 힘없이 붕괴되고 있었다.

북부에서 독일군이 프랑스를 공격할 때 프랑스와 접경한 남부지역을 담당한 구데리안의 팬저 사단은 1940년 6월 16일 프랑스와 가까운 스위스의 국경에 도달하였다가 마지노선을 돌아 후방에서 공격

하였다. 프랑스군 1개 사단과 폴란드군 1개 사단 등으로 구성된 프랑스군 제55군단은 서부로부터 스위스 국경으로 축출되었다. 6월 19일 프랑스군이 항복할 무렵, 프랑스군 지휘관이 스위스 국경 안으로 들어갈 수 있도록 허가해 달라고 요청해 왔다.

수만 명의 프랑스군 병력이 좁은 도로를 이용하여 스위스로 영토 내로 들어와 무기를 스위스군에 넘기고 내륙으로 들어갔다. 그 상황은 쉽게 통제할 수 없었다. 이러한 정황에서 프랑스를 점령한 독일군에 대응하기 위해 새로운 계획이 수립되었다.

중립국 스위스로서는 프랑스가 독일군에게 항복하자 프랑스와 맺은 군사협정이나 협상내용 등이 독일군에게 누출될 것을 우려하지 않을 수 없었다. 기상 장군은 프랑스와 관련되는 문서들을 중세의 고성에 철저하게 보관하고 파기해야 할 문서들을 가져오도록 명령하였다. 그러나 그는 이미 6월 16일 프랑스의 어느 폐기된 철로 위에서 기차 화물차량에 가득 있었던 비밀문서들이 독일군에 노획돼 그 수중에 들어가 있는 것을 알고 있지 못하였다. 그 문서들에는 프랑스가 스위스와 협상하였던 문서와 지도도 있었다.

독일군이 프랑스를 공격하자마자 수십 명의 스위스군 장교들이 프랑스와 접촉하도록 지시되었고, 프랑스 제8군에서는 스위스를 지원하기 위한 명령도 발령되었다.[25] 그러나 그러한 비밀은 지켜지지 않았다. 프랑스에서는 너무 많은 사람들이 궁극적으로는 프랑스군이 스위스로 이동할 것으로 알고 있었다. 여기 저기 정보망을 갖고 있었던 독일군 정보당국도 그러한 것을 부분적으로 알고 있었다.

---

25 Schwarz, *op. cit.*, p.22.

그 일에 대해 기상 장군은 연방정부의 국방장관을 제외하고는 알리지 않았다. 나치독일의 고위관리가 베른을 방문해서 문서를 보여주면서 직접 그 소문에 대해 외무장관과 대통령에게 해명을 요구하였지만 그들은 이를 부인하였다.[26]

독일군이 확보한 비밀문서들은 독일군 최고사령부로 수송됐다. 1940년 6월 29일 독일 군부는 문서 목록과 내용을 요약한 보고서를 히틀러에게 보고하였다. 그리고 군부는 베를린에 있는 특별조사팀에 모든 문서들을 인계하였다. 그곳에서 수개월 동안 검토 끝에 기상 장군과 가믈렝 장군 간에 있었던 비밀협정에 관한 내용들이 11월 외무장관 리벤트로프에 보고됐다.

스위스 정부는 당시 비밀리에 독일군 정보국과 외교부서에 심어놓은 비밀요원들이 수집한 정보를 통해 독일의 의도를 전달받고 있었다. 1940년 10월 16일 독일군이 입수한 문서들이 프랑스어에서 독일어로 완전히 번역이 끝났다고 비밀정보요원들이 알려왔다. 히틀러가 그 문서를 이용해서 스위스가 과연 중립을 지키고 있었는지에 대한 의심과 스위스가 연합국과 거래한 것에 대해 보복차원에서 무엇인가 계획할 것이 틀림없을 것 같았다. 친위대장 히믈러와 외무장관 리벤트로프도 그 비밀문서들을 스위스 침공의 강력한 구실로 이용해서 히틀러에게 이틈에 스위스를 점령하자고 할 것이 확실해 보였다. 그러나 그들은 스위스 공격에 정치 · 군사적으로 유리한 시점과 조건들을 기다렸다. 또한 그 비밀문서의 존재여부에 대해 언급하지 않도록 함구령을 내렸고, 그 문서들은 스위스 침공을 위한 구실로

---

26 *Ibid.*, p.23.

사용될 때까지 비밀로 유지됐다.[27]

정부는 기상 장군에게 프랑스와의 협력이 사실인지 밝힐 것을 요구하였다. 그러나 기상 장군은 그가 프랑스와 어떤 구속을 받을 만한 일을 한 적이 없다고 대답하였다.

5. 중립국 강조선언

전쟁에서 교전당사국으로부터 침공을 받지 않기 위해서는 자국이 중립을 선언한다 할지라도 교전국들이 어떻게 중립을 존중해 줄 것인가에 따라 달라진다. 2차 대전이 발발하기 이전부터 스위스는 전쟁이 발발하더라도 중립국을 유지할 것이라고 수차례 공언하고 있었다.

그러나 제일 스위스를 침공할 것으로 우려되는 독일이 이를 확실하게 인정하지 않고 있었기 때문에 스위스로서는 걱정이 많았다. 특히 독일은 스위스 언론의 반나치 감정을 누르면서 국가사회주의자들의 입지를 강화시키고 스위스 정부로부터 양보를 받아낼 목적으로 스위스를 중립국으로서 존중할 것인지 아닌지 가타부타 언급을 하지 않고 있었다. 그러다가 1938년 6월 8일 히틀러가 베를린 주재 대사를 불러 스위스의 중립을 존중하기로 결정하였다고 말하였다.[28]

파리 주재 스위스 외교관도 영국과 프랑스 정부는 스위스가 침공

27 Calvocoressi and Wint(1989), *op. cit.*, p.270.
28 Howard, *op. cit.*, p.200.

을 받지 않도록 이를 보장할 것이라고 하는 말을 들었지만, 스위스는 중립국으로서 그러한 보장을 받기를 원하지 않는다고 하였다. 중립국이라는 정체성이 훼손되는 것을 우려한 것이다. 이러한 소식을 듣게 된 독일정부는 당연히 불쾌하게 생각하였다.

이렇게 주변국으로부터 스위스의 중립보장에 관한 논의가 활발할 때인 7월 7일 연방각의는 스위스의 중립은 절대적이며 논의할 필요가 없는 문제라고 하였지만, 독일은 이에 만족하지 않았다. 그러면서 독일은 스위스가 중립국으로 남기 위해서는 프랑스 · 독일과 균형을 유지하면서 중립국의 중심국가로서 다시 돌아와야 한다고 하였다.

1939년 3월 독일군이 체코를 합병하였을 때, 당시 연방대통령은 국제정세에 대해 스위스가 독립과 중립을 지킬 것이라는 내용을 방송한 바 있고, 경제부 장관은 스위스를 공격하는 어떤 나라도 전쟁에 직면할 것이라고 강력한 어조로 경고하였다.[29]

1940년 2월 중순 이미 폴란드가 독일에 점령되고 프랑스를 공격하기 수개월 전, 스위스는 독일의 어느 고위관료로부터 전쟁이 발발하면 스위스가 전쟁 밖에서 머물기를 강력히 바란다는 전언을 받았다.[30]

2차 대전이 발발하기 직전, 의회는 연방정부에 스위스의 국가안보와 독립 및 중립을 유지하기 위한 모든 권한을 주었으며 연방군의 최고사령관도 임명하였다. 또한 연방의회는 대외적으로 중립을 발표하면서 40개국에 이 내용을 통보하였다. 그 내용은 다음과 같다.[31]

---

29 *Ibid.*, p.201.
30 *Ibid.*, p.210.
31 Schwarz, *op. cit.*, p.119; Howard, *op. cit.*, p.208.

스위스 연방이 군사적 대책을 취하게 만드는 작금의 국제적 긴장상태는 스위스로 하여금 수세기 동안 유지해온 중립성의 원칙과 스위스 국민들이 깊이 헌신해온 국내정치, 외국과의 관계가 다시 흔들리지 않도록 강한 의지를 견지하게 만들고 있다.

이에 대해 스위스가 다른 국가로부터 받은 회신은 모든 국가들이 스위스를 완전한 중립국임을 존중하도록 하겠다는 것으로 긍정적이었다. 영국은 그들이 스위스의 중립을 존중하고 지키고 유지하기 위해 모든 가용한 수단들을 동원할 것이라고 하였다.

독일대사는 이보다 5일 앞서 스위스 외무장관을 방문하여 독일은 스위스의 중립을 보장할 것이라고 하였으며, 이탈리아도 유사한 약속을 하면서 스위스가 생존에 필요한 물품들을 수입하도록 이탈리아의 항구 사용문제를 스위스의 편의에 맞기겠다고 약속하였다.[32]

그러나 이탈리아 외교부에서는 스위스의 중립선언문을 받자마자 중립국 스위스는 전시 자국의 언론이 국제상황에 대한 보도를 하거나 코멘트를 할 때는 극도로 절제된 표현을 해야만 한다고 언급하였다. 이에 대해 스위스는 즉각적으로 그러한 중립성에 대한 해석을 받아들일 수 없다고 하였다.

이렇게 2차 대전 초기 단계에 스위스는 첫째, 국토와 국가의 통합성을 해치는 어떠한 침공도 자신의 군대로 거부하고 외부세력의 개입은 오로지 스위스가 요청을 할 때에만 인정하겠다고 하였으며 둘째, 스위스의 중립은 정부의 대외정책으로서 전시 어떤 국가의 군사

---

32 Howard, *op. cit.*, p.208.

적 지원도 배제하는 동시에 모두를 동등하게 대우하겠다고 하였다.[33]

6. 정신방위 강화 노력

전투와 전쟁에서 이기기 위해서는 눈에 보이는 병력의 규모나 장비수량 등의 군사력이나 국민총생산액 같은 경제력 등의 유형적 자산도 중요하지만 눈에 보이지 않은 정신력의 중요성 또한 간과되어서는 안 된다.

역사를 보면 적군을 공격함에 앞서 심리적으로 먼저 굴복시킨 후 적을 패배시켰던 사례를 자주 볼 수 있다. 몽골군이 대표적이다. 나치독일도 2차 대전기간 중 먼저 심리적으로 적을 굴복시키고자 선전전Propaganda Warfare을 감행한 뒤 공격하는 양상을 보였다. 따라서 이러한 심리전이나 선전전에 속지 않기 위해서는 이른바 상대방의 심리전을 극복할 수 있는 정신무장의 확립이 무엇보다도 중요하다고 할 수 있을 것이다.

1920년 말부터 시작된 대공황으로 1930년대에는 어느 나라 할 것 없이 경제적으로 매우 어려운 상태였고, 이에 따라 국민들의 불만은 누적돼 갔다. 이러한 불만을 이용하여 정권을 잡은 나치는 독일을 극도로 우경화하면서 군수산업 위주로 산업을 발전시켰다.

또한 나치는 정권을 강화하기 위하여 선전전을 특히 강조하였으며, 선전상으로 게벨스를 임명하였다. 나치는 1938~1939년 오스트

---

33 Schwarz, *op. cit.*, p.120.

리아와 체코를 합병할 당시도 선전전을 주요한 수단으로 활용하였고, 1939년 9월 폴란드 침공으로부터 1945년 5월 전쟁이 끝나는 시기까지 선전전을 계속 중요시하였다.

독일은 군사력을 동원하여 스위스를 침공하지는 않았지만, 스위스 사람들을 심리적으로 위축시키기 위해서 독일에서 발행되는 신문과 방송, 스위스 국내의 나치 전위조직들을 이용해 다양한 선전전을 하였으며, 스위스로서는 이것이 반드시 극복해야만 하는 과제였다. 이를 극복하기 위해 무엇인가 사상적 무장이 필요하였으며, 따라서 정신방위의 중요성이 강조되었다.

'정신방위Spiritual Defence'란 '나치에 대항하여 스위스의 독립과 민주헌법을 지키기 위한 강력하고도 광범위하게 펴졌던 스위스 국민들의 정치적 의지'를 의미한다.[34] 스위스는 다양한 민족과 언어의 어울림 속에서 살고 있는 민족이다. 따라서 단결과 조화가 다른 어느 나라보다 필요하며 이를 묶어주는 연결고리가 필요하다. 정신방위는 이런 환경에서 출발하였다. 스위스 국민에 있어서 정신방위는 연방법에 의해 강제된 것이 아니라 국민들의 마음속에 새겨져 있는 역사적 전통과 다양한 사회와 조직 속에서 발전된 국민적 자부심에서 기인한다.

연방대통령 에테르는 1938년 12월 스위스의 정신방위가 알프스 산맥의 라인 강 원류인 산. 고타르드에서 처음 시작된 것임을 알리는 메시지를 발표하였다. 산. 고타르드 지역은 중부유럽 문화의 교차로로, 독일과 프랑스, 이탈리아 문화의 분기점이자 집합점이며 스위스

---

34 http://wikipedia/ Swiss History of Military(검색일 : 2012.5.20)

를 연결시켜 주는 곳이다. 에테르는 스위스의 국가적 이상이 독일계와 프랑스계, 이탈리아계 등 민족이나 생물학적 요소에 의해 기초하는 것이 아니라 정신적 결정에 의하는 것이라고 하였다.[35]

스위스는 1931년에 독일어와 프랑스어, 이탈리아어로 각각 방송하는 방송국을 설치하였고 1937년에는 이들 장비의 성능을 향상시켰으며 1941년에는 단파방송까지 할 수 있도록 시설과 장비를 개선하였다. 나치독일의 방송들이 게벨스 선전상의 지시대로 나치의 주장을 여과 없이 방송하는 동안 스위스 방송들은 신뢰할 수 있는 기사를 보도함으로써 국민들의 지지를 얻기 위해 노력하였다.

스위스 정부는 당시 독일과의 무역에 대한 높은 의존도, 국경을 맞대고 있는 상황, 독일계 주민의 다수 거주 등으로 독일의 눈치를 보지 않을 수 없었고, 따라서 나치독일에 비판적이었던 언론에 대해 일정부분 검열을 하지 않을 수 없었다. 그럼에도 스위스 언론들은 나치독일을 비꼬는 기사를 게재하였고, 극장에서는 나치를 풍자하는 극을 상영하기도 하였다.

국민들의 정신방위를 강화하기 위해서 정부는 정부대로 스위스의 탄생기원과 독립을 보여주는 기념관을 설립해 국민들의 사기앙양을 위해 노력하였다. 국가를 지키기 위한 정신방위를 강조하는 상징물도 설치돼 국민들의 희생을 위한 의지를 표명하였다. 직업군인이 아닌 동원되는 군 장교들은 팸플릿을 만들고 신문기사를 쓰는 등 다양한 활동으로 국민들에게 정신방위를 강조하였으며, 심지어는 어린 학생들에게도 스위스의 자부심을 고취하기 위한 교육이 실시

35 Halbrook(2003), *op. cit.*, p.58.

되었다. 이러한 행동들은 공식적 지시가 아닌 자발적 형태로 이루어졌다.

정신방위는 나치독일의 체계적이고 대량으로 행해졌던 선전전을 극복하기 위해 나온 것이다. 이를 위해 언론가와 역사학자, 법률가, 기업가 등 사회 각계각층에서 40여 개의 협회를 구성하여 스위스의 전통적 가치를 지적하면서 나치즘에 대응하여 스위스의 문화의 우수성, 민족 간의 단결 등을 주제로 국민들에게 정신방위의 중요성을 강조하였다.

정신방위의 중요성에 대한 강조와는 별도로 1936년 이미 점증하는 독일의 위협에 맞서기 위하여 국민들은 3.22억 SFr을 모금하여 그들의 국방을 위한 단호한 결의를 보여준 바 있다. 또한 1938년 독일군이 오스트리아를 합병하는 것을 보면서 당시 경제성 장관은 "우리를 존중하고 평화롭게 살도록 하는 사람들은 우리의 친구이지만 우리의 독립과 정치적 통합을 공격하는 사람들은 전쟁을 각오해야 한다. 우리는 결코 굴복하지 않을 것이다"라고 하여 그들의 굳은 결의를 보여준 바 있다.[36]

당시 스위스 국내에는 나치 전위조직들이나 제5열들의 전단을 만들어 살포하거나 집회를 하는 등의 반스위스 활동이 빈번하게 있었다. 베른에서는 친나치조직들과 제5열이 공모하여 군 장교들의 정신무장상태를 약화시키기 위해 장교들에게 제3제국에 따르라고 하는가 하면, 독일군이 침공하면 독일군을 지원할 것이라는 헛소문을 퍼트리기도 하였다.

---

36 Edgar Bonjour, *Swiss Neutrality : Its History and Meaning*, London : George Allen & Unwin LTD, 1952, pp.119~120.

따라서 이들을 제거하는 것은 정신방위차원에서 중요하였다. 연방경찰은 이들의 활동을 제거하기 위하여 이들의 본거지를 급습해서 각종 전단을 압수하고 100여 명을 체포하기도 하였다.

독일 본국에서 나치의 통제를 받는 신문과 방송들은 스위스의 반나치적 언론보도 자세와 기사내용을 트집 삼아 위협하기를 밥 먹듯 하자 스위스의 언론은 이러한 독일의 언론에 대해 강한 불쾌감을 표명하기도 하였다.

독일군의 침공 가능성이 높아지자 스위스 의회에서는 마지막 한 방울의 피를 흘릴 때까지 독립을 지킬 준비가 되어있다고 하였으며 이러한 의지의 표명은 연방정부와 사격협회 같은 단체에서도 전쟁이 끝날 때까지 반복적으로 표명하였다. 이러한 의회와 정부를 포함하는 기관들의 스위스 방어에 대한 강력한 의지 표명은 당연히 국민들의 정신방위 강화에 도움을 주었다.

전쟁의 가능성이 높아지면서 이와 병행하여 학생들은 학교에서 사격술 훈련을 받거나 장비조작 훈련을 받아야만 하였다. 또한 소집 및 훈련대상 연령이 20~60세에서 19~60세로, 기간은 3개월에서 4개월로 증가되었다.[37]

나치가 주장하였던 계급투쟁을 넘어서 이에 대항하여 국가의 독립과 자유를 보호하고 보존하는 데 진력하면서 이를 바탕으로 정체성화하며 국민들을 결집하기 시작하고 있었던 것이다.

---

37 Foder, *op. cit.*, p.34

7. 국가사수를 위한 뤼틀 결의

동서고금을 막론하고 국가가 위기에 처했을 때 국가 또는 군사지도자의 행동과 처신, 지도력은 발생된 위기를 극복함에 있어 직접적인 영향을 미쳤음을 알 수 있다. 1차 대전 시 전쟁의 당사국이자 협상국 중의 하나인 프랑스의 클레망소 수상과 동맹국의 주역이었던 독일의 빌헬름 2세 황제의 지도력, 2차 대전 시 영국의 처칠 수상과 독일의 히틀러의 지도력은 이러한 사례들을 잘 보여준다.

클레망소Georges Clemenceau는 1차 대전이 한창 진행되던 시기에 수상으로 취임했는데, 당시 75세의 고령임에도 불구하고 강력한 리더십을 발휘하여 전쟁을 지도함으로써 프랑스가 협상국의 일원으로 승리를 하는 데 커다란 기여를 하였다.[38] 반면에 빌헬름 2세Wilhelm II는 우유부단함으로 전쟁지도를 제대로 하지 못하고 패하면서 결국 네덜란드로 망명하였다.

2차 대전에서도 영국의 처칠 수상은 독일군의 공격에 빠진 고립무원의 환경에서 국민들에게 '피와 땀과 눈물'을 요구하면서 결국 전쟁을 승리로 이끌었다. 반면에 독일의 히틀러는 절대 권력을 휘두르면서 국민과 군을 전쟁으로 끌고 갔지만 오도된 지도로써 결국 패하였다. '전쟁이란 국가의 커다란 일兵者 國之大事'로서 전쟁에서 국가(때로는 군사)지도자가 제 역할을 하지 못하여 패하였던 사례는 이것 말고도 얼마든지 많이 있다.

---

38 John F. V. Keiger, Poincare, Clemenceau, and the Quest for Total Victory, *Great War, Total War*, Washington D. C : Cambridge University Press, 2000, pp.247~248; 피터 심킨스, 강만수 역, 『모든 전쟁을 끝내기 위한전쟁』, 플래닛미디어, 2008, 319쪽.

스위스는 정치체제상에서 오는 문제로 인해 정치지도자보다는 군사지도자의 지도력이 스위스의 위기관리와 전쟁을 억제하는 데 더 큰 기여를 하였다고 할 수 있으며, 여기서도 리더십의 중요성을 보여주고 있다.

1940년 7월 18일, 이때는 이미 독일군에 프랑스가 항복하고 휴전에 들어간 이후이며 그 외의 많은 지역들도 독일군의 수중에 있었다. 19일 히틀러는 영국에 평화제의를 하였으나 영국 정부가 이를 거절하자 마침내 영국을 점령하고자 이른바 '바다사자 작전Sea Lion Operation'을 준비하고 있었다.(영국본토에 대한 폭격은 8월 10일 시작되었다.) 따라서 지상전을 하지 않고 있었던 독일 육군은 언제라도 스위스를 침공할 가능성도 있었던 시기였다. 실제로 이 무렵 스위스와의 국경선 지역에는 독일군 부대들이 상당수 있었다.

그러한 민감한 시기에 스위스 연방대통령은 나치가 주장하는 신질서를 받아들이고 스위스 사람들의 생활방식을 바꾸자는 패배주의적이면서 애매한 연설로 국민들을 혼란에 빠지게 하였다. 이런 상황에서 기상 장군은 대통령의 연설로부터 야기된 분위기를 쇄신하기 위해 1940년 7월 25일 비밀리에 군단장으로부터 대대장에 이르기까지 예외 없이, 동원되었거나 집에 있거나 구분 없이 루체른의 어느 지역으로 집결하도록 지시하였다.[39]

그곳에는 이미 선박이 대기하고 있었고 무장한 장병들이 주변을 경계하고 있었다. 집결한 모든 장교들은 지시에 따라 배에 승선하였으며, 선박은 절벽으로 둘러싸인 루체른 호의 좁은 입구에 있는 뤼틀

---

39 Howard, *op. cit.* p.211; Steinberg, *op. cit.*, p.48; Calvocoressi and Wint(1989), *op. cit.*, p.271.

Rütli이라는 곳에 도착하였다.

그곳은 1291년 8월 1일 운터발덴 · 우리 · 슈비츠 등 3개 주의 대표들이 모여 처음으로 스위스 연방을 시작하였다는, 그래서 스위스 사람들에게는 성스러운 곳이었다. 그 역사적인 장소에서 650여 명의 스위스군 장교들이 기상 장군 주변에 모였고, 그는 장교들에게 다음 사항을 강조하였다.[40]

> 나는 오늘 스위스 독립의 상징적이고 역사적인 장소, 이곳 뤼틀에서 스위스가 처한 상황의 위중함을 설명하기 위해 여러분들을 모이게 하였다. 우리는 지금 역사의 전환점에 있으며, 스위스의 생존은 경각에 달려 있다.[41]
>
> 1939년 연방의회는 수백 년이나 된 국가의 독립을 지키도록 군에 임무를 부여하였다. 이 독립은 지금까지 존중되어 왔지만, 우리의 이웃이 우리의 독립을 끝내려고 하는 것을 보고 있다. 유럽에서 수백만이 무장을 하고 있는 한, 적들이 스위스를 공격하려 하는 한 우리는 우리를 지켜야 한다. 누가 오든 간에 여러분이 구축한 진지를 지켜져야 한다. 우리들의 손에 우리의 운명을 갖고 있는 한 우리들의 노력은 헛수고가 아니다. 어떤 의도를 갖고 있는 사람들의 말을 듣지 말고 부정적이거나 의심을 갖고 있는 소식들을 확산시키지 말자. 우리 모두가 철과 같은 의지를 갖고 있다면 우리 자신들을 성공적으로 지킬 수 있다는 우리의 힘을 신뢰하자. 나는 내가 여러분들에게 점령하라고 지시한 새로운 진지가 국가의 방위를 위해서 매우 효과적일 것이라고 믿는다.[42]

---

40 Schwarz, *op. cit.*, p.53; Steinberg, *op. cit.*, p.49.
41 Halbrook(2003), *op. cit.*, p.1
42 Schwarz, *op. cit.*, pp.53~54.

〈그림 4-8〉 1940년 7월 25일, 프랑스가 항복한 직후 스위스의 건국의 혼이 서린 루체른의 뤼틀에 모여 스위스의 방어 결의를 다지는 장교들

출처 : Foder, *The Neutrals*, p.31.

뤼틀에서 기상 장군은 장교들에게 나치독일의 정치와 경제, 군사 및 심리적 압력을 극복하기 위하여 정치 및 심리전이 군사방위만큼이나 중요하다고 강조하였으며 총력방위를 요구하였다.[43] 그는 참석한 장교들에게 독일군의 침공이 시작되면 무조건적인 저항을 강조하였으며, 그가 스위스 방위를 위해서 하천과 계곡, 산악 등을 이용하는 방위전략 개념도 설명하였다.[44]

그는 북동부의 평야지대를 포기하면서 이른바 '국가요새National Redoubt'라 불리는 알프스의 산악지역을 확보하여 독일과 이탈리아로 연결되는 통로를 장악하고, 알프스의 고지에 준비된 식량과 탄약을 이용하면 장기간에 걸쳐 저항을 할 수 있을 것이라고 말했다. 또한 만약 독일군이 그 통로 돌파를 시도하면 터널이나 교량을 폭파할 것이라고도 하였다. 이미 알프스 지역에는 1930년대 스위스 방위계획의 일환으로 여러 진지들이 준비되고 있었다.[45] 장군이 연설을 마친 뒤 그곳에 참석한 장교들에게는 이를 위해 준비명령이 하달되었다.

국민들은 민병군 장교들이 스위스 역사의 상징인 뤼틀에서 모였다는 사실과 기상 장군이 행한 연설문을 일요일 방송과 신문을 통해서 알았다. 뤼틀에서 기상 장군의 확고한 결심이 알려지자 대통령의 패배주의 연설내용은 슬그머니 사라졌다. 뤼틀에서의 군은 단결로 스위스의 저항정신에 새로운 전기가 마련되면서 그 효과는 즉각 나타나기 시작하였다.[46]

---

43 Marko Milivojevic, "The Swiss Armed Forces", *Swiss Neutrality and Security : Armed Forces, National Defence and Foreign Policy*, New York : St. Martin's Press, 1990, p.16.

44 Howard, *op. cit.* pp.211～212.

45 Foder, *op. cit.*, p.50.

46 Calvocoressi and Wint(1979), *op. cit.*, p.248.

민병군의 새로운 진지 준비와 점령은 순조롭게 진행되었으며, 또 다른 새로운 진지들도 건설되기 시작하였다. 모두가 나치독일에 침공 가능성에 대항하여 스위스에 새로운 장이 시작되었음을 인식하기 시작하고 있었다.

기상 장군의 뤼틀 모임 이후 스위스 국민들에 대한 정부의 조사결과를 보면 국민들의 대부분이 독일의 침공 가능성에 대해서 우려를 하고 있었을 뿐만 아니라 어떤 상황에서도 독일군에 저항할 것을 보여주었다.[47]

기상 장군이 군에 하달한 명령이 언론에 공개되면서 당시 공황상태에 있었던 국민들은 이 소식을 접하고 군을 신뢰하기 시작하였다. 기상은 명령에서 스위스군 장병은 누구도 독일군에 항복할 수 없다고 하였으며, 마지막 한 발의 실탄이 떨어지면 총검으로라도 죽을 때까지 싸우라고 하였다. 그것은 스위스 국민에게는 총력 저항을 강조하는 한편, 독일군에 대해서는 침공 시 막대한 피해를 각오하라는 강력한 경고이기도 하였다.[48]

도덕적 해이감에 젖어 있었던 스위스에 기상 장군의 결심이 알려지면서 그의 인기는 최고조에 달하였다. 민주주의에 익숙한 사람들일지라도 국가가 전쟁과 같은 위기에 처할 때에는 1차 대전의 프랑스나 2차 대전의 영국을 보듯이 강력한 리더십을 요구하게 마련이다. 그러나 스위스는 연방의회와 연방각료인 7인의 위원회가 강력한 지도력을 발휘할 수 없는 헌법적 취약성으로 인해서, 또한 그 구성원들의 나치독일에 대한 우유부단하고 애매한 태도 등의 결함으로 인

47 Foder, *op. cit.*, p.51.
48 Halbrook(2003), *op. cit.*, p.103.

해서 이런 위기상황에 제대로 대처할 수 없었는데, 기상 장군이 이를 해소시킨 것이다.[49]

8. 민병군의 동원과 독일군 침공대비 준비

1차 대전 이후 평화적 사고를 갖고 있었던 다른 국가들과 달리, 스위스는 1933년 히틀러가 집권을 하면서부터 지속적으로 군사력을 증강시키기 위한 조치들을 하고 있었다. 그 첫 번째가 스위스군의 비축물자를 증가시키고 장비를 무장하는 것이었다. 당시 국방장관은 사회주의자나 좌익들의 반대에도 불구하고 군의 무장 필요성을 국민들에게 피력하기 위해 캠페인을 벌여 나가기도 하였다. 1936년에는 군을 재조직하기 시작하였고 새로운 진지들을 구축하였으며 북부와 북동부, 알프스의 전략적 거점들도 강화하기 시작하였다.

이렇게 되면서 국방비 소요가 확대되자 정부는 1936년 이에 필요한 자금을 모집하였는바 국민들은 정부가 요청하였던 금액보다 많은 3.32억 SFr을 모았다. 경제부 장관은 1939년 4월 30일 국방을 위해 특별예산을 편성하였으며, 지난 수년간 이미 10억 SFr을 국방을 위해 사용하였다고 하였다.[50]

1939년 지원부대의 병력을 충원하기 위해서 의무병역 연령도 48세에서 60세로 확대하였다. 정부는 비상시에 의회의 승인 없이 즉시

49 Schwarz, *op. cit.*, p.55.
50 Foder, *op. cit.*, p.202.

〈그림 4-9〉 민병군 동원

출처 : Foder, *The Neutrals*, p.33.

민병군을 소집할 수 있도록 권한도 위임받았다.

독일군의 침공 가능성이 높아지면서 국방장관은 "독일군의 공격이 있건 없건 전시 동원에 대한 준비는 되어 있고 국경수비는 자동적으로 이뤄질 것이며, 별도의 명령이 필요 없을 것이다"고 하였다.[51]

1939년 8월 31일 독일군이 폴란드를 침공하기 바로 전날 연방정부는 국경을 즉각적으로 방호하기 위해서 동원을 명령하였다. 국경부

51 Halbrook(2003), *op. cit.*, p.68.

근에 거주하는 민병군을 동원하여 국경수비대가 편성되었으며, 그들은 라인 강의 교량과 독일에서 스위스로 통하는 전략적으로 중요한 통로의 폭파준비를 하였고, 철조망과 지뢰지대를 설치하였다.[52] 동시에 공군과 대공포 요원들도 전 기지에서 임무를 수행하도록 지시되었다. 당시 공군은 프랑스제 항공기로 스위스에서 면허 생산된 150여 대의 공군기와 독일에서 도입한 우수한 50여 대의 Me-109기가 있었다.

독일군이 폴란드를 침공하고 영국과 프랑스가 이에 선전포고를 하면서 2차 대전이 발발하자 기상 장군은 연방정부에 총동원을 요청하였으며, 육군 43.5만여 명의 3개 군단과 기타 부대들이 국경에서 전쟁의 진행에 따라 진지에 배치될 준비를 하였다. 당시 인구 420만여 명의 10%를 넘는 민병군이 동원된 것이다. 기상 장군은 독일로부터 위협을 예측하고 있었기 때문에 동원된 민병군은 독일과 프랑스로부터 전쟁이 발발할 경우 취약할 것으로 판단되는 북동 및 북서 지역에 집중적으로 배치되었다. 이는 1차 대전 이후 25년 만에 내려진 총동원 명령이었다. 또한 영국이 독일에 선전포고를 하기 36시간 전, 프랑스가 선전포고를 하기 41시간 전에 벌써 완전 동원한 것이었다.[53]

6월 초 들어 남부지역에 거주하는 독일 사람들은 독일군이 스위스를 곧 침공할 것이라고 예상도 하였다.[54] 10만여 명의 민병군은 국경선을 연해서 독일군의 공격속도를 저하시키면서 대부분의 민병군들이 동원되는 시간까지 국경선상의 참호에서 전투를 하는 전략도 구

---

52 Schwarz, *op. cit.*, p.3.

53 Foder, *op. cit.*, p.47.

54 Marines G. Steinert, *Hitler's War and The Germans : Public Mood and Attitude during The Second World War*, Ohio : Ohio University, 1977, p.67.

〈그림 4-10〉 도로상에 장애물을 설치 중인 민병군

출처 : Foder, *The Neutrals*, p.37.

상되었다.[55]

이 부대들이 배치된 지역은 만약 독일과 프랑스가 전쟁을 하면 독일이 라인 강을 넘어 스위스 영토 내로 접근할 수 있는 용이한 곳이었다. 동시에 독일로부터 스위스를 경유하여 이탈리아에 이르는 전략적으로 중요한 알프스의 3개 통로에 대해서는 접근을 금지시키는 조치를 하였다.[56]

1940년 초~중반으로 접어드는 시기에 독일은 5월에 시작될 프랑

55 *Ibid.*, p.30.
56 Schwarz, *op. cit.*, p.4.

스 침공에 대비하여 독일-프랑스 국경지역에 많은 병력을 배치하기 시작하였다. 당연히 스위스도 이러한 긴박한 움직임에 대비해야만 하였다.

라인 강의 교량에는 독일군 침공에 대비하여 교량파괴용 폭약을 설치하였고 국경수비대는 순찰을 강화하였으며 방어선을 따라 진지도 구축하여 포병화기도 재배치하였다. 산업시설이 위치한 중요한 곳에는 대공화기를 배치하는 등 독일군 침공에 대비하여 방어준비 태세를 강화하기 시작하였다.

이러한 독일군의 병력 집중과 스위스의 방어준비태세 강화 움직임에 대하여 미국의 『뉴욕타임즈*New York Times*』는 3월 27일자 기사에서 스위스 민병군이 항상 임무를 수행할 준비를 하고 있음을 보도하였다.[57]

> 스위스에는 미국 독립혁명 당시의 '긴급소집병Minute Men'과 같이 항상 임무를 수행할 준비가 된 부대가 있다. 이 부대가 있는 목적은 정규군이 전투준비를 갖출 수 있도록 24시간 동안 침공군의 전진을 지연시키는 것이다. 이 부대에 소속된 병력들은 모두 총과 탄약을 포함하는 모든 장비를 각 가정에 보유하고 있으며, 동원 시에 어디로 가서 무엇을 해야 하는지를 알고 있다. 지난 비상소집 시는 경보전파 후 2시간 만에 모두 동원에 응소한 것으로 평가되었다.

연방정부는 독일군의 공격 가능성에 대비하여 36~48세의 연령의 남자들을 소집해서 6일간 훈련을 실시하도록 승인하였고, 아울러 4

57 Halbrook(2003), *op. cit.*, p.69.

월에는 각 가정에 2개월분의 비상식량을 준비하도록 지시하였다. 또한 군사용 식량도 대량으로 준비하였다가 독일군의 침공이 임박한 것으로 판단됨에 따라 이를 알프스의 산악지역으로 운반하였다.

1939년 독일이 도발하였을 때 의회는 기상 장군을 군의 최고사령관으로 선출하였으며 민병군도 동원하였다. 스위스는 나치 전위조직들의 반스위스적 활동에도 불구하고 국가의 독립과 중립을 위해 단합하였다. 독일과 소련이 폴란드를 침공하여 점령하면서 전쟁의 기운이 전 유럽을 감싸고돌자 기상 장군은 즉각 독일의 공격에 대비하기 시작하였다. 당시의 스위스는 전차와 장갑차 등 기갑 및 기계화부대가 없었으며 보병과 산악보병을 중심으로 하여 포병과 공군은 현대화의 초기 단계였다.

독일군이 당대 최고의 팬저 사단 기갑부대를 이용하여 공격을 해오면 스위스로서는 이를 저지할 뾰족한 수단이 없었다. 그래서 북동부의 평지와 낮은 구릉지역을 어쩔 수 없이 포기하고 알프스의 험준한 산악지형을 이용하여 구축된 거점진지에서 완강히 저항하는 방법이나 게릴라전으로 저항하는 방법 외에는 특별한 방법이 없었다고 해도 과언이 아니었다.

따라서 기상 장군과 참모부에서 생각해 낸 해결책은 알프스 산맥의 주저항선을 따라 잘 훈련되고 가용한 보병부대의 집중과 포병 및 부분적으로 대전차 무기를 배치하는 것으로, 이 계획은 1939년 10월 초 작전명령으로 구체화되었다.[58]

기상 장군도 군에게 "국경선과 국경선 사이에서, 진지에서, 국경

---

58 Schwarz, *op. cit.*, p.9.

〈그림 4-11〉 알프스에서 훈련

수비대와 전초부대들은 독일군의 전진을 지연시켜야만 한다. 부대들은 마지막 실탄을 다 쏠 때까지, 혼자 남을 때까지 전투를 해야 한다"고 강조하였다.[59]

현대화된 포병의 절대적 부족을 보충하기 위해 1882년 이래 사용

59 Halbrook(2003), *op. cit.*, p.81.

된 적 없이 창고에만 보관하고 있었던 장비들이 정비된 후 진지로 배치되거나 1914년 이래 병기고에만 보관되고 있었던 무기도 재배치되었다.[60]

이러한 방어계획의 준비와 더불어 훈련이 강화되었다. 알프스의 산악지역에서 작전을 실행하기 위해서 3주간의 훈련코스가 만들어지고 유능한 스키어와 등산 전문가들이 교관으로 훈련을 지도하였는가 하면, 학생들은 알프스의 높은 지역에서 숙영하거나 눈보라가 휘몰아치는 악천후에서 무기를 조작하고 유지하는 방법, 산악지역에서 생존하면서 침투한 적을 격멸하는 전술도 배웠으며 이러한 훈련을 마치면 산악여단으로 합류하여 임무를 수행하였다.[61]

당시 스위스군이 방어선을 강화하기 위한 방법에는 두 가지가 있었다. 먼저 주저항선은 국경선을 따라 준비되었다. 주저항선은 1934년 나치가 집권한 이듬해부터 기관총 진지와 대전차 장애물 및 지뢰지대를 상호 연결하여 국경선 지역에서 전략적으로 설치하였다.

주저항선은 다수의 진지와 포병을 포함하고 있었는데, 이 선은 유리한 지형을 따라 갖추었기 때문에 독일군의 기습공격을 지연시키는 것이 주 임무였다. 그 선은 알프스 산맥과 라인 강, 서쪽의 쥐라 산맥을 따라 마련되었다. 1939년 10월 초부터는 주 저항지역을 강과 호수, 산맥 또는 절벽, 산맥 등 독일의 기계화 부대가 통과하기에 어려운 지역을 추가로 선정, 상호 간 연결하였다.[62]

방어선에는 6개의 사단과 취리히의 서부전략지역을 담당하는 특

60 Schwarz, *op. cit.*, p.9.
61 Foder, *op. cit.*, p.42.
62 Schwarz, *op. cit.*, p.9.

수임무부대를 배치하였다. 지형이 험준하고 위협의 강도가 비교적 약하였던 이탈리아 접경 동부와 남부의 국경은 1개의 산악사단과 산악여단이 각각 담당하였다. '가짜 전쟁' 기간, 즉 1939년 10월 폴란드군이 항복한 이후부터 1940년 5월 독일군이 프랑스를 침공하기 이전까지 프랑스군은 별다른 준비를 하지 않아서 독일군의 전격전에 의해 불과 6주 만에 함락되었지만, 이 기간 동안 중립국 스위스는 진지를 구축하고 요새를 건설하는 등 방어선을 보강하는 작업을 병행하면서 훈련을 강화하였다.[63]

히틀러는 11월 20일 국방군 수뇌들에게 미국은 중립적이기 때문에 두렵지 않다고 하면서 가장 빠는 시간에 유리한 조건에서 프랑스와 영국을 공격할 것이며, 이 과정에서 벨기에와 네덜란드의 중립은 중요하지 않다고 하였다.[64] 히틀러나 나치의 고위관리들은 애매하게 스위스의 중립을 존중할 것이라고 언급하면서도 실제로 스위스의 중립을 지키는지 여부는 히틀러에게는 중요하지 않았다. 독일 공군이 이미 스위스 영공을 침범하거나 전단을 살포하는 등으로 스위스의 중립을 훼손하고 있었기 때문이다.

독일군이 폴란드를 침공하자 영국과 프랑스는 독일에 선전포고를 하면서 2차 대전이 본격적으로 발발하였지만 그렇다고 양국은 독일에 대한 군사적 공격을 하지는 않았다. 영국의 군사전문가들은 독일이 폴란드를 점령한 뒤 서부를 공격할 것으로 보이며, 그럴 경우 마지노선으로 강화된 정면을 피해서 벨기에와 네덜란드 또는 스위스를 이용하여 공격할 것이라고 전망하였다.[65] 이러한 가능성은 프

---

63 Howard, *op. cit.*, p.208.
64 Halbrook(2003), *op. cit.*, p.83.

랑스군의 최고사령부에게도 전달되었다.

독일이 폴란드를 점령한 뒤 '가짜 전쟁' 기간 중인 1939년 11월, 소련은 핀란드를 공격하였다. 핀란드군은 소련군에 비하여 병력과 장비가 절대적으로 열세함에도 불구하고 소련군을 맞아 막대한 피해를 입히면서도 성공적 작전을 실시하였다.[66] 핀란드군의 성공적 작전은 스위스로 하여금 용기를 갖게 만들었고 스위스는 자신들이 준비하고 있는 방어선에 대해 신뢰하였다. 핀란드군은 소련군이 공격하기 이전 스위스로부터 사격술을 전수받았고 이를 이용하여 소련군의 공격을 효과적으로 격퇴하였는데, 이번에는 스위스가 핀란드로부터 저항정신을 배우는 입장으로 전환되었다.

핀란드의 항전에 용기를 얻은 스위스는 독일군 공격에 대비, 양국의 국경을 흐르는 라인 강과 콘스탄스 호 등을 연결하는 선을 이용하여 방호선을 준비하고 참호와 대피호를 파고 장애물을 설치하였다. 기상 장군의 강력한 리더십에 따라 철저한 훈련을 실시하면서 군인들이 지루해 하거나 사기가 저하되지 않도록 하는 데도 특별히 노력을 기울였다.[67]

스위스가 독일군 침공에 대비하여 방어준비를 강화하자 국방군 수뇌부에서는 스위스를 통과하기 위해서는 40만여 명의 독일군이 필요할 것이라고 하면서 스위스군 1명에 대해 독일군 5명이 필요할 것이라고 판단하였다. 독일은 스위스가 완강히 저항할 것이라고 하였으며, 이러한 준비에 대해 영국의 신문에서는 모든 스위스 민병군

---

65 *Ibid.*, p.82.
66 정하명 외, 앞의 책, 281~284쪽.
67 Schwarz, *op. cit.*, p.11

들이 산악에서 임무를 수행할 수 있도록 핀란드 병사처럼 잘 훈련된 특등사수이자 스키선수라고 하였다.[68]

그러나 동원이 장기화되면서 문제가 서서히 발생하기 시작하였다. 어느 나라든지 전쟁을 하건 하지 않건 다수의 국민을 장기간 동원하면 국민생활 전반에 걸쳐 대단히 많은 문제가 발생하기 마련이며, 산업현장도 예외가 될 수 없다. 동원에 따른 비용은 국가경제에 많은 부담을 주게 되며,[69] 동원을 하였으나 전쟁이 발발하지 않은 가운데 시간만 지나면 왜 동원을 하였는지에 대한 정치적 책임의 문제도 대두될 수 있다. 따라서 대부분의 국가가 동원시기를 결정함에 있어서는 너무 늦거나 빠르지 않도록 신중에 신중을 기하게 마련이다.[70]

이러한 일은 스위스에서도 발생하였다. 수많은 시민들이 민병군으로 동원돼 전투준비를 하고 있었으나 독일군의 침공이 곧 있을 것 같으면서도 전쟁은 발발하지 않고 장기간에 걸쳐 대치 상태가 지속

---

68 Halbrook(2003), op. cit., p.88.

69 그러한 사례를 제4차 중동전 시 이스라엘에서 찾아볼 수 있다. 4차 중동전 당시 이집트군은 이스라엘군을 공격하기 이전에 반복적인 연습을 하면서 이스라엘 군의 정보판단을 흐리게 하였다. 이에 이스라엘은 동원을 몇 차례 하였으나 실제로 이집트군이 공격을 하지 않음에 따라 정보기관들이 이집트군의 공격 가능성에 대한 판단 실수와 동원에 따른 비용(한 번 동원 시마다 1,000만 달러 소요) 등으로 선제공격을 요구하는 일부의 견해에도 불구하고 멈칫거리다 기습공격을 당하였다. 선제공격을 함으로써 국제적으로 침략자로 낙인찍히는 것을 두려워하여 동원령을 발령하였다 해제하면서 욤 키푸르 속죄축일과 겹치자 아랍국들은 이런 약점을 노리고 선제공격을 가한 것이다.

70 우리나라는 동원령 선포시기에 대해 헌법 76조(긴급처분 및 명령권) 2항에서 국가의 안위에 관계되는 '중대한 교전상태'에 있어서 대통령이 국가를 보위하기 위하여 긴급한 조치가 필요한 경우에 법률의 효력을 가지는 긴급명령을 발할 수 있도록 규정하고 있으며, 그중의 하나가 동원령이다. 헌법의 규정에 따라 동원령을 선포할 수 있는 절차를 법률로 정한 것이 전시대기법으로 제정되어 있는 전자법이다. 동법에서는 동원령을 '중대한 교전상태'에 있어서 국방상 목적을 위하여 필요시 동원실시 지역 및 기간, 이유 등을 포함하여 선포할 수 있도록 규정하고 있다. 대통령 훈령에서는 전쟁위협이 고조되면 동원령을 선포할 수 있도록 규정하고 있으며 이와 같은 요건이 되면 국방부 장관의 제안으로 국무회의의 심의를 거쳐 대통령이 선포하되 시간이 없을 시는 생략할 수 있다.

되자 국민들 사이에서는 왜 동원을 하였는지에 대한 의문과 동원에 따른 국민생활의 불편함, 산업현장에서 노동력 부족 등 다양한 문제가 야기되기 시작하였다. 이렇게 되자 정당이나 기업에서는 동원된 병력들이 가정으로 돌아가도록 허락해줄 것을 요구하기 시작하였다.

장기간 전쟁 없이 전투준비를 하는 동안 민병군 병사들도 서서히 사기가 저하되기 시작하였다. 따라서 이를 해소하기 위해서 1939년 12월 최초 동원되었던 43만여 명의 민병군 가운데 일부를 동원 해제하여 20만여 명으로 감소시키고 정기적으로 정해진 순서에 따라 집으로 가는 것이 허락되었다.[71] 1939년 12월 20일 정부는 민병군이 동원되면 입게 되는 재정적 손실을 보충해 주는 법률을 시행하면서 그 비용은 정부와 고용주 및 회사가 분담하도록 하였다.[72]

1940년 3월 말, 히틀러의 최고사령부와 연계를 갖고 있는 스위스의 정보원이 스위스군의 정보책임자에게 머지않아 독일군이 덴마크와 노르웨이 등을 침공할 것이라고 전해왔지만, 이러한 정보제공에도 불구하고 이 나라들은 제대로 준비를 갖추지 않은 상태에서 1940년 5월 독일군의 침공에 의해 별로 항전을 해보지도 못한 채 점령되었다.[73]

독일군이 덴마크와 노르웨이를 점령함에 따라 스위스 민병군은 이미 동원된 상태에서 독일군의 침공에 대비, 경계를 강화하고 있었다. 만약 독일군이 침공을 한다면 그것은 독일군이 폴란드를 침공하였을 당시와 같이 선전포고 없이 심리전을 동반하는 기습공격을 할 것으로 예상되었다.[74] 따라서 정부는 이럴 경우에 더 이상 협의 없이 총동원

71 Howard, *op. cit.*, p.209.
72 Schwarz, *op. cit.*, p.11.
73 Halbrook(2003), *op. cit.*, p.91.
74 독일군이 폴란드를 공격할 시 독일은 폴란드가 먼저 독일군에게 적대행위를 하였다

을 할 수 있도록 그 권한을 최고사령관 기상 장군에게 위임하였다.[75]

1940년 5월 10일 독일군이 프랑스를 공격하기 위해 123개의 사단으로 베네룩스 3국을 먼저 공격하였다. 당시 벨기에는 60만여 명의 병력, 네덜란드는 40만여 명의 병력을 보유하고 있었으나 훈련과 장비수준이 미흡하여 독일군의 침공에 선전하였음에도 불구하고 결국 항복하였다.[76]

이렇게 독일군의 침공이 시작되자 정부와 군 지휘관은 합동으로 전 민병군에게 그들이 집에 있거나 동원되었을 때 독일군의 기습공격을 받으면 어떻게 할 것인지 행동요령을 지시하였다. 모든 장교와 준사관들은 그들이 도착할 수 있는 가까운 부대에 도착하고 어디에 있든 소총과 40발의 실탄을 휴대하라고 지시하였다.[77]

만약 부대를 지휘할 장교가 없으면 모든 병사들은 스스로의 판단에 의해 전투를 해야 할 의무도 있음을 상기시켰다. 또한 전 민병군과 국민들에게는 연방의회와 최고사령부가 아닌 다른 방송 등에 의해 어떤 의심스러운 정보가 전파될 때는 독일군이 폴란드를 침공 시 선전전을 하였던 것처럼 나치의 선전에 의한 것일 수 있음을 경고하였다.[78]

이러한 스위스의 준비에 대해 베른 주재 독일의 외교관은 "스위스

는 이유를 만들어 폴란드를 기습적으로 공격하였다. 즉, 독일과 폴란드의 국경지역에 가까운 독일의 실레지아 방송국에 나치 친위대의 지시를 받고 폴란드군 복장을 한 범죄 집단들이 방송국을 기습·점령하여 폴란드어로 독일을 비난하는 방송을 하였다. 먼저 폴란드가 위기를 조성했다는 이유로 이미 기습준비를 마친 상태에서 독일군은 9월 1일 선전포고 없이 폴란드 침공하였던 것이다.(정하명 외, 앞의 책, 279쪽)

75 Schwarz, *op. cit.*, p.14.
76 정하명 외, 앞의 책, 292~293쪽.
77 Halbrook(2003), *op. cit.*, p.95.
78 Schwarz, *op. cit.*, p.14.

가 공격을 받아 동원하면 그것은 민병군은 물론 전 국민들과의 전쟁이 된다. 스위스에서는 노르웨이의 케슬링Vidkun Quisling[79] 같은 사람은 매국노가 된다"고 보고하였다.[80]

5월 9일, 즉 벨기에와 네덜란드를 공격하기 하루 전날 히틀러는 독일이 중립국을 존중할 것이라고 하였다. 그러한 것을 믿었을까 중립국 벨기에는 독일군이 침공한 바로 그날까지도 독일이 중립국을 존중할 것이라는 것에 실낱같이 의지하다가 결국 기습을 당하였다

5월 10일 외상 리벤트로프는 독일 주재 벨기에와 네덜란드 외교관을 호출해서 독일군이 영불연합군의 공격으로부터 지키기 위해 이동할 것이니 그들 군으로부터 저항 없이 통과할 수 있도록 해주라고 요구하였다. 이러한 내용은 브뤼셀과 헤이그에서도 동시에 그대로 전달되었다. 바로 그날 독일군이 이 나라들을 짓밟으면서 공격을 시작한 것이다.[81]

스위스는 당시 독일군이 마지노선 북부의 네덜란드와 벨기에 등 중립 국가를 침공하는 것을 보면서 남부에서도 중립국 스위스를 경유하여 프랑스 남부를 침공할 것을 우려하였기 때문에 5월 10일 병역을 수행하기에 부적합한 소년들이나 노인들도 동원하여 독일공정부대의 낙하와 제5열의 활동에 대비, 중요 전략거점이나 통신시설 등에 대해 경계에 들어갔다.[82]

이 무렵, 1940년 여름 스위스는 1939년 8월 31일의 총동원으로 기상 장군의 통제 아래 무려 전 인구 420만여 명 가운데 50만여 명이라

79 케셀링은 노르웨이의 군인이자 나치 신봉자였다.
80 Halbrook(2003), *op. cit.*, p.96.
81 *Ibid.*, p.99.
82 Howard, *op. cit.*, p.210.

는 대규모의 인원이 동원되고 있었다.[83] 전 인구의 1 / 10이 넘는 인원들이 동원된 상태였다. 이러한 현상을 두고 미국의 종군기자 쉬러는 "스위스는 전 국민의 1 / 10이 넘는 인원들이 무장을 하고 있고, 그들은 자신들의 조국을 위해 싸울 준비가 되어 있으며"[84]라고 스위스의 전국적 준비상황을 보도하였다.

9. 패배주의 극복과 저항정신 강화

1940년 6월 17일 프랑스가 독일군에게 무기력하게 항복하였다. 드골De Gaulle 장군은 이미 1940년 1월 최고사령부에 건의한 문서에서 마지노선이 무기력한 자의 환상에 지나지 않으며 결국 무너질 것이라고 경고하였는데,[85] 실제 마지노선을 너무 과신한 프랑스군은 제대로 전투다운 전투도 해보지도 못한 채 개전 6주 만에 항복한 것이다.

프랑스의 군사력을 믿고 있었던 스위스에게 프랑스의 패배는 커다란 충격이었다. 프랑스의 패배로 스위스에서는 패배주의가 들불처럼 퍼져 나갔다. 불어를 사용하는 서부지역 사람들에게 무적함대 프랑스군의 패배는 깊은 좌절감을 안겨 주었다. 만약 프랑스에서 전쟁이 지금 끝난다면 다음 전쟁은 바로 스위스가 될 것이라는 생각에 불안이 확산되기 시작하였다.

독어를 사용하는 동북부 지역에서 국가사회주의자들에 대한 깊

---

83 Milivojevic, *op. cit.*, pp.15~16.
84 Halbrook(2003), *op. cit.*, p.82.
85 정하명 외, 앞의 책, 290쪽.

은 증오심을 갖고 있는 사람들은 깊은 걱정을 하면서 만약 독일군이 스위스를 공격한다면 어떤 희생과 대가를 지불하더라도 결사적으로 대항할 것이라고 하였다. 반면에 소수의 정치가들 중에서는 독일군이 폴란드와 프랑스와의 전쟁에서 승리하는 것을 보면서 스위스가 독일에 정치적 양보를 함으로써 지속적으로 독립을 유지하고 평화를 지키자는 유화적 태도를 보이기도 하였다. 당시 그들의 주장은 독일군의 군사력 때문 외에도 소련이 히틀러의 동맹국으로 있었기 때문에 유럽에서 독일군의 팽창을 억제할만한 세력이 없어서 더욱 그럴듯하게 들렸다.

소련은 1939년 11월 핀란드를 침공하여 천신만고 끝에 이듬해인 1940년 3월 항복을 받았다. 당시 소련과 독일은 1939년의 독소불가침조약에 따라 상호 간 적대행위 없이 관계를 유지하고 있었다. 오히려 소련은 독일에 동 조약의 부속협정에 따라 식량 150만 톤과 원유 100만 톤, 백금 2,700kg, 그 외에도 크롬과 망간 같은 금속물자를 지원해서 독일의 전쟁지속능력을 강화시켜주었다.[86]

소련의 막대한 힘이 히틀러를 도와주고 있었기 때문에 이러한 현상을 받아들일 수밖에 없었다. 스위스 정부의 소수자들 가운데는 연방대통령과 연방의회 의장도 유사한 생각을 갖고 있었다. 그들은 히틀러가 주장하는 유럽의 신질서[87]를 믿지는 않았지만, 추축국들이 유럽을 오랫동안 지배할 것이라고 믿었기 때문에 최대한 독일에 유

---

86 리처드 오버리, 류한수 역, 『스탈린과 히틀러의 전쟁』, 지식과풍경, 2003, 683쪽; 육군본부, 『소련군사』, 육군인쇄공창, 1975, 96~97쪽.

87 이는 나치독일의 경제부 장관 발터 풍크Walther Funk가 처음 주장하였다. 자세한 사항은 Arnold Toynbee and Veronica M. Toynbee, *Hitler's Europe*, London : Oxford University Press, 1954, pp.47~73 참조.

화적으로 대응하면서 스위스의 안전을 보장하는 것이 최선이라고 생각하고 있었다.[88]

따라서 독일에게 유화적인 제스처를 보여주기 위한 행동으로 외무장관은 민병군의 부분적 동원해제를 옹호하였으며, 경제부 장관은 노동조합과 기업의 압력에 양보하기도 하였다. 이러한 요구에 따라 1940년 7월 부분적으로 동원을 해제하면서 동원병력이 2/3로 감소되었다.

독일군이 유럽지역에서 맹위를 떨치면서 국민들의 우려는 높아져 갔다. 따라서 연방정부는 방황하는 국민들에게 이를 해소시킬 정부의 방침을 제시해야만 하였으며, 정부와 의회가 장기간 논의 끝에 6월 25일 연방대통령 골라주Pilet-Golaz가 대국민 방송을 하였다. 그러나 대통령의 연설은 국민을 고무시키는 내용이 아니라 독일군 군사력의 맹위에 위축돼 마치 스위스가 패배한 듯 애매모호한 내용이었다.[89] 그는 유럽에서 나치 지배하의 신질서를 인정하는 것처럼 말하였고, 영국의 체임벌린 수상이 주장하였듯 독일과 화해하자고 하였다.[90]

당시 한창 전투준비를 하고 있었던 민병군에 대해서는 단 한 번 언급하였다. 그것은 점진적으로 동원이 해제될 내용이라는 것이었으며, 그들의 노고에 대한 한마디 감사의 말도, 침략자들에 대한 단호한 대응의지를 밝히는 말도 없었다.[91] 스위스 국민들은 다른 유럽의 국가들이 독일군에 패하면서 신질서를 받아들였던 것처럼 자신들도 이를 받아들여야 하는지 우려하였으며 군 장병들에게도 이는

---

88 Schwarz, *op. cit.*, p.38.
89 Howard, *op. cit.* p.211; Steinberg, *op. cit.*, p.48.
90 Halbrook(2003), *op. cit.*, p.126
91 Steinberg, *op. cit.*, p.48.

마찬가지였다.

더군다나 이 연설은 스위스는 결코 항복하지도 않고 어떤 대가와 희생을 치루더라도 지키겠다는 연방 대통령 자신이 서명하고 발표하였던 이전의 연설을 뒤집는 것이었다. 군 장교들 중의 일부는 그 연설을 들은 후 스위스인이 된 것을 최초로 후회하였다고 하는 사람이 있었는가 하면, 스위스의 현실을 인식하여 대통령의 연설에 동의를 하는 사람들도 없지는 않았다.

그러나 전반적으로는 대통령의 연설은 단지 독일군의 침공 가능성에 대해서 패배한 국가와 국민의 정서를 반영하는 것처럼 보였다. 연방대통령은 독일군이 유럽에서 맹렬한 위력을 과시할 당시 그렇게 논쟁의 한 가운데 있었던 인물이었다.

6월 25일의 대통령 연설은 느리게 반응이 왔다. 대부분의 국민들과 정부관리들, 의원들은 처음에는 대통령의 연설이 우아한 그러나 애매모호한 쓸데없는 연설이라고 하였다. 항전의지를 고취하고 있었던 국민들은 뜻밖의 대통령 연설에 방황하였고, 영국 등 연합국은 놀랐다. 스위스 국내의 나치 전위조직들은 당연히 이에 환호하였으며, 나치독일도 내심 쾌재를 불렀다. 많은 사람들은 스위스가 독일의 계획을 따라 가는 것으로 생각하였다.

그 연설이 어떻게 작성되고 방송되었는지 대해서 당시는 아무도 알지 못하였다. 며칠간의 혼란 뒤, 내부적으로 이를 비판하는 목소리들이 나오면서 정부도 군도 전과 같이 제 역할을 하기 시작하였다. 대통령의 패배주의적 연설에도 불구하고 하나도 변한 것은 없었다. 일부 동원이 해제되면서 민병군들이 집이나 직장으로 복귀하였지만, 국경을 지키는 나머지 경계병들은 독일군의 침공에 대비하여 지속적으로 경계를 강화하였다.

상황이 이렇게 되면서 최고사령부는 걱정이 깊어졌지만, 낙담하지는 않았다. 그들은 지금 스위스에 가장 필요한 것은 나치독일에게 과감한 모습을 보여주는 것이라 생각하였으며 무엇인가 과감한 결단이 필요하였다.

때마침 독일이 프랑스와 휴전한 그 무렵, 베른 주재 독일군 국방무관이 군 고위층을 방문하였다. 그는 스위스군에게 일종의 무언의 압력을 가할 목적으로 프랑스 전선에서 사용된 독일군 항공기와 전차 및 야포 등 무기의 목록을 보여주면서 성능을 설명하였고, 고위층 장교는 이를 조용히 들었다. 무기의 위력을 보여줌으로써 스위스와 전쟁을 하지 않고도 심리적으로 무력화시킬 심산이었던 것이다. 독일무관은 설명을 끝내고 고위층 장교의 얼굴을 진지하게 바라보았다. 그는 피우던 담배를 책상에 올려놓으면서 조용히 있다가 무관에게 "누구도 스위스를 통과할 수 없다"라고 직설적이면서도 단호하게 말하였다.[92]

전쟁의 가능성이 높아지던 시기에 군에서는 장교들의 저항단체 결성을 위한 움직임도 있었다.[93] 그들은 대부분 정보국에서 근무하는 장교들과 일반참모부 장교들로, 독일군 침공으로 스위스가 굴복할 시 저항을 위한 장교동맹L'Alliance des Officiers을 만들기로 하면서 모였다.[94] 그들은 일부 고위급 장교들과 영향력 있는 정치인들의 패배주의를 알고 있었으며, 따라서 만약 이들이 독일군에 굴복하여 저항

---

92 Schwarz, *op. cit.*, p.40.
93 *Ibid.*, pp.41~42.
94 Halbrook(2003), *op. cit.*, p.128.

을 포기할 시 이들과 싸우려는 의지를 갖고 있었다.

그들의 모임 만들기는 6월 말경에 시작되었는데, 그때는 프랑스가 항복한 이후 영국으로 망명한 드골 장군이 "프랑스에서 무엇이 일어났든지 간에 프랑스의 불꽃은 절대 꺼지지 않는다"는 유명한 연설을 한 것과 동시에 자유프랑스(FFI)를 수립할 무렵이었다. 그들은 7월 중순 루체른에서 첫 모임을 가졌다. 그들은 군 고위층에서 독일군에게 항복을 하라고 명령하면 이에 따르지 않기로 하였으며, 아울러 그러한 명령을 지휘관들이 주지 못하도록 하기로 하였다. 그러나 그들을 둘러싼 조직에서 너무 많은 말들이 외부로 노출되면서 그만 그들의 정체가 탄로 나고 말았다.

그 조직을 처음 만들 당시에는 친독일 조직이라는 의심이 있었기 때문에 8월 3일 구성원들이 체포되었으나 그들이 독일군이 침공하면 저항하기로 하는 등 애국적인 목표를 추구하고 있음이 밝혀지면서 군 명령에 불복한다는 이유로만 처벌을 받게 되었는데, 이것도 상징적이자 관대한 방법으로 시행되었다. 그 후 15명의 장교들은 최고사령관에게 호출되었고 사령관은 그들이 비밀리에 조직을 만든 것에 대해서 경고는 하면서도 한편으로는 신뢰한다는 의미에서 악수로 격려하였다. 이렇게 해서 장교들이 가졌던 모임은 해산되었다.

또 다른 장교들의 비밀결사체도 있었다. 그들은 국가저항행동대 L'Action de Resistence Nationale로, 여기에는 스위스군의 중견장교와 사회적으로 저명한 500여 명의 인사들이 참여하였다. 그들은 만약 독일군이 침공하여 정부와 고위 장교들이 저항하기를 거부하고 항복하면 그들을 체포하고 빨치산이나 게릴라가 되어 게슈타포를 포함하는 모든 독일군의 부대들에게 끝까지 저항할 계획을 갖고 있었다. 이

러한 움직임은 전쟁이 끝날 무렵까지 계속 되었다.[95]

기상 장군은 대통령의 애매모호한 연설 뒤에 공식적으로 국가를 방위할 그의 임무가 전략적 환경의 변화에 따라야 하는지를 정부에 문의하였다. 연방의회는 국가방위에 단호하였지만, 반면에 대통령은 군에 대해 부분적으로 동원해제를 고집하고 있었다. 이에 따라 7월 초 20만여 명으로, 뒤에 다시 15만여 명으로 병력이 감소되었다.

1939년 9월로부터 1940년 5월, 이른바 '가짜 전쟁' 기간 중 전투가 없이 시간이 경과하는 동안 프랑스군에 나타났던 부대이탈 등 군기해이 모습을 보면서, 스위스군도 동원돼 있는 15만여 명의 병력에게 적절한 긴장과 지속적 전투준비태세 유지를 위해 새로운 지침과 동기부여가 필요하였다. 따라서 기상 장군은 "휴전은 평화가 아니다. 우리는 우리를 침공하는 누구와도 직접 승리를 하지 못할지라도 싸울 것이다"라는 요지의 명령을 하달하면서 훈련과 전투준비태세를 강화하였다.[96]

당시 국민들은 여전히 패배주의에서 방황하고 있는 상태였다. 스위스에 있는 나치 전위조직들은 이때를 이용하여 반정부 활동을 강화하고 있었는데, 그들의 그러한 행동에 대한 동기는 다양하였다. 일부는 독일 침공을 두려워하여 유화적 관계를 원하는가 하면, 일부는 스위스가 독일 경제권에 편입되면 사업상 좋을 것이라는 사업상의 이유로, 또 일부에서는 스위스의 자유언론과 제도가 싫은 가운데 마침내 이를 없앨 기회가 왔다고 판단하였기 때문에, 또 일부는 전통적으로 독일을 좋아하고 독일로부터 오는 것을 무조건 숭배하는 이유

95 *Ibid.*
96 Schwarz, *op. cit.*, p.43.

로 반정부 활동을 하고 있었던 것이다.

스위스에 침투해서 활동하고 있었던 독일군의 비밀정보원들은 은연중에 나치 전위조직들의 활동을 후원하고 있었다. 그중에는 게슈타포 스파이 조직의 고급장교였으며 친위대 셸렌베르크Walter Schellenberg 장군의 지휘를 받으면서 베를린의 선전상 괴벨스와 협조하는 휴겔이라는 인물도 있었다.[97] 그는 스위스를 주도하는 여러 사업가들과 모임을 갖는가 하면 대통령 주변에 있는 장교들과의 모임에 초대를 받기도 하였다.

그는 교회의 지도자, 언론계의 회원들, 회사의 경영자들과 자유롭게도 접촉하고 있었다. 1940년부터 1942년 사이 그는 4번의 모임에 참석하였던 것으로 보고되었는데, 함께 참석하였던 스위스 사람들은 휴겔이 독일의 영향력 있는 모임에서 유화적인 조치를 취함으로써 스위스를 위해 헌신하고 있는 것으로 생각하였다.

사회주의자들과 공산주의자 노동자들과 연계한 국가사회주의자들의 전복활동도 결실을 맺기 시작하였다. 소규모 자본가중 일부는 그들의 친독일 경향과 독일에 기대어 이익을 얻고자 하는 자세로 히틀러와 선전상 게벨스의 선전을 맹목적으로 받아들였다.

국가사회주의를 반대하던 사회주의계 신문들이 갑자기 나치의 이른바 노동자계급의 이익에 대한 업적을 기사화하기 시작하는 일도 발생하였다. 신문들은 히틀러가 스위스의 제도보다 장병들의 사회적 보장을 더 잘 보호하고 있다고도 하였다. 일부의 역사학자, 신교 목회자, 은행가, 퇴역 장교, 사업가, 학교 교사, 보험업계의 지도자

97 *Ibid.*

등 100여 명의 인사들은 연방의회에 독일과의 유화적 조치 및 협력을 요구하는 청원을 작성하고 이에 서명하였다.[98]

그 서한은 1940년 11월 중순 정부에 제출되었으며, 1941년 4월까지 추가로 서명한 자가 있어서 총 173명이 되었다. 그들이 제출한 청원서의 주요 내용은 독일의 국가사회주의를 비판하였던 언론자유를 폐지하고 나치를 비판하였던 일부 편집자들을 제재하며, 독일의 행동에 호응하는 행동을 처벌하였던 법원의 형을 무효화할 것 등을 포함하였다.

정부는 그들의 청원을 거부하였으며, 오히려 조사가 시작되었다가 취소되기도 하였다. 그 효과는 청원자들의 의도와는 다르게 전반적으로 부정적인 결과를 가져왔다. 이러한 사실들이 알려지자 언론과 대다수 국민들은 분노하였으며, 신문에서도 풍자만화를 통해 그들을 비난하였다. 독일의 침공에 대응하기 위한 국민들의 의지가 점차 공고해지기 시작하고 있었던 것이다.

10. 알프스 국가요새화 계획

스위스는 1934년부터 1940년까지 나치독일로부터의 침공에 대비하기 위해 오스트리아부터 마지노선까지 산과 강 등 지형지물을 이용하면서 국경선을 따라 방어선을 준비하였다. 스위스군의 방어선 위치는 독일군 침공 시 발생 가능한 상황을 고려하여 계획되었으며,

98 *Ibid.*, p.44.

프랑스군의 최고사령부와 비공개적으로 논의된 후 최고의 비밀상황도 고려되었다.

당시 검토된 또 다른 계획은 그들이 방어선에서 철수를 강요당할 경우 알프스 산악으로 철수하여 그곳에서 저항하는 것이었다. 동시에 그 보고서에는 만약 스위스군이 알프스 산맥으로 철수할 경우 병력과 화력운용, 저항진지의 위치와 방법 및 기간, 군수지원 등 그 계획들이 갖는 문제점들도 포함되었다.[99]

그들은 여러 가지 발생 가능한 상황을 고려하면서 알프스를 단거리로 통과하는 산. 고타르드를 전략적으로 중요한 지역으로 선정하였다. 산. 고타르드 지역은 스위스와 이탈리아 북부를 연결해 주는 좁고 긴 통로로 이 지역을 경유하여 도로와 철도가 지나고 있었기 때문에 독일과 이탈리아로서는 반드시 통과해야 하고 스위스로서는 반드시 지켜야만 하는, 그래서 전략상 중요한 지역이었던 것이다.

기상 장군은 최고사령관으로서 이러한 진단을 바탕으로 스위스 방위를 위해 국가요새화 계획을 추진하기 시작하였으며, 그 계획은 'National Redoubt(국가요새)'라고 불렀다. 여기서 'Redoubt'란 의미는 적의 공격 또는 침입으로부터 보호를 받을 수 있게 만든 요새要塞 또는 보루堡壘란 의미로, 주방어선의 방어력을 보완하고 외부의 공격자들을 축출하기 위해서 알프스 산악을 이용하여 구축한 내부의 방어선을 말한다.[100]

독일군이 처음 공격해 오면 북부의 접경지역에서 전투를 하게 된다. 그러나 스위스 민병군은 낮은 평야지대에서 독일군의 대규모 기

---

99 *Ibid.*, p.48.

100 Bonjour, *op. cit.*, p.122; Halbrook(2003), *op. cit.*, pp.121~122.

갑 및 기계화 부대와 장기간 전투를 하면서 저항하기에는 병력 규모라든가 대전차 화기 및 포병, 공군력 등 편제장비에서 모두 열세하였다. 따라서 알프스의 높은 지형의 이점을 이용하고 사전에 병력과 물자를 준비하여 장기간 저항하면서 독일군에게 막대한 피해를 주겠다는 생각으로 이를 구상하였고, 이것이 '국가요새National Redoubt' 계획으로 구체화된 것이다

국가요새화 계획에 따라 스위스 국토가 전례 없이 강화되면서 새로운 경험과 검토를 기반으로 최초의 계획에서 수정안이 발전적으로 지속 보완되었다.[101] 첫 번째 방어선은 양측의 국경선에 인접하여 구축되었다. 그 방어선은 여러 이유로 전략적 가치를 갖고 있었는데, 먼저 영구진지의 연속선상에 구축되었고 하천과 호수 등 자연 및 인공장애물로 보강되었으며 장병들에 의해서 보호되었기 때문이다. 그 방어선에서는 전차가 통과할 만한 곳에 지뢰지대를 설치하였고, 교량에는 폭약을 설치해 놓고 있다가 독일군이 침공하면 거부작전을 통해 독일군의 침공을 저지 및 지연하면서 병력이 완전히 동원될 때까지 시간을 확보하도록 하였다.

두 번째 전방 방어선은 넓은 지역의 민병군 진지를 기본으로 하여 설치된 것으로 전투를 하다가 여건에 따라 철수하기로 계획된 방어선이었다. 스위스 경험으로 보아 전시에 현재의 병력으로는 긴 시간 지탱해 줄 것으로 판단되지 않았기 때문이었다.

중앙부의 방어진지들은 알프스의 높은 산맥지역을 따라 선정되었으며, 이 지역에는 전차와 기갑차량이 접근할 수 없었다. 이 지역은

101 Schwarz, *op. cit.*, p.58 : Halbrook(2003), *op. cit.*, pp.121～122.

〈그림 4-12〉 알프스 국가요새화 계획

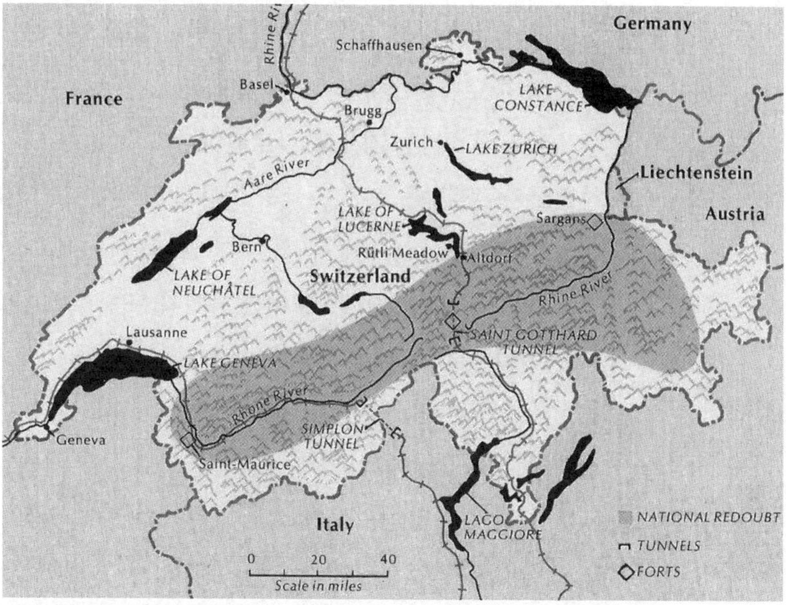

음영으로 표시된 스위스의 국가요새화 지역. 동쪽의 사르간스 지역으로부터 서쪽의 생 모리스 지역까지 계획되었으며, 중앙에는 독일-프랑스로 연결되는 철도와 도로가 있는 산 고타르드 지역이 있다.
출처 : Foder, *The Neutrals*, p.50

깊은 계곡으로 7개 지역에서 상호 교차되며, 가용한 부대들은 이 지역으로 이동하고 중포병들도 이 지역을 점령할 계획이었다. 요새의 내부지역에는 방어를 위해 요새화가 추가로 필요하였다. 독일군 공정부대들이 낙하할 만한 지역에서는 이를 저지할 특수임무를 부여받은 민병군 부대들이 경포병과 대공포, 차량화되어 주둔하였다.[102]

국가요새에서는 초기에 모든 가용한 병력을 경무장한 채로 동원하고 독일군의 공격이 시작되기 전에 알프스 산악지역에 이미 준비되어 있는 진지로 이동시킬 수 있도록 하였다. 그렇지만 전쟁기간 중

102 *Ibid.*

에 방어전략은 변화하는 상황에 따라 탄력적으로 적용되었다.

스위스군이 북부의 저지대에서 독일군과의 전투에서 패하면 군의 역할은 스위스군이 국토에서 생존하는 상징으로서 알프스 고산 준령 지역의 산악거점을 방호하는 것으로 검토되었다.

이 거점에서 독일군의 좌익, 즉 스위스 서부의 어느 지역에서인가 접하게 되는 지역으로부터 프랑스까지 독일군에게 교란이나 위협을 가할 수 있을 것으로 판단하였다. 1914~1918년 독일과 프랑스가 장기간에 걸쳐 참호전을 한 바 있는데, 이 계획은 여기에 가정을 두고 발전된 것으로 이탈리아의 참전 가능성을 배제한 체 수립되었다. 그러나 프랑스가 패배하고 이탈리아가 추축국의 일원으로 독일 측에 참전하면서 모든 것이 새로운 양상으로 변화하기 시작하였다. 알프스 중앙의 새로운 요새지역은 이제 추축국으로 둘러싸인 가운데 종전보다 더 새로운 다른 의미를 갖는 지역으로서 그 중요성이 부각된 것이다.

1940년 6월 24~25일 밤 독일과 프랑스의 휴전이 선포되고 효력을 발휘하기 시작한 바로 그날, 기상 장군은 참모부의 장교들과 앞으로 전개될 새로운 상황을 우려하면서 비상계획을 수립하기 시작하였다. 기상 장군은 전쟁의 진행에 따라 이미 군의 주력을 알프스의 산악으로 둘러싸인 국가요새 방어에 투입하기로 결심하고 있었으며 이제 그 규모와 정확한 위치를 결정해야만 하였다. 참모부에서는 알프스 지역에서의 군의 배치를 개략적으로 스케치한 지도를 제시하였고, 이 스케치는 기상 장군의 검토와 수정 및 지도에 의해 참모부에서 새롭게 발전시켰다.

그것으로부터 새로운 작전명령이 6월 중순 나왔다. 그 명령은 알프스의 새로운 지역에서 반드시 지켜야할 중요한 지역을 포함하는 준비명령으로 단순했다. 육군은 동쪽의 사르간스Sargans 요새로부터 서쪽의 생. 모리스St. Maurice까지의 산기슭의 진지를 점령할 것이었다.[103] 그곳은 알프스의 저지대로부터 시작되었다. 이와 동시에 남부로부터 북부의 선이 알프스의 둘레를 감쌀 수 있는 형태를 만들 수 있도록 하였다. 그래서 알프스의 마터호른 산을 포함하는 남부의 높은 산들은 이탈리아 국경선과 접하도록 하였다. 중앙의 산. 고타르드 지역의 깊은 계곡과 작은 산업도시에 이미 구축되어 있었던 지하시설들은 연료와 탄약 저장소로 활용하도록 하였다. 당시 이 지역에는 인구의 약 25%가 거주하고 있었다.[104]

이 지역의 전방에는 이미 민병군이 구축한 전방 방어진지를 동시에 서쪽까지 연장하여 강화하면서 독일군이 요새를 향해 공격할 경우 이를 저지하면서 공격력을 약화시키고자 하였다. 이러한 요새는 구데리안이나 롬멜과 같은 기갑 및 기계화 전술에 능한 독일군 장교들에게는 결코 호락호락하지 않은 지형에서의 전투를 의미하였다.[105]

이 진지가 스위스의 방위에 갖는 정치적 · 심리적 의미는 대단히 중요하였다. 이 계획에 따르면 스위스는 지형의 이점을 이용하여 방어하면서 국토의 반과 인구의 3 / 4, 연방의 수도인 베른과 취리히, 바젤 같은 대도시를 포기하는 계획이었다.[106]

알프스를 요새화하기 위해 높은 지대에 중화기를 설치하기 시작하였고, 병력과 장비, 탄약을 운반하기 위해서 100회선 이상의 케이

---

103 *Ibid.*
104 *Ibid.*; Schwarz, *op. cit.*, p.49.
105 Steinberg, *op. cit.*, p.49.
106 *Ibid.*

〈그림 4-13〉 병력수송용 케이블카를 이용하여 진지로 이동 중인 2명의 스위스 병사

저 멀리 하단에는 농경지와 부락들이 보인다.
출처 : Foder, *The Neutrals*, p.40.

블이 설치되었다. 바위틈의 공간이 식량과 무기와 탄약 등을 비축할 목적으로 사용되기 시작하였으며, 정부가 보유한 금괴도 알프스 비밀지역으로 운반돼 보관되었다. 뿐만 아니라 독일과 이탈리아를 연결하는 주요통로는 필요시 폭파할 준비를 하였다.[107] 9억 SFr이 요새화를 위해서 투입되었다.[108]

107 Foder, *op. cit.*, p.40.
108 Steinberg, *op. cit.*, p.49.

이러한 준비 이외에도 국가요새를 방호하는 주 병력은 기계화 부대가 요새로 접근하기에 용이한 7개의 주요 계곡지역에 배치되었으며, 소규모의 부대들도 독일군 공정부대가 낙하할만한 지역에서 공정병의 낙하를 저지하기 위해 임무를 시작하였다.

알프스 요새화 계획수립에 참여하였던 참모부 장교들은 국민들이 다수의 지역과 인구를 포기하고 알프스의 산악에서 저항하겠다고 하는 이러한 계획을 받아들이지 않을 것이라 생각하였다. 그렇지만 그들은 국민들의 단결된 힘과 지도자의 결정만이 침략자들의 침략을 물리치고 전쟁을 피할 수 있을 것이라고 확신하였다.[109]

기상 장군은 심사숙고 끝에 1940년 7월 중순 방어계획을 국방장관과 연방의회 의장에게 보냈는데 그 계획에서 기상 장군은 그의 참모들과 새로운 전략을 수립하게 된 동기와 새로운 방어계획, 결심을 밝혔다. 이 문서에서 그는 다음과 같이 설명하였다.[110]

> 독일과 이탈리아는 스위스에게 경제적으로 정치적으로 심지어는 군사적으로도 알프스 통로를 자유롭게 이용하고자 압력을 가할 것이다. 이러한 환경에서 독일은 더 이상 우리의 독립과 명예를 존중하지 않을 것이다. 우리는 오로지 그러한 위협에 대비하여 준비를 해 놓고 있을 때만 전쟁을 피할 수 있을 것이다. 만약 독일군이 공격을 한다면 그것은 유럽의 한 복판에서 쓸모없는 위험한 방법으로 전쟁을 도발하는 것이며, 그것은 장기간의 값비싼 전쟁이 될 것이다. 우리는 독일에게 그 전쟁이 길고 값비싼 전쟁이 될 것임을 알려야 한다.[111]

---

109 Schwarz, *op. cit.*, p.49.
110 *Ibid.*, p.52.

국민과 군은 알프스를 중심으로 하는 국가요새화 전략을 이해하고 한 걸음씩 새로운 계획을 시행하기 시작하였다. 그들은 이 계획을 실행하면서 이 계획이야말로 독일군의 침공에 맞서 스위스를 살리고 독립을 유지하는 데 있어 유일한 방법으로 생각하였다.

당시 무장중립정책을 표방하는 스위스라고는 하였지만, 충분한 장비와 탄약을 생산하기에는 한계가 있었던 만큼 국경을 지키는 부대는 소총과 기관총 같은 경장비 위주로 편제를 하고 있었고 탄약도 충분하게 보유하고 있지 않았다. 그러나 장병들은 국가를 지키기 위한 정신이 투철하였고, 명령에 따라 독일군에 맞서 희생할 준비가 되어 있었다. 그들은 대부분 전쟁이 발발하면 짧게는 하루, 길어도 1주일 정도 저항을 하다가 죽을 것이라고 생각하면서 국가를 위해서 희생할 것이라고 이미 선서하고 있었다.[112]

독일군이 1940년 5월 벨기에와 네덜란드를 침공하자 연방정부는 독일에서 스위스로 통하는 도로와 철도를 폐쇄하고 모든 외국인은 그들이 보유하는 소화기를 경찰에 제출하라고 지시하였다.[113]

독일군이 이미 프랑스와 베네룩스 3국, 스칸디나비아 반도, 동유럽 등 유럽의 상당한 지역을 점령하였던 1940년 말, 기상 장군에게 이 당시 스위스를 독일군의 침공으로부터 방위해야 할 책임의 중차대함은 거의 참을 수 없는 수준이었다. 독일군의 침공 가능성은 점차 높아지고 있었지만 그는 연방의회로부터 아무런 격려도 받지 못하였으며 오히려 연방정부의 각료들은 사사건건 방해를 하는 경우도 있었다.

---

111 *Ibid.*
112 Halbrook(2003), *op. cit.*, p.103.
113 Foder, *op. cit.*, p.49.

기상 장군은 그가 채택하는 전략이 독일군이 공격할 경우 국토의 많은 부분을 포기하는 것과 국민의 다수가 국가사회주자들에 의한 테러로 고통을 받게 될 것이라는 것을 잘 알고 있었다.[114] 반면에 그는 국민들이 압도적 자신감을 갖고 있음을 알았고, 국민들은 기상 장군이 그들을 보호해 줄 것이라고 신뢰하고 있었다. 그렇지만 기상 장군은 국가요새화 계획이 충분히 국가의 안전을 보장해 줄 것이라고 확신하지 못하였다.

스위스는 추축국에 의해 둘러싸여 있었고 그때까지만 해도 소련은 독소전쟁이 발발하기 이전이라 독소불가침조약에 따라 아직 독일의 동맹이었으며 히틀러는 전 유럽을 지배할 수 있을 것이라고 믿었다. 미국조차도 아직 중립국으로서 전쟁에 개입을 자제하고 있었고, 오로지 이 거대한 독재집단에 대항하는 영국만이 독일 공군기의 폭격 아래 힘겹게 저항하고 있었다. 기상 장군으로서는 이 시기에 스위스의 눈앞으로 다가오는 모든 곤란을 무릅쓰고라도 전쟁을 피하는 것이 필수적이었다.[115] 이를 위해 기상 장군은 히틀러를 방문해서 그에게 독일군의 침공을 자제해 줄 것으로 요청해 볼 것을 생각하였다.

그의 계획에 의하면 스위스는 독일의 침공을 자제시키기 위해 외교적 조치를 취해야만 하였다. 그 계획의 입안자들은 개인적 접촉으로 그것이 가능할 것으로 보았고, 히틀러에게 유화적 조치를 취하며 유럽의 신질서 안에서 국가의 독립을 상실함이 없이 독일과 공존하면서 함께 살 수 있을 것이라고 하였다. 그 아이디어는 나치 전위조직 및 일부의 정치인으로부터 지지를 받고 있었다.

---

114 Schwarz, *op. cit.*, p.55.
115 *Ibid.*, p.56.

그러나 외교장관은 그 생각을 반대하였는바 그는 누구도 독일을 설득시키기가 쉽지 않을 것이라고 하였다. 그런가 하면 몇몇 사람들은 연방의 전 대통령이 협상을 하는 데 적절한 사람이라고 하였으며, 또 다른 사람들은 당시 국제적십자사를 이끌고 있었던 부카르트Carl Burckhardt를 추천하기도 하였다. 그러나 부카르트는 그 계획을 잘 알지 못하였고, 그것이 얼마나 비현실적인 것인지 인식하지도 못하였다. 당시 히틀러는 스위스의 대표단을 만나지도 않았고, 그러한 계획은 하나도 실현되지 못하였다.[116]

1942년 10월 초 최고사령부에서 다른 작전명령이 하달되었다. 이 명령은 연합군이 프랑스와 스위스를 우회 통과하여 독일의 남부에서 독일군을 포위하려는 것을 저지하기 위한 목적으로 하달되었다. 그리고 시간이 경과하면서 미국과 영국, 캐나다 군이 노르망디에 상륙한 1944년 6월 중순 이후 연합군이 스위스를 통과하여 독일군이 마지노선에 대응하여 구축한 지그프리드 라인Siegfried Line을 우회, 독일군을 공격할 가능성이 높아졌다. 당시 스위스의 걱정은 대단하였다.

연합군이 만약 스위스의 영토 안으로 들어온다면 그것은 중립국 스위스로 하여금 참을 수 없는 상황을 만들 것이다. 따라서 스위스 최고사령부는 중립국의 의무규정에 따라 그러한 공격에 반대하기로 결정하였다. 동시에 독일군의 간섭도 배제하였다.

어떠한 이유로 스위스 영토를 통과하여 연합군을 격파한다는 구실로 스위스를 침공하려는 독일군의 어떤 시도에도 반대하는 계획이 수립되었다. 스위스는 한편에서는 독일과 한편에서는 연합국과

---

116 *Ibid*, p.56.

〈그림 4-14〉 알프스 산악의 동굴 탄약고

출처 : Foder, *The Neutrals*, p.41.

〈그림 4-15〉 알프스 요새에 설치 중인 대포

출처 : Foder, *The Neutrals*, p.40.

양면에서 대응하여야만 되었던 것이다.[117]

기상 장군은 그의 부대들이 알프스 산악지역의 계곡 진지에서 지원을 받으면서 동굴과 빙하 등의 공간이나 탄약고 등에 식량과 탄약을 비축하고 특별히 훈련된 산악부대를 이용한다면 장기간에 걸쳐 저항을 할 수 있을 것으로 생각하였다.[118]

117 *Ibid.*, p.59.

이렇게 형성된 요새, 즉 알프스의 주요 산지에서 군이 사용할 탄약과 식량은 암석을 파내고 저장 공간을 만들거나 바위틈이나 크레바스 같은 곳에 숨겨져 있었으며, 포병진지도 전차가 접근할 수 없고 항공기가 폭격을 하기에도 용이하지 않은 곳에 준비해서 독일군 침공 시 저항할 준비를 갖추었다.[119]

이러한 준비에도 불구하고 스위스가 당면하는 걱정거리는 장비의 부족이었다. 당시 스위스 공장에서는 탄약과 기관총, 야포, 전투기도 생산할 수 있는 제한된 능력이 있었다. 전쟁의 기운이 고조되면서 1930년대 후반에 군수물자 생산을 확대하기 시작하였지만 부대의 규모와 방위계획을 충족시킬 수 있을 정도로 장비와 물자의 생산을 앞지르지는 못하고 있었다.[120]

전쟁발발 시 공군은 생산기간이 다양하게 경과한 80여 대의 항공기를 보유하고 있었으며 소수의 정찰기 외에 폭격기나 지상공격기는 없었다. 대공포는 20여 문의 75mm포를 보유하고 있었지만 고고도의 폭격기에는 별로 효과적이지 않았고 야전포병은 19세기의 포병무기를 보유하였으며 대전차 화기는 사거리가 짧았다.

---

118 Foder, *op. cit.*, p.50.
119 Halbrook(2003), *op. cit.*, p.191.
120 Foder, *op. cit.*, p.48.

11. 독일군과 연합군의 군사위협 극복노력 강화
–독일군의 스위스 침공계획

스위스는 정치 · 경제적인 이유 때문에 평균적으로 1 / 4의 병력이 지속적으로 무장을 한 채 중요한 진지에 투입되어 국가를 지켰고 나머지 부대들은 독일군의 움직임에 따라 짧은 기간 동원된 상태에 의존해야만 하였다. 따라서 신속한 동원이 면밀히 검토되고 반복적으로 연습되었다.

기습을 당하지 않기 위해서는 언제 민병군을 동원을 해야 하는지 그 시기를 판단하는 것은 중요하였다. 군 정보당국은 그 시기를 판단해서 제공하면 최고사령부는 알프스의 요새점령시간을 결정하고 하달하였다.

정보당국은 그 역할의 중요성 때문에 독일군의 민감한 움직임을 놓치지 않기 위해서 노력하였지만 때로는 실존하지 않은 위협을 오인판단하는 경우도 발생하였다. 연합군이나 독일군 중 스위스에서 활동하고 있었던 정보기관들이 이러한 스위스군의 움직임을 아는 데 그리 오랜 시간이 걸리지 않았다. 독일군은 역정보를 흘림으로써 스위스군이 방어준비태세를 격상시키도록 강요하는 일도 발생하였다.[121]

스위스군은 그들의 방어 성공여부가 전쟁에 임박하여 얼마나 빨리 조기 경보를 할 수 있느냐에 달려있다는 것을 알고 있었고 그에 따라 효과적 대응을 할 수 있었기 때문에 추축국, 특히 독일군으로부터 나오는 작은 움직임조차도 때로는 심각하게 고려되었다. 예를 들

---

121 Schwarz, *op. cit.*, p.60.

면 독일군이 소련을 공격하면서 병력과 물자 등의 수송문제에 봉착하고 있었던 1942년 중반기, 독일군은 베른에 있는 무관에게 스위스에 얼마나 많은 중차량이 있는지 조사해서 보고하라고 지시하였다.

만약 스위스에 많은 중차량이 있다면 침공해서 노획하든 수입을 하든 이 차량들을 이용해서 소련에서 작전 중인 독일군의 수송부족 문제를 해결하고자 하였던 것이다. 당시 이러한 작은 첩보도 스위스 입장에서는 결코 소홀히 할 수 없었다.[122]

독일군의 스위스 침공 가능성은 1940년 6월 프랑스가 항복한 뒤로부터 연합군이 공세로 나올 때까지 지속됐다. 이는 당시의 전략적 상황과 히틀러가 스위스를 어떻게 인식하느냐에 따라 좌우될 문제였다. 이러한 것을 입증하는 작전계획이 수차례 계획되었다.

이 무렵 히틀러는 스위스 침공계획을 빈번하게 요구하고 있었다. 할더Franz Halder 장군에 의하면 "히틀러가 스위스 침공을 강력히 요구하는 노여움의 소리를 지속적으로 들어야만 하였다"고 할 정도로 히틀러는 스위스를 침공할 계획을 요구하였다.[123]

첫 번째 침공계획은 1940년 6월에 최초로 계획되었다. 독일군 장교 멩게스Von Menges는 프랑스가 점령된 뒤 변화하는 군사상황에 맞춰 스위스 침공계획을 수립하여 8월 12일 최고사령부에 제출하였다. 이 계획은 독일군이 스위스의 북부와 서부에서 공격하고 이탈리아군은 남부에서 전격적으로 침공하는 것을 포함하고 있었다. 스위스는 6개 보병사단과 3개 산악사단, 3개 산악여단, 1개 국경수비여단과

---

122 *Ibid.*

123 http://en.wikipedia.org/wiki/Operation-Tannenbaum(검색일 : 21012.7.25); Steinberg *op. cit.*, p.49.

〈그림 4-16〉 독일군의 스위스 침공계획(멩게스 계획)

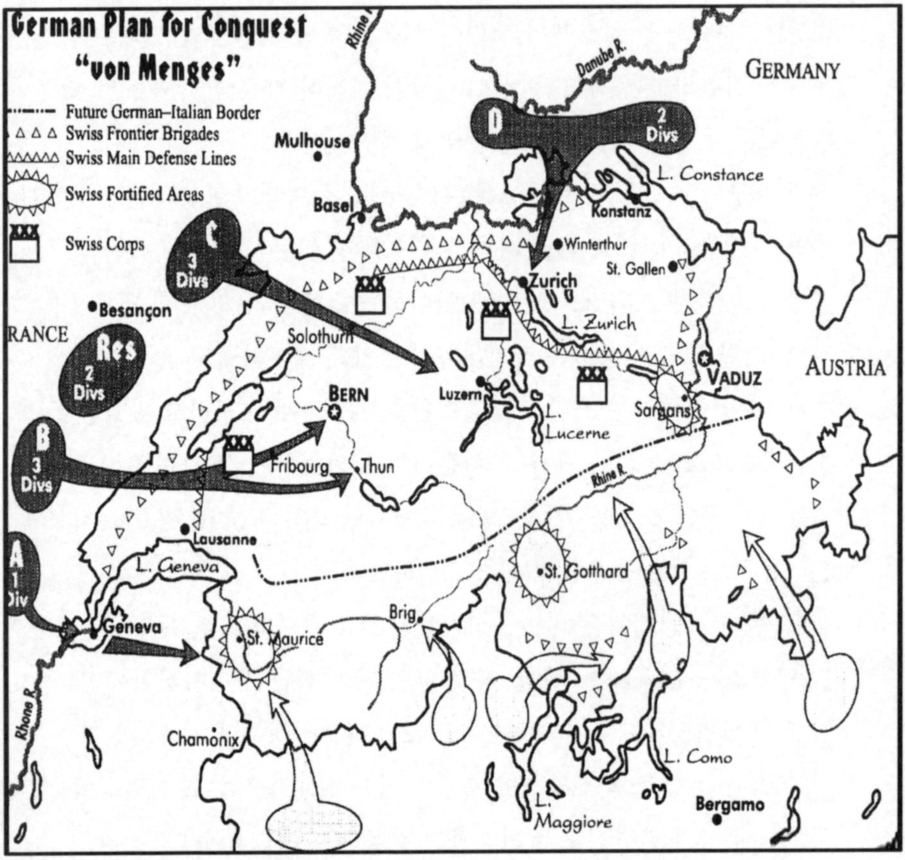

독일과 점령된 프랑스에서는 독일군이, 남쪽에서는 이탈리아군이 동시에 스위스를 침공하는 것으로 계획을 하였다.
출처 : Halbrook(2003), *Target Switzerland*, p.134.

그림 4-17〉 독일군의 스위스 침공계획(타넨바움 계획)

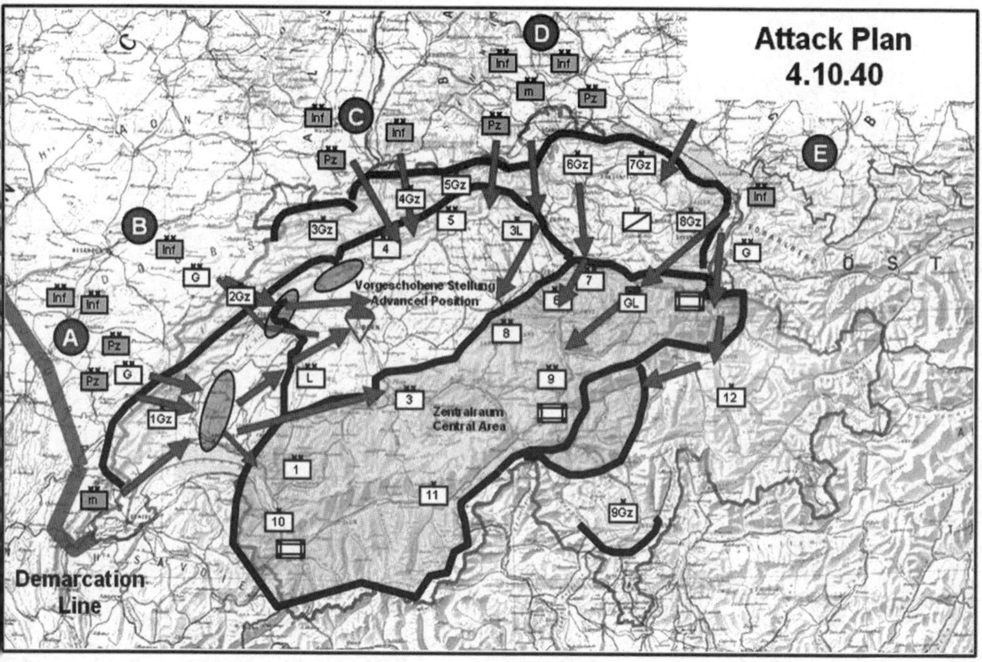

1개 대대로 구성되어 있고 전차는 없으며 공군은 약한 것으로 평가하였다. 스위스는 국내의 정치와 경제상황으로 동원을 단계적으로 해제할 것이지만 독일군 침공 시는 신속히 동원이 될 것이라고 판단하였다.[124] 이 계획은 끝까지 시행되지 않았다.

두 번째 침공계획은 1940년 10월 완성된 '타넨바움 작전Tannenbaum Operation' 이었다. 이 계획은 독일과 프랑스가 휴전에 들어간 그날, 레프 장군의 육군 'C' 집단군이 암호명 '타넨바움'이라는 명칭으로 침공계획 작성을 시작하여 10월 7일 완성하였다.[125] 이 계획에 따르면 스

124 Halbrook(2003), *op. cit.*, p.133; Steinberg, *op., cit.*, pp.49～50.

〈그림 4-18〉 독일군의 스위스 침공계획(보매 계획)

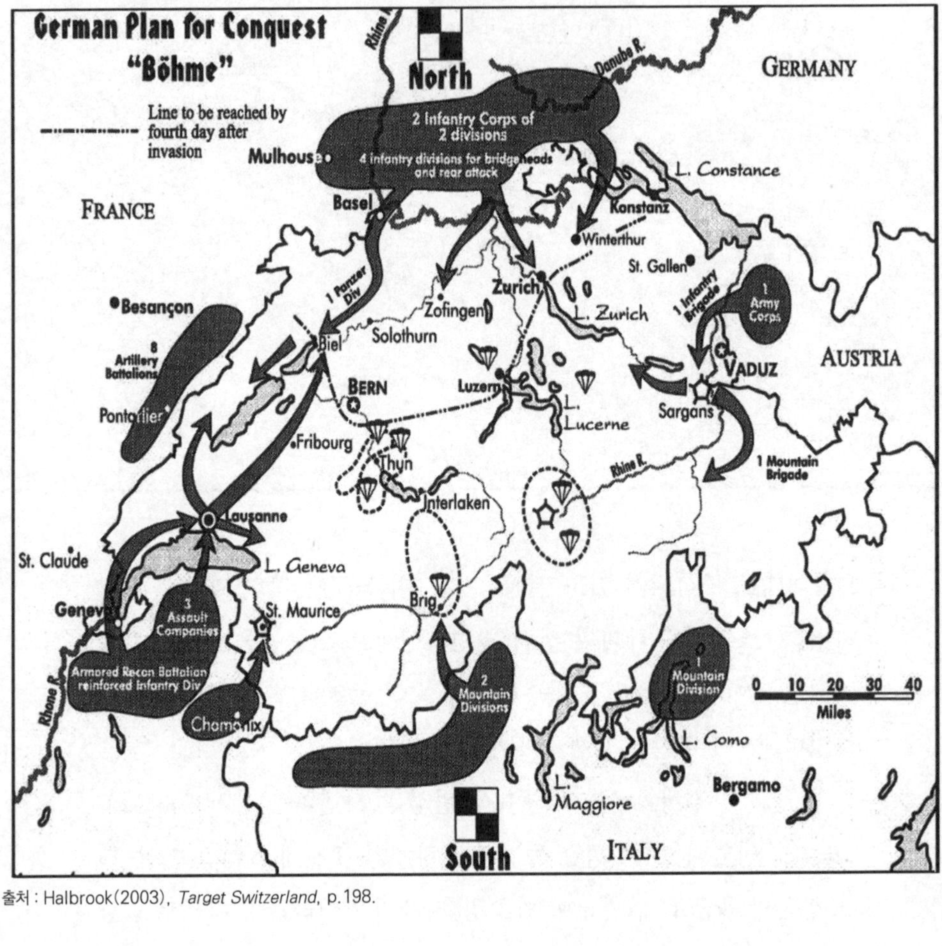

출처 : Halbrook(2003), *Target Switzerland*, p.198.

---

125 http://en.wikipedia.org/wiki/Operation-Tannenbaum(검색일 : 2012.7.25); Schwarz, *op. cit.*, p.61; Halbrook(2003), *op. cit.*, p.136.

위스 작전을 위해서 독일군 21개 사단과 약간의 이탈리아 사단이 필요하였다. 독일군 참모본부에서는 그 계획이 비현실적이라 판단해서 이를 반으로 줄여 이를 대체할 새로운 계획을 요구하였다. 이 계획도 시행되지 않았다.

세 번째 침공계획은 당시 전 오스트리아 군 장교이자 당시 친위대 장교였던 보매Hermann Böhme 대령이 1943년 12월에 만들고 1944년 여름에 시행하고자 하였던 것이다.[126] 그의 생각은 독일군 15개의 사단으로 4개 방향에서 스위스를 기습적으로 공격하는 것이었다. 보매는 스위스군이 장비는 불충분하였지만 국경지역의 장애물과 교량 등의 파괴는 어려움을 줄 것이며 국가요새는 강력한 방위력을 제공할 것이라고 판단하였다. 이런 상황에서 작전을 통해 스위스의 산업과 노동력 등을 그대로 장악하는 것이 그가 달성하고자 하는 작전의 목적이었다. 그는 스위스를 침공하는 과정에서 저항을 극복하기 위해서 많은 부대가 필요하고 비록 스위스를 정복했다고 하더라도 이를 유지하기 위해서 역시 많은 부대가 필요할 것으로 판단하였다. 보매는 이 계획을 1944년 여름에 실행하는 것으로 계획하였지만 때마침 연합군이 노르망디 상륙작전을 시작하면서 그의 계획은 실행될 수 없었다.

네 번째 침공계획은 '작전명 Wartega'이라 불리는 계획이었다. 이 계획은 1941년 6월 22일, 독일군이 이른바 바바로사 작전으로 소련을 공격하기 시작하면서도 스위스에 대한 공격계획을 결코 포기하지 않고 작성한 것이었다. 그해 7월 독일군 대령 휴신저Adolf Heusinger는

126 Halbrook(2003), *op. cit.*, pp.194~199.

이 계획을 작성해서 상급부서에 제출하였다.

이 계획은 독일군 공정부대와 기갑 및 기계화 부대, 공군의 공격을 포함하는 것은 물론 병력을 싣고 가서 스위스의 여러 호수에 착륙하기 위해 수상기를 이용하는 계획까지도 포함하고 있었다.[127]

1943년 3월 중순, 연합군이 이탈리아에 상륙할 무렵 군 정보당국은 독일군이 스위스를 공격할 가능성이 있음을 보고하였으며, 유사한 보고가 스웨덴의 스톡홀름에서도 왔다. 독일의 바바리아 지역에 독일군 산악부대들이 집결하고 있다는 소식도 뮌헨으로부터 왔다.[128]

공정부대들의 침공 가능성도 경고되었다.[129] 다양한 첩보출처로부터 독일군 침공 가능성에 대한 첩보가 있은지 일주일 뒤에 독일군의 침공 가능성이 지나갔음을 알리는 소식이 같은 채널들을 통해 알려졌다. 이 무렵 독일군은 소련군의 반격을 만슈타인 장군이 역습하여 하르코프를 잠시 탈환하였기에 스위스에 대한 공격 가능성은 감소되고 있었다. 독일군의 침공 가능성은 계속 경고되었지만, 실제로 발생하지는 않은 채 그렇게 시간은 지나갔다.

당시 스위스군의 정보책임자는 독일군의 정보책임자에게 독일군의 스위스 침공계획이 사실인지 아닌지 자신이 입수한 첩보를 확인코자 질문하였다. 독일군 최고사령부에서는 스위스 비밀정보원들이 존재를 의심하고 있었던 차에 그러한 질문으로 독일군의 비밀계획들이 스위스군에 노출되고 있음을 확신하였고, 그로 인하여 독일군 최고사령부에 있었던 스위스 비밀정보조직들 상당수가 적발되는 결

---

127 *Ibid.*, p.151.
128 Schwarz, *op. cit.*, p.61.
129 Halbrook(2003), *op. cit.*, p.180.

과를 초래하였다.[130]

이렇게 독일군은 전쟁기간 중 국방군이나 친위대 등에서 각각 독립적으로 스위스 침공계획을 수립하였었다. 만약 스위스가 독일군으로부터 침공을 받았다면 스위스군은 독일군의 진격을 저지하기 위해 라인 강의 교량들을 폭파하였을 것이고, 지뢰지대는 침공군의 전진을 지연시키며 터널과 철도도 파괴할 계획이었다. 비행장과 발전소들도 파괴하여 독일군이 사용하지 못하도록 조치해 두었다.

여기에 민병군들은 알프스의 산악지역에서 게릴라가 되어, 지역방위대는 향토를 지키는 임무를 수행할 계획도 있었다. 전격전으로 기갑 및 기계화 부대와 급강하기 폭격 등으로 적군을 굴복시켰던 전술을 주로 사용하였던 독일군으로서는 값비싼 희생을 치르면서 예기치 못하였던 총력 저항을 극복해야만 하는 어려움에 직면해야만 할 가능성이 있었다.

기상 장군은 독일군의 침공을 막으면서도 마찬가지로 연합군이 스위스에서 활동함으로써 독일군이 침공할 빌미를 주어서는 안 된다고 생각하였다. 특히 1942~1943년에는 연합군이 북아프리카에서 작전하면서 독일군을 격파하였고, 만약 연합군이 이탈리아에 상륙해서 북쪽으로 공격을 해 온다면 스위스는 독일군이 그대로 방치할 수 없는 지역이었다.

연합군도 독일 본토를 공격하기 위해서는 그 진격로상 또는 중간지역에 위치하고 있는 스위스를 어떤 형태로든 이용하지 않을 수 없었다. 따라서 기상 장군은 연합군이나 독일군 모두에게 중립을 유지

---

130 *Ibid.*, p.181.

하면서 침공의 빌미를 주어서는 안 된다는 것을 명심하고 있었다.

1943년 1월 초 기상 장군은 연방정부에 독일군의 위협이 증가하고 있다는 비밀보고서를 제출하였다. 여기서 그는 독일군이 철도와 터널 등 주요 지역의 목표들을 민병군이 폭파하기 이전에 기습적으로 점령을 시도할 것이라고 하였다.[131]

베른 주재 미국 무관은 스위스가 국가요새 방어에 집중하기 전에 독일군이 공수부대와 공중착륙부대를 이용하여 기습적으로 국가요새에 착륙, 기갑부대와 차량화부대를 이용하여 국가요새를 무력화시키기 위한 공격을 계획하고 있으며, 이를 위해 국가요새 지도도 갖고 있다고 하였다.[132]

이런 상황에서 기상 장군은 알프스 요새화 전략을 강조하기 위해 모든 가능한 기회를 이용하였다. 그는 1943년 3월 초 독일의 비밀정보책임자를 만나 독일군이 침공할 경우 도로와 교량이나 터널 등을 폭파함으로써 독일군이 공격할 수 없게 만들 것이라고 확고한 의지를 말하였다.[133]

12. 영공방위

국제법에서는 교전국의 중립국 영공 침입금지와 중립국의 교전국에 대한 의무사항 등을 규정하고 있다. 1922~1923년의 헤이그 협

131 *Ibid.*, p.178.
132 *Ibid.*
133 Schwarz, *op. cit.*, p.65.

약에서는 교전국들이 중립국의 권리를 존중해주고 중립국의 영공을 침공해서는 안 되며, 중립국은 교전국들의 항공기가 중립국 영공에 들어오지 못하도록 하면서 침공한 항공기는 강제적으로 착륙시킬 수 있도록 하는 사항을 규정하고 있다.[134]

중립국 스위스의 영공에서 스위스 전투기와 독일군 및 연합군 항공기 간의 전투는 지상에서의 전투와는 또 다른 문제를 야기하였다. 어떤 경우라도 교전당사국인 독일군이나 연합군이 스위스 영공을 통과하는 것은 국제법을 위반하는 것이다. 그러나 독일군과 연합군은 서로 상대방을 폭격하기 위해 통과하는 경우가 많았으며, 당연히 이는 국제법을 위반하는 것이다.

스위스는 중립국으로서 교전국 무장 항공기의 자국 영공통과를 거부할 권리를 갖고 있으며, 스위스 상공을 통과하거나 영공을 침범하는 등 규정을 위반하는 항공기를 무력으로 축출하는 것은 중립을 깨고 전쟁을 유발하는 행위로 간주되지 않았다.

따라서 스위스는 그들의 전투기와 대공포들이 추축국이든 연합국이든 영공을 침입하지 못하도록 하기 위해서 공격적 행동을 택함에 주저하지 않았다. 육군이 준비태세만을 유지한 채 독일군과 별다른 교전행위가 없이 지나갔다면 공군은 실제로 독일군과 공중전을 벌여 항공기를 격추시켰다.

1940년 독일군이 프랑스를 침공할 당시 스위스군은 총 210여 대의 항공기에 300여 명의 조종사를 보유하고 있었으나, 이는 당시 독일군이나 프랑스군에 비하면 대단히 부족한 숫자였다.

---

134 Dietrich Schindler, "Hague Rules of Air Warfare", *The raws of Armed conflict*, Dordrecht : Martinus Nijihof, 1988, p.214.

〈그림 4-19〉 알프스 상공을 비행 중인 공군기

출처 : Foder, *The Neutrals*, p.39.

1940년 5월 초 독일과 프랑스 전투기들이 프랑스 영공에서 공중전을 하면서 이따금씩 스위스 영공을 침범하기 시작하였다. 그 이후부터 5월에는 113회, 6월에는 84회 영공침범 사건이 발생하였다. 전투 초기에는 두 대의 독일군 폭격기가 스위스 영공을 침범하여 스위스 공군기가 발사한 탄에 피격되면서 1대는 심한 피해를 입고 강제착륙을 당하고 다른 한 대는 불붙은 채로 스위스 국경을 넘어 도주하는 일이 발생하였다.[135]

6월 초에는 독일군 폭격기 1대가 프랑스 국경지역과 가까운 지역에서 스위스 공군의 전투기에 의해 격추되었으며 1대는 피격 후 프랑스 영내로 추락하였다. 다음날에도 또 다른 폭격기들이 강제착륙을 당하거나 피격되는 일도 발생하였다. 따라서 독일군이 스위스 영공을 통과하고자 할 때는 스위스 공군의 Me-109기와 교전하도록 명령을 받으면서 Me-110기들의 호위 아래 통과해야만 하였다. 3대의 스위스 공군기가 독일군 공격으로 격추되었는데, 이 교전에서 스위스 전투기는 독일군 공군기를 4대 격추시켰다.[136]

이렇게 우연적이든 의도적이든 추축국이나 연합국은 전쟁기간 중 총 6,501회에 걸쳐 스위스의 영공을 침범한 것으로 알려져 있으며, 268대의 항공기가 강제착륙을 당하였고, 16대의 항공기를 격추시켰다.[137]

이 전투에서 스위스 전투기 조종사들은 괄목할 만한 대담성과 전투기술을 보여주었다. 공군기를 격추당한 독일은 격노하였는데, 특히 스위스군이 독일에서 구입한 전투기를 사용해서 독일군 폭격기를

---

135 Halbrook(2003), *op. cit.*, p.99.
136 Schwarz, *op. cit.*, p.32.
137 Foder, *op. cit.*, p.30 · 57.

〈그림 4-20〉 알프스 상공을 비행 중인 공군기

격추시켰기 때문이었다. 독일은 공군기들이 실수로 스위스 영공을 침범한 것이라고 주장하면서 스위스 정부에 사과와 동시 보상을 요구하였고, 만약 스위스 공군이 계속 공격하면 보복에 직면할 것이라고 협박도 하였다.[138] 외교각서를 통해 스위스 공군이 독일군 항공기를 추격해서 프랑스 영공으로 침범한 사건을 비난하기도 하였다.

히틀러는 독일공군에서 작성한 보고서를 통해 스위스가 독일 공군기를 격추시키는 것을 보고받고 어떻게 문제를 해결할 것인가 보복방안을 생각하였다. 그러한 계획은 독일 공군의 '바르테가Wartega 계획'으로 구체화되었는데, 그것은 스위스의 뒤벤도르프 공군기지와 알트도르프 탄약생산시설 등을 폭파하는 것이었다.[139] 이를 위해 공군사

138 http://en.wikipedia.org/wiki/History pf the Swiss Air Force(검색일 : 2012.6.20)
139 Halbrook(2003), *op. cit.*, p.109; Foder, *op. cit.*, p.53.

령관 괴링은 일단의 특수임무를 수행할 팀을 비밀리에 파견하였다. 그러나 그 팀은 독일에서 스위스행 기차를 타고 이동 중 임무를 수행하기도 전에 스위스 경찰에 발각되어 체포되면서 실패로 돌아갔다.[140] 그들은 두 개 팀으로 나누고 각 팀이 기차를 달리 타고 있었지만 같은 산악복장에 같은 신발을 신고 있고 위조된 여권을 갖고 있는 것을 이상하게 여긴 역무원에 의해 발각되면서 경찰에 체포된 것이다.

한편 영국공군이 1940년 여름 이탈리아와 독일 남부에 대한 공습을 할 때도 역시 스위스 영공은 존중되지 않았다.[141] 스위스의 대공화기들은 영국 공군기들이 지나가는 통로에 대해 사격을 목적으로 선정된 전략거점으로 진지를 옮겼으며, 사거리를 연장시키기 위해 가급적이면 높은 지역에 배치되기도 하였다.

몇몇 대공포는 베른 주위에 배치되어서 추축국 외교관들이 그 소리를 듣거나 폭격기 엔진소리를 듣거나 또는 야간 사격 시 대공포탄이 발사돼 폭발하는 섬광을 보거나 소음을 들을 수 있도록 하였다. 스위스가 대공방어에 만전을 기하고 있음을 경고함으로써 추축국들이 섣불리 행동하지 못하도록 알리고자 취한 행동으로 이해되었다. 그러나 스위스군이 보유하고 있는 장비와 무기는 야간에는 작전의 성공을 보장하기가 힘들었다.

스위스 공군사령부와 대공포진지에서는 야간 작전에 대한 장비를 갖고 있지 않았다. 독일이 만든 약간의 탐조등과 청음장비들을 전쟁 직전 구입하기는 하였지만 별로 효과적이지 못하였다. 스위스군은 레이더도 없이 약간의 탐조등만 갖고서도 놀랄만하게 그 일을 수

140 Schwarz, *op. cit.*, p.32.
141 Calvocoressi and Wint(1989), *op. cit.*, p.270.

행해 냈다. 당시 스위스는 영국 폭격기가 독일 남부와 이탈리아 북부의 군수공장 시설들을 폭격하기 위해 독일군이 점령한 프랑스를 넘어 상당한 거리를 비행해 오는데 독일군이 이를 격추시키지 못하고 있는지 의문을 표하였다.[142]

독일과 이탈리아는 스위스가 영국 폭격기들에게는 효과적인 대응을 취하지 않는다고 불만을 표했다. 스위스는 모든 시와 촌락을 환하게 밝히고 있었기 때문에 영국 폭격기들의 야간 비행에 도움을 주었지만, 반면에 유럽의 다른 지역은 모두 등화관제를 하고 있었기 때문에 스위스에게도 독일식 등화관제를 하도록 요구하였다.[143]

스위스는 이런 조치를 취하면 연합국에게 겁쟁이의 양보로 받아들여질 것으로 생각하여 독일의 요구를 거절하였다. 그러한 이유 중의 하나는 만약 스위스가 등화관제를 하면 추축국이 관심을 갖고 있는 철도의 안전이 걱정된다는 것도 포함되었다. 또한 기상 장군은 등화관제를 하면 실수로 스위스를 폭격할 위험성이 증가될 수도 있다고 하면서 반대하였다.[144]

1940년 10월부터 11월까지의 스위스 영공을 통과하는 영국공군의 공습 후에 기상 장군은 1940년 11월 6일 전국적 등화관제를 하도록 추축국이 압력을 가하고 있음을 알았다. 당시 야간에 불빛이 있다는 것은 중립국임을 알리는 표시이자 교전국들의 실수에 의한 폭격을 방지하는 이유도 있었다. 그러나 영국군 폭격기들이 이탈리아 북부를 폭격하기 위해 스위스 영공을 침범하면서 이탈리아는 스위스의

142 *Ibid.*, p.33.
143 Foder, *op. cit.*, pp.51~53; Calvocoressi and Wint(1989), *op. cit.*, p.270.
144 Schwarz, *op. cit.*, p.33.

〈그림 4-21〉 오폭으로 불타는 국경도시 샤프하우젠

출처 : Foder, *The Neutrals*, p.59.

야간 불빛이 영국군 폭격기가 북부 이탈리아에서 표적을 찾는 데 도움을 주고 있다고 불만을 표하였다.[145] 그 후 등화관제가 시행되면서 1944년 10월 초까지 계속되었다. 등화관제는 시민들의 사기 저하에도 영향을 미쳤다. 연방정부가 초기에 우려하였다시피 등화관제는 우연한 폭격의 위험성도 높여 주었다.

1940년 12월 바젤과 취리히에, 1941년 9월에는 국경의 작은 부락에, 1943년 5월에는 취리히와 바젤에 연합공군의 폭격이 가해졌다. 1941년 2월에는 영국의 외무장관이 오폭에 대해 사과하는 전문을 보

145 Howard, *op. cit.* p.213. 1939~1941년도 당시 영국 공군(RAF)은 이탈리아의 토리노와 제네바 항구를 폭격하였다.(Keegan, *op. cit.*, p.39)

내기도 하였다.[146]

1943년 초 전세가 서서히 연합국으로 기울어질 무렵, 영국은 우연한 오폭의 방지와 스위스 보호를 위해서 등화관제 폐지를 요구하였다. 1943년 1월 하순에는 미 공군기들이 독일과 이탈리아에 대한 주간 폭격을 시작하였다. 이후 스위스 영공침입은 더 빈번해지기 시작하였다. 1944년 4월 초 50여 대의 미 공군 폭격기가 실수로 독일과 인접해 있는 스위스의 국경도시인 샤프하우젠 시에 수백 톤의 폭탄을 투하하는 중대한 사태가 발생하였다.[147]

당시 스위스 외무장관은 이 폭격이 '잘 계획된 정밀포격'이라고 하였지만, 연합군은 날씨 때문에 발생된 오폭이라고 주장하였다.[148] 아무튼 이 오폭으로 150여 명의 사망자와 상당수의 건물들이 파괴되었다. 1945년 2월에는 라츠와 스타인 시가 우발적으로 폭격과 기총소사를 받는 일도 발생하여 수십 명의 희생자가 다시 발생하는 일도 있었다.

이와 같이 연합군에 의한 오폭이 발생하자 연방정부는 오폭으로 인한 피해를 줄이기 위해 1944년 9월 초 등화관제를 해제하기로 결정하였으며, 국경지역에 가까운 주 정부들은 역이나 주요 건물 옥상 같은 곳에 스위스 국기를 게양하거나 표시를 하여 식별이 용이하게 만들었다.

미국은 이러한 사건에 대해 즉시 보상을 약속하였으며, 전쟁이 끝

---

146 Foder, *op. cit.*, p.57.

147 Foder, *op. cit.*, p.57; http://en.wikipedia.org/wiki/History of the Swiss Air Force.(검색일 : 2012.6.30)

148 Howard, *op. cit.*, pp.224~225. 이러한 오폭에 대하여 스위스 사람들은 미국 조종사들이 스위스 지리에 대한 충분치 못한 사전 지식과 훈련 외에도 국제법에서 정하는 중립국에 대한 사항을 경시하고 있기 때문에 발생한 것이라고 하였다.

난 뒤 수천만 달러를 지불하였다. 스위스의 이러한 행동은 미 의회에서 뜨거운 감자가 되었으며, 미 의회 오하이오 주의 한 의원은 스위스의 중립이 뻔뻔스러운 것이라고 비난도 하였다.

또 다른 미주리의 한 의원은 스위스가 억류하고 있는 미군 조종사들을 돌려보내서 다시 임무를 수행할 수 있도록 해야 됨에도 불구하고 그들을 돌려보내지 않았기 때문에 이러한 중립을 1939년 10월로부터 1940년 5월 초까지의 독일과 프랑스 간의 '가짜 전쟁' 기간에 빗대어 '가짜 중립Phony Neutrality'이라고도 지적하였다.[149]

스위스 정부의 이러한 애매모호한 태도와는 달리 국민들은 연합군 폭격기의 오폭에 대하여 관대한 태도를 보여주었으며, 그들이 스위스를 위해서도 싸우고 있는 것으로 이해하였다. 연합공군의 잦은 스위스 영공침입은 연합군이 점점 독일 국경지역으로 접근하는 것을 의미하며, 한편으로는 전쟁이 끝날 날이 점점 가까워짐을 의미하는 것이기도 하였다.

전쟁이 거의 막바지에 다다를 무렵인 1945년 3월 초, 유럽 주둔 미공군 사령관이 베른을 방문해서 중립국 영공 침입을 줄이는 대책에 합의하였다. 물론 대부분의 영공침범은 고의적이라기보다는 항공기의 고장이나 항로착오에 의한 것이 많았다. 따라서 스위스 공군기와 대공포들은 스위스 영공을 침범하는 항공기에 대해 무선이나 발광신호 등으로 신호를 보내도록 명령이 하달되었다. 스위스군에게는 그러한 경고에도 불구하고 미공군기들이 주의하지 않으면 사격해도 좋다는 지시도 있었다.[150]

---

149 Schwarz, *op. cit.*, p.35; Foder, *op. cit.*, pp.60~61. 전쟁기간 중 스위스는 미 공군의 B-17 및 B-24기 150대와 600여 명의 조종사들을 전쟁이 끝날 때까지 억류하였다.

전쟁 기간 동안 250대의 공군기들이 스위스에 비상착륙을 하거나 격추되었는데, 그중 15대는 스위스 공군이 격추하였으며 9대는 대공포가 격추하였다. 40대의 B-24 폭격기가 취리히 부근의 뒤벤도르프 공군기지에 연료가 부족하거나 부상 조종사를 싣고서 또는 기타의 사고로 착륙하였다.[151]

가장 관심을 끌었던 일은 1944년 4월 하순, 독일의 Me-110기가 영국군 폭격기에 피격되어 엔진이 고장나자 스위스 공군의 통제를 받으며 뒤벤도르프 공군기지에 착륙한 것이다. 조사결과 그 비행기에는 당시 독일이 개발한 가장 현대화된 비밀의 레이더 장비(Fug-220)와 국방군 비밀암호 등이 있는 것이 밝혀졌다.[152] 스위스로서는 당연히 조종사를 신문하고 항공기를 억류할 권리를 갖고 있었다. 그러나 독일은 최고 비밀의 레이더가 연합군에 넘어가고 조종사가 망명할 것을 우려하여 가족들을 체포하고 즉시 그 비행기를 돌려보낼 것을 요구하였다. 스위스가 이를 거절하자 독일은 조종사를 암살하고 그 비행기를 지상에서 폭격으로 파괴하거나 또는 공수부대를 보내 파괴하고자 계획하였다.[153]

그러나 그 비밀의 레이더 장비는 즉시 제거되어서 알프스 비밀의 장소로 운반되었다. 만약 독일군이 그 비행기를 파괴하고자 폭격하든 특수부대를 은밀히 보내든 그러한 행위를 한다면 그것은 스위스와의 전쟁을 의미하는 것이며, 그 비밀의 장비가 이미 제거되었기 때문에 아무 의미도 없었다. 그래서 양국 간의 협상 끝에 스위스 공군

---

150 Foder, *op. cit.*, p.60.
151 Schwarz, *op. cit.*, p.36.
152 http://en.wikipedia.org/wiki/History pf the Swiss Air Force(검색일 : 2012.7.5)
153 Foder, *op. cit.*, p.52.

은 그 최고의 비밀장비를 원상태로 돌리고 독일 공군무관과 다른 증인의 참석아래 비행기를 지상에서 함께 태워버리기로 하였다.[154]

그에 대한 보상으로 독일은 스위스가 상실한 전투기를 보충할 수 있도록 최신의 Me-109G 12대에 무기를 완전히 탑재하고 탄약과 함께 인도하기로 제안하였다.

13. 전시 경제적 어려움 극복대책의 강구

-스위스 경제의 취약점과 극복노력

스위스는 작은 국가로 면적은 4.13만 Km^2에 인구도 당시에는 420만여 명에 불과하였다. 자원이 부족한 스위스는 산업용 석탄과 철강 및 그 외의 자원과 식량을 수입해야만 하는 나라였다.[155] 1930년대의 자원과 식량의 수입은 매년 750만 톤에 달하였으며, 그중 120만 톤은 중남미 등 해외에서 수입해야만 하였다.[156] 가공제품을 수출해서 그 비용을 지불하거나 은행이나 보험업과 서비스업, 관광수입을 통해 그 비용을 지출해야하기도 하였다.

스위스는 유럽지역에서 전쟁이 발발하면 수입에 의존하는 것이 얼마나 국가운영이나 국민생활에 취약해지는가를 1차 대전의 경험을 통해 인식하고 있었다. 이러한 인식을 바탕으로 2차 대전이 발발하기 2년 전인 1937년부터 경제 분야의 준비가 시작되었다. 1938년 1

154 Schwarz, *op. cit.*, p.37. Foder, *op. cit.*,p.52.
155 Howard, *op. cit.*, p.203.
156 Schwarz, *op. cit.*, p.67.

월 생활필수품의 생산과 수입에 관한 법률이 시행되기 시작하였으며, 그 이후부터 국가와 국민경제에 필요한 특정한 물품들은 회사가 수입해서 6개월분을 보관할 수 있도록 하였다.[157] 연방정부도 밀가루와 설탕 등 생필품을 확보해서 비축하였으며, 후일 독일군의 침공 가능성이 높아지면서 이 비축물자들은 알프스 지역으로 운반돼 보관하였다.[158]

이렇게 스위스는 국가비상시에 대비하여 비축제도를 1938년에 도입하여 1939년도부터 시작하였다.[159] 이러한 비축제도는 전시 경제 봉쇄와 육상 및 해상 수입로 교란, 국내정세의 혼란 등에 대비하기 위해 정부와 군, 민간이 일정기간 동안 수입에 의존하지 않더라도 비축되어 있는 물자로 유지할 수 있도록 하기 위해서 도입된 제도로, 평시의 사용보다는 국가의 안전보장과 국가비상사태에 대비하기 위한 목적으로 시작되었다.[160]

당시 스위스 농업은 알프스 산지를 이용한 우유와 치즈 생산이나 쇠고기를 포함하는 낙농산업에 집중되어 있었다. 일부 지역에서만 밀을 재배하고 있었을 뿐이다. 주요 생필품을 보면 밀가루 60%, 설탕 85%, 육류 50%, 커피와 차 및 코코아 등은 100% 수입에 의존하였으며, 식품에서 자급할 수 있는 것이라고는 감자와 채소에 불과하였다.[161]

1939년 4월 초 국민생활의 악화에 대비하여 여러 종류의 법률이 시행되기 시작하였다. 농민들은 밀생산량 증대를 위해 경작농지를

157 Howard, *op. cit.*, p.204.
158 Schwarz, *op. cit.*, p.67.
159 황재국, 『세계 각국의 비축제도』, 청구문화사, 2000, 107쪽.
160 위의 책, 108쪽.
161 Schwarz, *op. cit.*, p.68.

1,000Km^2에서 3,000Km^2로 확대하였지만 수요를 충족시키기 위해서는 5,000Km^2가 필요한 것으로 예상되었다. 16세부터 65세까지의 남자와 16세부터 60세까지의 여자들에게는 노동의무도 부과되었다.

전쟁이 시작되자 일시적으로 제품수출금지 조치가 시행되었다. 나아가 수출 · 입에 임시조치들이 시행되면서 누구든지 정부의 명령을 회피하고자 시도하는 사람들에게는 강력한 법적조치들이 가해졌다.[162]

스위스의 전시경제를 운영하기 위해서 정부와 민간학계, 기업이 참여하는 조직도 발족되었다. 여기에는 모든 도시와 연방의 각주, 특별한 임무를 수행하기 위해서 유용한 경험과 특수화된 사기업들이 참여하였다. 또한 연방정부의 고위직에 있었던 사람들과 개인 기업에서 일하던 사람들이 급여도 없이 참여하였다. 이 새로운 조직은 가용한 자원이 국가의 전쟁노력과 국민의 생존에 얼마나 기여하는지 그 중요성을 판단해서 회사에 분배하는 것을 통제하는 임무를 수행하였다.

전시에도 경제가 제대로 기능을 발휘할 수 있도록 하기 위해서는 여전히 매년 120만여 톤의 식량이 해상수송으로 수입되어야만 하였다. 이를 위해 15척의 그리스 선박을 런던 시청에 등록하였다. 게다가 연방정부는 6만여 톤에 달하는 여러 척의 소형 화물선을 보유하고 있었다. 영국 런던에는 선박운용을 감독하는 권한을 가진 스위스 정부기구들도 있었다. 이탈리아의 제노바와 포르투갈의 리스본, 프랑스의 마르세유의 항구에는 스위스 정부 관리들이 파견되어 스위스가 수입하는 물자를 신속히 하역해서 도착지를 표시하고 스위스

162 Howard, *op. cit.*, p.208.

로 수송될 수 있도록 하는 업무를 수행하였다.[163]

그러나 프랑스가 패배한 이후 완전히 추축국으로 포위된 스위스는 독일과 이탈리아가 어떻게 스위스를 생각하느냐에 따라 무역이 좌우될 정도로 취약하였다. 이러한 불리한 여건을 이겨내면서 생존을 위하여 스위스는 독일과 이탈리아는 물론 멀리 중남미 국가로부터도 식량을 수입하기 위한 노력을 해야만 하였다.

미국의 뉴욕(후일 볼티모어와 필라델피아에도 설치), 스페인의 마드리드, 터키의 이스탄불 등에 있는 특별대표부에서는 수입물자를 스위스로 적재하여 이동하는 일과 운송 등에 관한 업무를 하였다. 또한 독일군이 대서양 일대에서 실시하고 있었던 무제한 잠수함 작전에 의한 해상봉쇄로 야기되는 문제를 협의하기 위해 특별관리가 베를린에 파견되기도 하였다.[164]

전쟁발발 2년 뒤 내륙국가인 스위스는 해상법을 법제화하였다. 독일과 국경에 근접해 있는 내륙도시인 바젤시가 스위스의 항구로 지정되었고, 해상을 운항하는 선박들은 그곳에 등록하였으며, 공해상에서 운항 중에 있는 선박들은 중립국 스위스의 국적을 표시하는 붉은색 바탕에 하얀색 기(스위스 국기)를 게시하여 독일군 잠수함으로부터 표적이 되지 않도록 하였다.[165]

163 Schwarz, *op. cit.*, p.68; Foder, *op. cit.*, p.56.
164 Schwarz, *Ibid.*, p.69.
165 Foder, *op. cit.*, p.56.

14. 배급제도 실시

전 · 평시를 막론하고 식량을 안정적으로 공급하는 것은 국민생활 안정에 있어서 기본적 요소이며, 특히 전시라면 국민생활의 안정을 넘어 전쟁의 승패에도 직 · 간접적 영향을 미치고 있음을 전쟁사는 보여주고 있다.

1차 대전 시 전쟁 초기 단계의 독일에서는 국민들이 러시아와 프랑스 전선으로 출정하는 장병들에게 꽃다발을 던지는 등 환송을 하면서 마치 독일군이 곧 승리를 하는 것처럼 생각하였다. 단기전으로 끝날 것으로 예측하였던 전쟁이 장기화되고, 독일 해군의 무제한 잠수함 작전으로 미국과 영국이 해상봉쇄를 취하면서 식량수입이 막히자 기아자가 발생하기 시작하였다. 이 기간이 장기화되면서 국민들 사이에서는 파업과 염전사상이 확산되기 시작하였다. 여기에 해군이 출동명령을 거부하면서 반란마저 일어나자 곧 전국적으로 확대되었다. 그토록 강한 것처럼 보였던 독일도 더 이상 전쟁을 할 수 없게 되면서 항복하였다.

전쟁이 중반기에 접어들면서 오스트리아-헝가리 제국도 국내 식량생산량으로 소요를 충족하지 못한 가운데 영국이 해상봉쇄를 하자 수입량마저 줄어들고 기아자가 급속히 발생하였다. 비엔나의 신문들은 "영국이 우리를 기아에 몰아넣고 있다", "이것은 기아 전쟁이다" 등으로 영국을 비난하였다.[166] 식량이 부족해지자 폭동과 파업이 빈번하게 발생하였으며, 국민들은 식량을 구하기 위해 도처를 헤매

166 Maureen Healy, *Vienna and the Fall of The Hapsburg Empire : Total War and Everyday Life in World War I*, UK : Cambridge University Press, 2006, p.36~37.

야만 하였다.

러시아에서는 차르Tsar 정권의 압제와 더불어 식량 부족으로 누적된 국민들의 불평과 불만이 폭발하면서 러시아 혁명이 일어났고, 결국 러시아는 망하였다.

1939년 4월 초 연방정부는 전쟁이 발발하면 식량, 빵, 우유, 채소 등 국민생활안정에 긴요한 물자를 구입하기가 쉽지 않을 것으로 판단하여 전 국민에게 적어도 두 달분의 식량을 각 가정에 비축해 줄 것을 호소하였다.[167] 그러나 식량을 준비하기가 어려운 가난한 사람들에게는 '파란색 카드Blue Card'를 보급해서 정상적으로 식량을 구입할 수 있도록 조치할 것이라고 하였다.[168]

독일군의 폴란드 침공이 임박하였을 무렵인 1939년 8월 하순, 연방정부는 '파란색 카드'를 소지한 사람을 제외하고는 설탕이나 식용유, 식량 등에 대한 판매를 두 달 동안 중지하였다. 두 달 뒤인 10월 말부터는 필수품에 대해서 배급을 시작하였다. 모든 사람들은 이제 배급 카드를 받아 사용해야만 했다.

당시 이탈리아가 스위스에 우호적이었기 때문에 비축물자의 양을 증가시키기 위해 많은 양을 수입할 수 있었지만, 문제는 영국 해군의 해상봉쇄로 야기되는 어려움이 있었다. 이는 협상을 거쳐 1940년 4월 어느 정도 해소되었다.[169]

프랑스가 독일군에 패한 뒤인 1940년 6월 중순 이후, 스위스는 완전히 추축국으로 둘러싸여 수입이 차단되면서 식량사정이 악화되기

167 Howard, *op. cit.*, p.204. 당시 정부는 식량 외에도 비누와 연료, 양초, 피복류 등 생활에 필요한 물자들을 추가로 준비하도록 강조하였다.

168 Schwarz, *op. cit.*, p.69.

169 Howard, *op. cit.*, p.209.

시작하자 다시 두 달 간 식품거래를 금지하였다. 그해 10월 초에는 쌀과 밀가루 등을 배급하기 시작하였으며, 점차 상황이 악화되면서 커피와 차, 코코아, 치즈, 계란, 고기(빵은 1942년 10월 16일부터)도 배급제로 전환하였다.

쌀은 스위스가 전혀 생산을 하지 못하였고, 밀과 같은 곡물류도 일부 생산을 하기는 하였지만 많은 양을 수입에 의존하였기 때문에 초기부터 배급제를 시행하였다. 그나마 육류와 우유는 알프스 산지에서 생산이 많이 되었기 때문에 배급이 늦게 시행되었다.

그러나 상황이 더욱 악화되면서 우유와 심지어는 개고기로 만든 식료품도 배급하기 시작하였다. 1944년부터는 감자가루도 빵과 같이 배급하였으며, 일주일에 이틀씩은 모든 육류의 소모를 금지시키기도 하였다.

〈표 4-2〉 품목별 배급제 적용시기

품 목	배급제 적용시기
설탕, 파스타, 쌀, 밀가루, 일부 육류, 옥수수, 식용유 등	1939.10.30
신발, 비누, 피복류, 세정제	1940.12.1
커피, 차, 코코아	1941.5.31
치즈	1941.8.31
계란, 계란관련제품	1941.12.3
육류	1942.3.
벌꿀, 잼, 저장과일류	1942.4.4.
초콜라테	1943.6
신선우유 : 성인5dl(1942.1.1), 어린이 : 7dl(1942.12.1)	

사람들이 어떤 종류의 일을 하느냐에 따라 필요로 하는 열량은 다르다. 탄광이나 제철소와 같은 힘든 노동일을 하는 사람은 많은 열량

이 필요하고 사무직에 종사하는 사람은 적은 열량을 필요로 한다. 스위스도 이러한 요구에 맞춰 배급하고자 하였다.

그러한 판단은 일일 3,246 칼로리이면 충분한 영양을 급식하는 것이라는 영국의 연구에 기초한 것으로, 스위스에서는 약간 낮추어 일일 3,000칼로리를 식량배급에 적용하였다. 1941년에는 식량사정이 악화되면서 일일 2,400칼로리로 낮추었다. 특별히 철강노동자들과 같이 중노동을 하는 사람들에게는 추가로 배급량이 더 할당되었다.[170]

성장기에 있는 어린이들은 그들의 요구에 맞춰 특별배급량을 받았으며, 환자들은 의약품 처방과 함께 필요로 하는 배급량을 받기도 하였다. 배급제도를 시행하면서 배급량 감소에 따른 건강상의 문제라든가 영양상의 문제로 고통을 받는지 검사하기 위해서 주기적 의료검사도 시행되었다.

농부들과 농산물 생산에 종사하는 사람들에게는 다른 국민들과는 달리 별도의 규정을 적용하였는데, 이는 농산물을 생산하는 것에 대한 동기부여를 통해 더 많은 농산물을 생산하기 위한 조치였다. 만약 농민들에게도 똑같은 배급제도를 적용한다면 그들은 농산물 생산 증대에 노력을 덜 기울일 것을 우려하였던 것이다.

식량배급량이 전체적인 소요량보다 부족하였지만 그런대로 배급제도는 잘 운용되었으며, 국민들도 식량배급제도에 대해 잘 이해하였다. 불공평하게 취급받지만 않는다면 누구도 심각하게 불평하지 않았다. 공정한 대우와 거래는 국민들이 받아들이고 이해하였지만 불공평한 대우가 있으면 격렬하게 항의하는 일이 발생하였다.

---

170 Schwarz, *op. cit.*, p.69.

그러나 스위스를 방문하는 외국 사람들, 특히 독일이나 영국, 미국의 대표단에게는 최고의 대접을 해 주었기 때문에 그들은 스위스가 전시임에도 불구하고 아무것도 부족한 것이 없는 것처럼 이해하는 일도 있었다.

15. 전 국토의 경작지화

영국은 18세기 산업혁명에 성공하여 제조업이 발달하면서 제조품을 대량으로 생산하여 해외에 판매하고 식량은 수입하는 것이 유리하다고 판단하여 농업을 소홀히 하였던 적이 있었다. 그 결과 1차 대전이 발발하였을 시 독일 해군의 무제한 잠수함 작전으로 극심한 식량부족에 시달려야만 하였다. 따라서 영국 정부는 식량배급제를 실시하면서 유통을 강력히 통제하였을 뿐만 아니라 이용 가능한 국토를 농지로 활용하기 위해 노력한 결과 300만 에이커의 농지를 개발하여 식량을 증산하였다.[171]

이와 같은 사례는 오스트리아-헝가리 제국이나 2차 대전 시 영국과 일본 등 많은 국가에서도 있었다. 개인이나 도심의 정원, 운동장 같은 체육시설 등 경작지로 이용 가능한 곳은 모두 논 · 밭으로 개간되어 곡물류 또는 채소 경작지로 바뀐 것이다.

전쟁 당시의 상황은 스위스와 같이 작고 경지면적이 제한된 국가에서 전시 등 국가비상시에 대비하여 평시에 식량을 비축하고 전시

171 피터 심킨스 외, 앞의 책, 322~324쪽.

에 배급제도를 실시한다고 하더라도 그 기간이 장기화되면 국민의 생존문제를 쉽게 해결해 줄 수 없음을 보여주고 있다. 당시 스위스는 추축국으로 둘러싸여 있었기 때문에 식량수입이 쉽지 않은 상황이었다. 따라서 국토의 가용한 모든 공간을 활용해서 농산물을 생산하여 자급자족을 해야만 하였다. 그러나 스위스는 국토의 1 / 4만 농사를 지을 수 있었고 그 외에는 방목지, 삼림지, 알프스 산악의 빙하나 호수, 암석과 같은 서로 다른 유형의 땅이었기 때문에 어려운 문제였다.

전쟁이 우려되던 시점인 1939년 4월 의회는 식량생산 증대를 위한 계획을 승인하였고, 일단의 관료와 학자 등으로 구성된 위원회가 국가의 식량생산 증대 연구를 위해 구성되었다. 마침내 1940년 11월 농작물 증산계획이 취리히 대학의 발렌F. T. Wahlen 박사에 의해 발표되었고, 이것은 곧 '발렌 계획Wahlen Plan'이라 불려졌다.[172]

그 계획은 곧 바로 시작되어 4년간 농지가 거의 두 배로 확대되었다. 감자를 재배하기 위한 농지는 100% 늘어났고 밀은 46%, 채소도 80% 증가되었다. 이러한 경지면적의 확대는 발렌 계획에 따라 점진적으로 가축을 감소시키고 480Km^{2}의 습지대 물을 제거하여 밭으로 만들었으며, 90Km^{2}의 삼림에서 나무를 제거함으로써 가능해졌다.[173]

'발렌 계획'에 따라 당시까지 사용되지 않고 있었던 땅들에 농작물을 재배하였다. 시민들이 정원을 이용하여 채소를 재배하고, 학교 운동장, 축구장이나 공원, 도로가, 철길 제방, 정원의 잔디밭 등 이용 가능한 모든 토지들이 밀과 감자, 콩, 토마토 등의 재배지로 사용되었다.[174]

---

172 Howard, *op. cit.* p.218. 발렌은 당시 스위스 국민이 필요로 하는 식량을 계산하고 스위스의 가용한 경작지에서 이를 생산해 내기 위한 다양한 방안들을 검토하였다.

173 Schwarz, *op. cit.*, p.71.

174 *Ibid.*, p.72; Howard, *op. cit.* p.218.

〈그림 4-22〉 취리히에서 공원을 농지로 개발하여 밀을 수확하는 모습

출처 : Foder, The Neutrals, p.56.

'발렌 계획'을 시행하면서 식량자급율이 다소 확대되기는 하였지만 여전히 공급량이 부족하여 해외로부터 수입을 하지 않으면 안 되었다. 그러나 사람들은 이전보다는 낮은 배급량이지만 최소한의 생존은 가능하였다. 회사는 고용하고 있는 사람들에게 땅을 팔거나 빌려 주어 농작물 증산에 도움을 주었다. 일부 회사에서는 농기구와 씨앗, 비료 등을 빌려주면서 농사를 격려하기도 하였다. 이러한 조치로 농산물의 생산량을 증대하였을 뿐만 아니라 발렌 계획이 전쟁 기간 동안 건전한 사회의 분위기를 만드는 데도 기여하였다.[175]

16. 전략물자 확보노력

스위스는 전 · 평시 국민을 먹여 살릴 식량의 부족도 문제가 되었지만, 석유와 석탄 같은 연료는 물론, 철광석 같은 지하자원도 없거나 있어도 극히 적은 양이 매장되어있기 때문에 역시 많은 문제를 갖고 있었다. 이와 같이 국민생활은 물론 산업운용에도 많은 영향을 미치는 중요한 물자가 바로 전략물자Strategic Materials이다. 당시 스위스에 있어서는 바로 식량과 석유, 석탄 같은 물자가 해당되었다.

그러나 스위스는 전쟁의 당사국이었던 연합국과 추축국, 특히 독일과의 사이에 끼여 어려움에 처하였다. 연합국은 스위스가 독일과의 무역을 줄이기를 바랐고 연합국이 필요로 하는 물자들은 모두 수입하고자 하였다. 반면에 독일은 전쟁이 진행되면서 석유와 철강, 석

175 Schwarz, *op. cit.*, p.72.

탄 등의 모든 자원이 부족해지자 스위스에 대한 수출을 감소시켜 나갔다. 스위스는 중립국을 유지하면서 무역에 제한을 받지 않기를 원하고 있었다. 연합국은 해상봉쇄를 하였고 이에 맞서는 독일은 해상은 물론 육상에서도 스위스의 무역을 제한하였다.[176]

독일은 스위스가 제작하였던 오리콘 대공포와 알루미늄, 낙농제품 같은 것을 요구하였으며, 또한 공장을 운영하기 위해 전기도 요구하였지만 이를 지불할 외화가 부족해서 어려움이 많았다.

스위스는 높은 정밀도의 기계와 시계, 높은 질의 봉제제품과 화학제품을 생산하는 산업이 발전하였지만, 이를 위한 모든 재료와 연료는 수입을 해야만 하였는데 주 조달처는 대부분 독일이었다. 전쟁이 발발하기 전 스위스는 180만여 톤의 석탄과 10만여 톤의 철강을 매년 독일로부터 수입하고 있었으며 그 수입량은 전쟁 중인 1941년에 석탄은 200만여 톤, 1942년에 철강은 20만여 톤으로 더욱 확대되었다. 그러나 1945년에 급격히 감소되어 '제로(0)'으로까지 떨어졌다. 또한 스위스는 영국으로부터 1년에 30만여 톤의 석탄을 수입하였고 미국과 프랑스에서는 철강을 수입하였는데, 이것은 전쟁이 발발하면서 점차 줄어들었다.[177]

대규모 무기를 생산하기 위한 계획도 착수하였다. 처음에는 수년간의 실수와 착오 끝에 포병화기 현대화 계획에 따라 국가가 운영하는 병기공장에서 무기를 생산하기 시작하였다. 사기업에서도 부품들을 제작하여 납품하였다. 취리히에 있는 세계적으로 유명한 오리콘 공장에서는 대공포를 만들어 납품하였다.

---

176 Foder, *op. cit.*, p.57.
177 Schwarz, *op. cit.*, p.73.

또한 오리콘 사가 제작하여 수출하려고 하였던 제품들은 압수되어 스위스군에게 인계되었고, 생산시설을 확대함으로써 추가적으로 생산량을 증가시키기 시작하였다. 모든 형태와 구경의 탄약도 극적으로 생산량이 증가되었다. 모든 교전국에서도 스위스에 군수물자 수출을 요구하고 있었다. 요새화 계획을 추진하면서 철강의 소요도 급격히 증가하기 시작하면서 대책이 필요하게 되었다.

따라서 첫째, 금속재료들의 생산량을 확대하기 위해 가용자원의 사용통제와 더불어 부존자원을 개발하기 위한 노력이 추진되었다. 철강생산량을 확대하기 위해서 매년 이탈리아로 수출되던 철강재는 완전히 통제되었다. 바티칸 교황청이 근왕병을 스위스 용병으로 쓰면서 스위스와 관계가 원만하였던 교황청에서만 승강기를 수리하거나 십자가를 만드는 등 내부 용도로 사용하기 위하여 500여 톤의 철강재를 1943년 수입하였을 뿐이었다.[178]

철판들은 제철소에서 전기 용해과정을 거쳐 철강재로 만들어졌다. 철강 생산을 위해 대단한 노력이 필요하였고 그러한 노력으로 목표를 달성하였다. 1944년까지 스위스의 철강생산량은 세배로 증가하였으며, 이렇게 가능할 수 있었던 것은 스위스 국내에서 유통되거나 방치돼 있었던 작은 철판과 같은 철 부스러기들을 매년 수천 톤씩 수집해서 사용하였기 때문이었다.

무기를 만드는 데 긴요한 망간 같은 금속들은 연합군의 해상봉쇄로 수입이 금지되었기 때문에 알프스 산맥에서 이 광물을 탐사하기 위한 작업이 촉진되면서 일부 산에서의 철광석 발견과 더불어 새로

---

178 *Ibid.*, p.73.

운 곳에서 망간층이 발견되었다. 이를 채굴하기 위한 각고의 노력 끝에 마침내 성공하였다. 또 다른 2,000m가 넘는 산악에는 폐기된 광산을 재사용하기 위해 새로운 케이블카를 설치하던 중 눈사태를 만나 처음에는 실패하였지만 다시 시도하여 성공하면서 고품질의 망간을 수만 톤 생산하였다.[179]

두 번째, 필수가 아닌 철강사용에 대한 통제를 강화하였다. 정부가 통제한 사용금지 목록에는 간판, 분수대, 야외음악당 같은 불필요한 부분들의 사용이 포함되었다. 사용통제를 해서 절약된 철강은 무시 못 할 정도로 많은 양은 아니었지만, 국민들로 하여금 상황의 심각성을 인식케 하는 데 중요한 역할을 하였다.

세 번째, 수입량을 지속적으로 유지하기 위한 노력을 전개하였다. 스위스는 국내자원의 한계로 독일로부터 막대한 양의 철이 아직 수입되어야만 하였다. 따라서 철강이 독일과의 주요 무역협상의 주제였다. 바젤과 가까운 일부 지역의 철광석 광산에서 나오는 낮은 품질의 철광석은 독일의 철강과 교환을 하였는데, 이는 스위스로서는 행운이었다.

철광석은 매년 20만여 톤 정도로 많지 않은 양이 독일로 수출되었지만, 연합국에서는 스위스가 막대한 양을 수출하는 것으로 생각해서 독일의 전쟁승리를 돕고 있다고 의심하였다.

석탄은 국가적 노력에도 불구하고 생산되지 않았다. 1차 대전 시 사용되었던 알프스 산맥의 몇몇 오래된 광산이 다시 문을 열었지만 낮은 품질의 석탄만을 생산하였다. 따라서 유일한 방법은 독일을 설

---

179 *Ibid.*, p.74.

득해서 수입하는 것이었다.

네 번째, 국내의 가용자원을 최대한 활용하고 절약하기 위한 노력을 전개하였다. 먼저 강제적으로 연료를 절약하기 위한 대책이 난방으로, 평시에 사용하던 연료의 25%만이 할당되었다. 따라서 국민들은 두툼한 옷을 입고 추운 겨울을 보내야만 하였다.[180]

그나마 다행인 것으로 스위스가 철도를 운용함에 있어 석탄과 석유를 많이 사용하지 않은 나라였다는 것이다. 스위스는 알프스의 풍부한 수자원을 이용한 수력발전과 1차 대전 당시 석탄 부족으로 모든 열차를 거의 운행할 수 없었던 경험으로 철도를 전기 철도화하였기 때문이다. 1939년까지 거의 3,000km에 달하는 철도망이 전기 철도화되었고 그 전기는 각 주의 수력발전소에서 공급되었다. 따라서 스위스가 국내자원으로 자체적으로 해결할 수 없었던 윤활유, 철도 레일 등을 제외한다면 철도 수송에는 커다란 문제는 없었다.[181]

육군은 작전을 함에 있어 디젤 오일과 가솔린을 절약하면서 알프스라는 산악지역의 특성을 감안하여 최대한 말을 이용하였다. 액체연료는 농업의 기계화 확장과 전체 경제 운용을 위해 필수적이었다. 그러나 스위스는 석유 소요량의 100%를 수입에 의존해야 한다. 해상이 연합국에 의해 봉쇄된 이후 유일한 석유 공급 국가는 독일과 루마니아였으며, 이것은 스위스가 독일과 협상하는 데 있어서 필수적 요소가 되었다.

1939년 8월 말 액체연료의 배급이 시작되었다. 1940년에는 연료의 공급부족과 통제로 자동차 연료 소모가 전쟁 이전보다 대폭 감소되

180 *Ibid.*, p.75.
181 *Ibid.*

었으며, 1941년 4월 말부터는 아예 개인이 보유하는 자동차는 사용을 하지 못하도록 통제하였다.[182]

유일하게 의사와 나무·석탄을 태워 자동차 엔진을 가동하는 차를 소유한 사람들에게는 예외가 적용되었다. 그렇지만 그러한 차도 철판을 사용해야 하였기 때문에 응급조치가 필요하거나 차량의 운행을 통해 전쟁에 기여한다는 것을 입증할 수 있는 특별한 경우에만 사용이 허용되었다.

다섯 번째, 새로운 자원을 개발하기 위한 노력을 전개하였다. 연료가 부족하자 공군이 후원하여 비행기용 화학추진제가 개발되었고, 어떤 회사는 석탄과 석회암으로부터 자동차용 연료를 개발하기도 하였다. 그 양은 많지는 않았으나 절대적으로 연료가 부족하였던 시기임을 감안한다면 이는 군에게 상대적으로 중요하였다.

17. 생존을 위한 대외무역

전시에 철도 화물차량, 선박, 트럭은 통상 군수물자 수송에 대부분 사용되다 보니 구하기가 쉽지 않은 수송수단이 된다. 항구의 창고는 전시라는 상황의 긴박성으로 인해 수입되는 물품으로 넘치기 때문에 항구에서 일일 처리할 수 있는 용량이 초과되기도 쉽다. 항구에 쌓여 있는 물자는 전쟁지속 능력을 확대시켜 주기 때문에 적의 주요한 표적이 되기도 한다. 물품 집적소는 폭격을 받고 교량은 파괴되며 도로

182 *Ibid.*

는 사용할 수 없게 되고 통신선은 불통되기 쉽다. 예측치 못한 다양한 상황들로 인해 전시 생활들을 더욱 어렵게 만들 수 있는 것이다.

스위스는 내륙국가이지만 외국으로부터 많은 식량과 연료 등을 수입에 의존하다 보니 소유한 선박을 해외에 등록하였다. 외국으로부터 수입하는 물품이 도착했다는 전문을 접하면 이를 수송하기 위해 자국의 철도와 수송차량을 외국(특히 이탈리아)의 항구, 스위스 국경지역, 루마니아 등으로 보냈다.

1941년 4월 말 이탈리아의 국영방송은 스위스가 중립에 관한 국제적 규범을 준수하지 않으면 양국 관계가 위태롭게 될 것이라고 강하게 비난하면서, 스위스가 먹고 살 수 있는 것은 이탈리아의 자비심 때문에 가능하다고 하였다.[183] 이런 말이 나온 이유는 외국으로부터 물자를 구입해도 이를 하역할 항구가 없었던 내륙국가인 스위스가 이탈리아의 제노바와 사보나 같은 항구를 통해서 식량을 수입하고 있었기 때문이다.

또한 이탈리아의 어느 한 고위관료는 "스위스의 다수 언론은 영국의 유태계가 재정지원을 하고 있고, 그들은 영국의 이익을 위하여 봉사하고 있다. 로카르노는 국제적 간첩활동의 본거지가 되고 있다. 스위스는 주의해야 한다"[184]고 하여 불편한 심기를 들어내기도 하였다.

1941년으로부터 1944년까지 5만에서 7만에 이르는 철도 차량이 매년 독일 또는 독일군이 점령한 지역에 이런 물자들을 수송하기 위해 보내졌다. 1940년 전시무역협정에 의해 영국은 해상에서 50만여 톤의 다양한 물품 통과를 허용하는 통행증을 발행하기도 하였다. 이

183 Halbrook(2003), *op. cit.*, p.147.
184 *Ibid.*, p.148.

물품들은 그리스 선박에 적재하였으나, 이탈리아가 1940년 10월 28일 그리스를 공격하면서 그리스 선박의 지중해 운항이 금지되었다.

따라서 50만여 톤의 물품들은 이베리아 반도의 대서양상 항구에 하역되었지만, 포르투갈과 스페인 내전 중에 파괴된 낡은 철도로 인해 그러한 막대한 양의 물자를 수송하기가 쉽지 않았다. 게다가 스페인과 프랑스 국경에서는 철도차량의 규격형식의 변경으로 물자를 다시 옮겨 실어야만 했다. 그래서 스페인, 포르투갈, 유고슬라비아의 부정기 화물선이 이베리아의 항구로부터 이탈리아의 제노바까지 왕복하여 그곳에서 물자를 취급하였다. 그마저도 1941년 4월 유고슬라비아가 독일군의 침공을 받아 유고 선박마저 적대국 선박이 되면서 영국 해군이 이탈리아 항구에 들어가는 것을 허용하지 않았다.[185]

1940년 3월 중순 스위스의 상업용 민항기가 로카르노와 스페인의 바르셀로나를 운항하기 시작하였다. 이 항공기가 취항하면서 중립국과 외부세계를 연결해 줄 것으로 희망을 하였다. 그러나 그해 6월 초 이탈리아가 프랑스에 선전포고를 하고 전쟁에 들어가면서 지중해 지역이 전쟁구역으로 선포돼 비행이 중단되었다.[186]

1943년 12월 연합국이 또 다른 50만 톤의 식량을 수입하도록 해상통행을 허가하였으나 어디서 식량을 수입하는가 하는 문제가 발생하였다. 북아메리카 시장에서 구입하고자 하는 밀은 중립국에게 수출이 금지되어 있었기 때문에 수입업자들은 중남미로 그 방향을 돌려야만 하였다.

그러나 중남미의 항구에서는 반대로 선박이 항해하는 데 필요한

---

185 Schwarz, *op. cit.*, p.77.
186 *Ibid.*

연료를 구입할 수 없었다. 따라서 대서양상의 포르투갈령 마데이라 섬Madeira Island[187]과 북대서양에 있는 케이프-베르데 제도Cape Verde Islands[188]에 스위스의 연료 공급기지를 설치하고 그곳까지 스위스 선박이 기름을 싣고 가서 대서양을 왕복할 수 있는 기름을 공급하여 중남미의 식량을 적재해서 복귀할 수 있었다.

전시에 스위스가 외국으로부터 물자를 구입하면서 겪은 유명한 일화가 있다. 스위스가 인도로부터 1940년 4월 6,000톤의 땅콩을 수입하면서 발생한 일로,[189] 그 땅콩은 영국의 어느 선박에 적재되어 인도의 항구를 떠나 이탈리아의 제노바를 행했다. 그 배가 수에즈 운하를 통과할 무렵인 6월 10일 이탈리아가 전쟁을 선포함에 따라 지중해가 전쟁구역이 되었고 항로를 프랑스의 마르세유로 바꾸어 안전하게 도착하였다.[190]

그러나 영국의 해상봉쇄 담당부서가 땅콩 하역을 거절함에 따라 런던에 있는 스위스 대표부가 협상을 벌여 하역을 시작하였고 먼저 2,500톤의 땅콩이 철도를 통해 스위스로 수송되었다. 그러나 하역에 시간이 걸리고 프랑스가 독일군에 항복하여 6월 17일 휴전이 되면서

---

187 모로코의 서쪽에서 약 640km 떨어진 대서양상에 있는 포르투갈령領의 섬들. 면적 약 794km². 인구 약 25만 3천.(1991) 주도主島 마데이라 섬 외에 포르투산투 섬과 2개의 무인도제도로 된 화산제도로, 마데이라 섬이 전체 면적의 90%, 전체 인구의 대부분을 차지한다. 로마시대부터 포르푸라리아 섬이라는 이름으로 알려졌으나, 1418~20년 포르투갈인이 다시 발견하여 19세기 초 영국에 점령된 때를 제외하고는 줄곧 포르투갈의 일부로 통치되어 왔다.

188 정식 명칭은 카보 베르데 공화국The Republic of Cabo Verde으로, 아프리카 세네갈의 서방 450km 지점 대서양상에 15개의 섬으로 구성된 도서 국가이며, 그중 5개는 무인도이다. 면적은 4,033Km², 인구는 42만 6,998명(2008)이다. 1456년 포르투갈인에 의해 발견된 후 1495년까지 포르투갈 국왕의 개인 소유지로 있다가 식민지가 되었으며, 1975년 7월 독립하였다.

189 Foder, *op. cit.*, p.56

190 Schwarz, *op. cit.*, p.78.

영국 선박은 급히 프랑스를 떠나야만 하였다.

선장은 선박이 영국 국적이기 때문에 스페인의 항구로 갔다가는 독일군에 의해 압류될 것이 우려되어 지브롤터 항으로 선착하라는 영국 해군의 지시를 따랐다. 지브롤터Gibraltar[191] 항구에서는 영국 당국이 화물적재량 중 2,500톤이 없어진 것을 알고서 의심스러운 눈초리로 조사를 시작하였지만 런던의 스위스 대표부 설명으로 그 문제는 해결되었으며, 스페인의 항구에서 하역해도 된다는 허가를 영국으로부터 받았기 때문에 스페인의 카디즈Cadiz 항으로 항해가 허락되었다.

카디즈 항에 도착해서야 스페인 정부가 땅콩을 수입하는 것을 금지하고 있는 것을 알았다. 한 달여 기간 동안 선박이 억류되어 있다가 외교채널을 통한 협상 끝에 8월 16일 스페인 정부로부터 특별허가를 받은 후 하역된 땅콩은 카디즈 항구의 저장소로 옮겨졌고, 마침내 스페인과 프랑스 철도를 이용하여 수송이 되었다.

그러나 땅콩을 적재한 철도 차량이 제네바 부근의 프랑스 영토에 있을 때 교량이 빨치산에 의해 파괴되면서 더 이상 수송할 수 없게 되자 이번에는 트럭으로 수송하기로 하여, 마침내 10월 19일 인도로부터 수입을 한 지 6개월 만에 3,500톤의 땅콩이 스위스 구매상의 손에 들어갔다. 이러한 사례는 전시 스위스가 외국으로부터 생존을 위해 식량이나 물자를 구입하면서 겪은 수많은 실화 중의 하나이다.

---

191 스페인의 이베리아 반도 남단에서 지브롤터 해협을 향하여 뻗은 반도로 영국의 속령. 길이 5km, 너비 1.3km, 면적 5.8Km²에 인구 3만 명으로 대서양과 지중해를 연결하는 입구에 있는 전략적 요충지. 2차 대전 중에는 미국의 아프리카 작전기지가 되어 독일 공군의 폭격을 받기도 했다. 1969년 영국의 직할지로 남을 것인지 독립국으로 분리될 것인지를 결정하는 주민 투표를 실시해 영국의 보호 아래 자치정부를 수립하는 것으로 결정됐다.

전쟁이 끝나갈 무렵, 프랑스 철도가 거의 연합군의 폭격이나 레지스탕스의 저항으로 파괴가 되자 스위스는 도로상에서 꼼짝 못하게 된 상품들을 회수하여 운송하기 위해 프랑스로 차량들을 보내기도 하였다. 그렇게 하기 위해 스위스는 사전에 비시 정부의 철도 당국, 독일 점령당국, 심지어는 레지스탕스 조직인 마키Maquis와도 안전한 통행을 위해 사전 협의를 해야만 되었다.[192]

전쟁이 진행되는 동안 스위스 선박이 직면했던 가장 커다란 문제는 독일 해군이 대서양 일대에서 진행하였던 무제한 잠수함 작전에 의한 침몰위협이었다. 따라서 수입물자를 적재한 선박이 대서양을 운행하는 동안 안전을 위해서는 특별한 대책이 강구되어야만 하였다. 이를 위해 베를린에는 선박의 안전항해를 협조할 정부관리가 독일 해군에 파견됐다. 그 관리가 선박의 위치와 항로정보를 받아서 독일 해군에 전달하면 독일 해군은 대서양에서 작전 중에 있는 잠수함에 그 선박을 공격하지 않도록 명령을 하달하였다.

선박이 항구에 안전하게 접안해서 물자를 하역하기 위해서는 독일군 또는 이탈리아 군의 지시에 따라야만 하였다. 이 지시에는 선박이 기뢰설치 지역을 안전하게 통과해서 항구에 도착하는 것도 포함되었다. 그런 조치들로 스위스 정부가 소유하거나 또는 등록한 선박은 대서양을 횡단하면서 단 한 척의 침몰도 없이 프랑스 또는 이탈리아의 항구까지 물자를 안전하게 수송할 수 있었다.

192 Schwarz, *op. cit.*, p.79.

18. 경제력 강화를 위한 협상

스위스에 있어 경제전Economic Warfare[193]은 연합국의 해상봉쇄와 추축국, 특히 독일의 역봉쇄에 의한 압박이 주된 양상으로 나타났다. 연합국이나 추축국 양측은 기본적으로는 중립국에 대해서는 직접적인 적대행위를 하지 않았다. 양측은 중립국의 존재와 권리를 인정하면서 공개적인 방법으로 군사적 공격을 하거나 파괴하려 들지는 않았지만 중립국을 자국에게 유리하게 묶어 두고자 하였다.[194]

연합국이나 추축국은 상호 간 경제봉쇄에 대응하여 그들이 중립국에 판매한 물품이 적대국으로 재수출되는 것을 방지하고자 노력하였다. 이것은 간단하지만 가장 합법적인 방법으로 양측이 경제전을 행한 기본적 모습이다. 연합국이나 추축국이 중립국에게 직접적으로 그들의 경제전에 관한 대책을 발표하면서 다른 문제점들이 발생하였다. 연합국은 스위스가 군수물자를 독일과 이탈리아에 판매하거나 재정적 지원을 하지 못하도록 그들이 할 수 있는 모든 수단을 사용하였다.

반면에 연합국들은 스위스로부터 전쟁에 필요한 물자들을 얻고자 하였다. 연합국들은 전쟁에 필요하지 않은 상품들의 수입을 금지

193 경제전은 총력전에서 주로 경제적 단계의 용어로 사용되는 말로, 우선 자국의 전쟁지속능력을 강화시키기 위해 이에 필요한 물자들을 사전 구입해 놓는 등으로 역량을 강화하면서 반대로 적대국이 전쟁을 지속하는 데 사용할 수 있는 식량과 석유 등의 자원 도입을 차단하며 잠재력을 약화시키기 위해 취해지는 모든 활동을 포함하는 개념으로 사용된다. 또한 이 개념은 자국은 물론 우방국의 전 · 평시 경제능력을 강화시키면서 적대국들의 잠재적 능력을 약화시키는 개념도 포함한다. 해상봉쇄, 무역금지, 금융제재, 선제적 구입, 적의 자산 압수 등의 방법이 사용된다.(Jules Backman, *War and Defense Economics*, New York : Rinehart & Company. Inc, 1951, pp.368~371)

194 *Ibid.*, p.82.

함으로써 외환을 절약하는 한편 전쟁 필수품을 구입하는 데 사용하고자 하였다.

독일은 독일대로 그들의 전통적 수출품인 석탄과 석유, 철강 등을 스위스에 최대한 수출하지 않으려고 노력했다. 이러한 자원들은 전쟁지속능력을 유지하는 데 절대적으로 필요한 물자들이었기 때문이었다.

사실 독일이 히틀러의 중공업 우선정책으로 발전되어 있기는 하였지만 전쟁을 장기간 지속할 수 있는 능력은 제한적이었으며, 이것은 결국 1943년 이후의 물자 생산에서 입증됐다. 이러한 상황을 아는 독일은 재군비를 선언하여 군비를 확장하면서 스페인의 프랑코 정권을 추축국에 들어오도록 하였으나 프랑코 정권의 반대로 실패하였다. 독일은 1940년 스페인에 있는 영국령 지브롤터를 점령하고자 계획을 수립하였는가 하면, 대서양상에 있는 스페인령 카나리아 제도는 물론 포르투갈령 베르데 제도를 점령하고자 하였으며, 심지어는 추축국에 참여하기를 거절한 스페인마저 점령하고자 하였다. 이러한 의도는 미국 대통령의 경고와 독일의 해군력이 영국이나 미국에 비하여 상대적으로 약하였기 때문에 실현되지는 않았지만,[195] 전쟁지속능력이 취약한 독일로서는 중요하게 고려한 방책이었던 것이다.

독일은 스위스로부터 그들이 필요로 하는 군수물자를 더 많이 확보하고자 노력하였다. 독일은 경제적 압력을 가함으로써 스위스가 유사한 수출품을 다른 중립국이나 연합국에 판매하지 못하도록 하였다.

---

195 J. E Kaufmann and H. W. Kaufmann, *op. cit.*, p.167.

이탈리아가 추축국에 합류하고 프랑스가 항복하면서 독일군과 이탈리아군 장병들이 스위스와의 국경선에 자주 출몰하였다. 독일군의 프랑스 점령으로 독일군 잠수함들은 대서양에서 해상봉쇄를 확대하기가 한층 쉬어졌다. 육지뿐만 아니라 해상에서도 독일의 유·무형 압력은 스위스의 생존에 어려움을 가중시켰다. 독일은 연합국의 대서양에서의 해상봉쇄에 대응하여 역봉쇄로 대응하기 시작하였다.[196]

스위스에 관한 한 독일의 역봉쇄는 양날의 칼로, 지상에서의 봉쇄와 해상에서의 위협이 그것이다. 스위스는 이탈리아의 제노바, 사보나, 프랑스의 마르세유, 스페인의 카디즈, 포르투갈의 리스본 같은 항구를 통해 물자를 수입해도 독일이 승인하지 않는 한 이탈리아와 프랑스를 통과하여 아무 것도 운반할 수 없었다. 또한 독일의 동의 없이 이들 항구나 지상으로 유럽의 어느 국가에도 물자를 수출할 수 없었다.

대서양의 공해에서 스위스 국적의 선박이나 스위스로 향하는 물자를 적재한 다른 중립국 선박들은 제노바, 마르세유, 사보나 같은 스위스가 사용할 수 있는 항구까지 항해하는 동안 독일군 잠수함들이 횡행하는 지역을 안전하게 통과하기 위해 독일 해군의 사전 승인과 지시에 따라야만 하였다.

국민의 생존을 위해 필요한 물자, 공장을 운용하고 일자리를 만드는 데 필요한 물자, 군을 운용하기 위하여 무기와 탄약을 만드는 데 필요한 물자, 수입품의 대가로 지불하는 외환을 벌어들이기 위해 수

196 Schwarz, *op. cit.*, p.83.

출품을 생산하는 데 필요한 물자들을 구입하기 위해, 스위스는 전쟁 기간 동안 스위스를 감싸고 있는 독일에 점령된 프랑스와 이탈리아를 통과하려 노력하였다.

추축국이 중부유럽에 있는 작은 국가인 스위스를 포위하고 있으면서 스위스의 경제적 생존은 독일에 의해 달려 있었지만 많은 제약에도 불구하고 연합국과도 무역을 하고 있었다. 이 기간 중에 스위스는 그들을 둘러싸고 있는 국가들을 다룸에 있어 자주 거대한 벽들과 맞대어 싸워야만 하는 상황이었다. 스위스가 작은 국가이다 보니 강대국들과 협상을 할 만한 여지는 사실 거의 없었다. 그러나 스위스는 연합국이나 추축국들도 자신을 필요로 함을 알고 있었다. 비록 작은 나라라고는 하지만 연합국과 추축국의 중앙에 위치하여 있었기 때문에 전시에는 스위스의 존재 그 자체로 전략적 가치를 갖고 있음을 알고 있었던 것이다.

연합국이나 추축국도 중립국 스위스와 국민들의 생존을 위태롭게 하는 것은 피하면서 이익을 함께해야 하는 것을 알고 있었다. 절망적 상황에서도 스위스가 궁극적으로 주장하였던 것은 중립국으로서 그들의 권리와 의무에 기초하면서 누구도 그들의 생존을 위협하는 것이나 능력을 벗어나는 것을 강요해서는 안 된다고 요구한 것이다.

전쟁기간 중 독일은 스위스의 가장 중요한 무역상대국이었다. 스위스는 대부분의 수출품을 독일로 보냈고, 스위스는 독일이 필요로 하는 외화의 주된 공급원이었다. 이 과정에서 독일이나 스위스의 정보국은 중요한 역할을 담당했던 부서였으며, 스위스에서의 주요 담당자는 정보국의 책임자였던 마슨 대령Roger Masson이었다.[197]

전쟁이 발발한 지 얼마 뒤, 스위스와 독일과의 무역협상이 시작되었다. 독일은 스위스로부터 전쟁을 함에 있어 필수적이지 않은 물품의 수입은 줄이고 전쟁의 노력을 강화하는 데 필요한 물품의 수출을 확대하고자 하였다. 당시 독일은 전쟁을 하는 데 필요한 외화가 부족하였기 때문에 이를 해소하기 위해서 광범위한 신용수단을 획득할 필요가 있었다. 이러한 대책으로 1940년 5월 말, 독일군이 네덜란드와 벨기에를 휩쓸고 프랑스를 향하여 진격하면서 승리를 거둘 무렵 양국의 공식대화가 베를린에서 시작되었다.[198]

독일은 회담에서 스위스가 영국과 프랑스 등 연합국의 전쟁을 이롭게 할 군수물자를 수출하는 것을 격렬하게 반대하였다. 프랑스의 경우는 독일군이 점령하고 항복을 받음으로써 곧 해결되었지만, 영국은 독일과 계속 전쟁을 하였기 때문에 더욱 반대가 심하였다.

독일은 당시 이미 항복하여 자신의 통치 아래 있었던 네덜란드와 벨기에, 덴마크가 주문한 군수물자들이 이 나라들로 인도되어야만 한다고 주장하였다. 이 물자들이 그 국가로 수출되면 그 대금은 해당 국가가 지불하고 독일은 그 물자들을 압수하면 그만이었기 때문이었다. 또한 독일과 체결된 무역협정에 따라 독일의 신용한계 보다 유리한 조건으로 많은 물자를 독일에 수출하라는 요구도 하였다.[199]

1940년 4월 말 스위스는 독일로의 수출을 제한하는 연합국과의 전시무역협약을 중단하였다고 발표하였다. 협상에서 독일은 그들 요구가 매우 중요한 것임을 강조하기 위해 필요한 경우는 스위스에 대한 석탄 공급을 완전히 중단할 수 있다고 협박하였다.[200]

---

197 Charles Whiting, *Hitler's Secret War : The Nazi Espionage Campaign Against the Allies*, Yokshire : Redwood Books, 2000, p.182.

198 Schwarz, *op. cit.*, p.84.

199 *Ibid.*

프랑스 항복 후, 독일은 스위스가 새로운 무역협정에 서명할 때까지 수출을 중지시켰다가 보다 많은 낙농제품과 알루미늄, 오리콘 대공포 등의 수출과 공장을 가동하기 위한 산업용 전기 외에 이탈리아 상품의 철도 통과도 요구하였다.[201]

스위스는 독일에 양보를 할 것인지 아니면 산업 활동이나 자체적 방위노력들을 완전히 중단시킬 것인지 양자택일을 해야만 되었다. 스위스는 독일의 강요에 의해 무기와 탄약부품, 기계부속, 알루미늄, 그 외에 낙농제품 등 영국에 수출하기로 이미 약정되었던 제품을 독일에 판매하겠다고 약속하였다.

연합국은 당시 스위스의 이러한 양보에 대하여 거의 알지 못하였다. 그러나 시간이 지나면서 이를 알게 되었고 영국도 이러한 금수조치에 대한 보복으로 스위스로 수출하기로 하였던 물품의 인도를 금지시켰다.

독일과 스위스의 무역협상은 1940년 8월 9일 끝났다. 그 협상에서 스위스는 독일에 상당한 양의 무기와 탄약, 알루미늄, 일상적 물품까지 1.4억 SFr정도 양보하였으며, 이는 점차적으로 확대되었다. 반면에 스위스는 독일로부터 석탄과 철강을 다시 수입하기 시작하였다. 스위스는 교전국들을 동등하게 취급해야 한다는 헤이그 협약의 원칙에 따라 연합국에게 전쟁 물자를 판매할 수 있는 권리를 행사할 것이라고 독일에 주장하였다. 스위스는 독일이 영국과 무역을 중단하라고 주장하는 것을 단호히 거부하였고, 이번에는 독일이 양보해야만 하였다.

---

200 Foder, *op. cit.*, p.57.
201 *Ibid.*

독일은 이탈리아와 함께 영국이 시행하고 있는 전시통행증Navicerts[202]과 같은 유사한 특별허가증Geleitscheine 제도를 도입하였다.[203] 그리고 스위스가 수출하는 제품들의 1 / 4에 포함되는 특정한 물품들은 베른에 주재하고 있는 독일이나 스위스 관리들이 발행한 특별허가증이 있어야 스위스 국경을 통과할 수 있었다. 이 제도로 스위스는 특정한 제품들을 스위스 국경을 통해 이탈리아나 프랑스의 항구, 또는 독일을 통과하여 스웨덴이나 심지어는 소련까지 수출할 수 있었다.[204]

전쟁기간 내내 독일과의 협상은 계속되었으며 그 양상은 항상 같은 모습이었다. 독일은 스위스에서 그들이 필요로 하는 물품들을 구입하기 위해 항상 높은 신용한도를 주장하면서 적은 양의 석탄과 철강, 비료, 석유 등을 수출하려고 하였다. 반면에 스위스는 더 많은 양의 석탄과 철강, 석유와 비료 등을 요구하였다. 또한 스위스는 독일의 해상봉쇄와 무제한 잠수함 작전에도 불구하고 더 많은 수출과 수입을 할 수 있도록 선박을 통과시켜 줄 것을 요구하였다.[205]

때로는 정치적으로 매우 민감한 분야의 협상도 하였다. 1940년 6월 20일 프랑스군이 항복한 뒤 독일군은 스위스에게 그들이 노획한 다량의 프랑스군 무기와 장비 등을 인수하라고 비시 정부를 통해 요구하였다. 스위스는 이 요구를 거절하였다. 이러한 사실을 알게 된 영국 정부는 "전쟁을 하는 상황에서 이러한 장비들은 독일정부에게 넘겨져야 하며, 만약 그렇지 못하여 스위스에게 인도되면 이것은 스

---

202 2차 대전기간 중 독일로 향하는 선박과 물품들을 통제하기 위해서 영국이 발행한 통행증.(Backman, *op. cit.*, p.372)

203 Howard, *op. cit.* p.217.

204 Schwarz, *op. cit.*, p.85.

205 *Ibid.*, p.86.

위스가 중립국으로서의 의무를 위반하는 것이다"고 경고하였다.[206]

그러한 독일과 영국의 압력 아래 스위스는 독일을 단념시키기 위하여 설득하기로 하였으며, 몇 차례의 협상 끝에 마침내 타협에 도달하였다. 사실상 그 타협은 프랑스의 비시 정부로부터 철강재로 사용하면 딱 알맞은 정도의 차량들을 높은 가격으로 구입하기로 한 것이다.

독일과 새로운 무역협정이 1941년 8월 18일 체결되었는데, 그 협정에서는 신용한도를 8.5억 SFr까지로 올렸으며, 이자는 없애기로 하였다. 독일의 경제적 압력은 최고조에 달하고 있었다. 스위스에서 석탄재고량은 거의 바닥에 이르렀고, 재고 윤활유는 3주 정도 사용 가능할 것으로 보였으며, 3주가 지나면 모든 산업이 멈출 것으로 예상되었다. 독일의 극심한 압박으로 스위스는 더 많은 양보를 해야만 하였다. 스위스에서 해외로 편지나 소포를 보내는 것이 금지되었다. 이런 조치에 따라 스위스로부터 정밀부품을 수입하던 영국은 직접적인 타격을 입었다.

시간이 가고 적대행위가 계속됨에 따라 더 많은 무역협정이 체결되고 협정에서 정한 양 만큼의 석탄과 철강, 석유 등을 보내주기로 한 독일의 약속이 주기적으로 파기되기를 반복하면서 스위스는 볼베어링(회전하는 기계의 마찰을 줄이기 위해서 사용되는 부품), 신관, 전기모터, 목재, 일상용품 같은 물품들의 수출을 자제하고 새로운 협상을 해야만 하였다.

스위스에 대한 독일의 채무가 1943년 여름에 12.5억 SFr으로 증가하였다. 이렇게 채무가 누적되자 스위스는 독일에 대한 수출은 과감

---

206 *Ibid.*

히 감소시키고 독일로부터의 수입은 그대로 유지하면서 봉쇄는 과감히 개방되어야 한다고 주장하였다.

1943년 전쟁 후반기 독일에 대한 수출은 2억 SFr으로 감소되었으며, 독일이 그들의 봉쇄망 통과를 허용하면서 연합국에 수출한 액수는 약 2천만 SFr에 달하였다.[207]

독일과 협상을 위해서는 믿을 수 없을 만큼의 노력과 의지, 용기가 필요하였다. 독일은 어느 순간에라도 석탄이나 철강, 석유 등의 인도와 스위스가 국경선을 통과하는 어떤 무역도 순식간에 중지시킬 수 있는 힘을 갖고 있었다. 독일은 심지어 군사적 해결 가능성을 언급하기도 하였다. 협상 시 군사력이 사용되지는 않았지만 독일 군부는 항상 스위스를 짓누르는 존재였다.

스위스는 독일이 연합국과의 모든 수입·수출품을 압류한다면 연합국이 스위스에 대한 수출을 전면 중지할 것이라고 생각하였다. 이것은 스위스의 모든 산업 활동의 중지를 의미하는 것으로, 결과적으로는 독일에 대한 수출도 마찬가지였다. 스위스도 마찬가지로 두 추축국에게 스위스를 통과하는 철도를 사용할 수 없게 될 수도 있다는 것을 암시하였다. 독일은 스위스가 만들은 제품을 못 받는 것보다 철도를 사용할 수 없게 될 것을 더 두려워하였다.[208]

독일과의 마지막 무역협상은 전쟁이 막바지에 다다를 무렵인 1945년 2월 말 끝났지만 독일이 석탄과 철강은 매월 1천만 SFr 정도 보내기로 하여 이미 상당량 격감되고 있었고 스위스도 모든 수출을 거의 중단시켰기 때문에 무의미한 회담이었다. 회담이 거의 막바지

---

207 *Ibid.*, p.88.
208 *Ibid.*

일 무렵에 스위스도 기아 수준에 이를 정도로 한계에 도달하고 있었던 것이다.

독일 국가사회주의자들과의 수년간의 협상에서 스위스 관리들은 그들의 압력에도 불구하고 연합국과 균형을 유지하기 위해서 노력하였다. 그들은 독일의 받아들일 수 없는 주장에 대해서는 완강히 저항하였고, 압력을 받을 때는 이를 두려워하지 않았다. 종종 협상 테이블에 있었던 관리들은 스위스 정부가 생각하였던 것 이상의 문제해결 능력을 보여 주었다.

독일의 관리들도 스위스 관리들의 협상 자세와 태도에 감명을 받았고 특히 독일이 위협을 할 때 그것을 더욱 느꼈다고 한다. 이러한 경험으로 독일은 만약 독일군이 스위스를 공격하는 모험을 감행한다면 쉽게 임무를 달성하지 못할 것이라는 잠정적 결론에 도달하였다.[209]

그렇지만 스위스의 관점으로 본다면 독일군의 침공 가능성은 적대행위가 끝날 때까지 항상 존재하였다. 그것은 1945년 히틀러가 자살하고 독일군이 항복해서야 사라졌던 것이다.

1939년 9월 1일 독일군이 폴란드를 침공하자 추축국에 대한 연합국의 해상봉쇄는 그로부터 이틀 뒤인 3일부터 시작되었다. 이에 따라 스위스로 보내야 하는 물자의 선적은 연합국이든 중립국이든 금지되었고 스위스 수입 물자를 취급하기로 허락된 항구에서는 통행허가증을 발급받은 선박에 한해서만 통행이 허용되었다. 대부분의 수입물자가 도착하는 항구는 이탈리아의 제노바로, 이곳에서는 1943년까지 매일 7,000톤 정도가 하역되어 철도를 통해 스위스로 운반되

209 *Ibid.*, p.89.

었다. 그 외에도 프랑스의 마르세유와 이탈리아 아드리아만의 트리에스테 항이 사용되기도 하였다.[210]

영국과 프랑스에서 오랫동안 협상한 끝에 스위스와 영국, 스위스와 프랑스 간의 전시무역협정에 관한 규칙이 제정되었다. 연합국은 스위스 선박의 해상봉쇄구역 통과와 해외에서 수입되는 물자의 스위스 국경통과 등을 보장하였다. 연합국은 스위스가 사용할 항구와 해로, 통행허가증을 획득하기 위한 규칙 등에도 합의하였다.

문제는 1940년 6월 프랑스가 패하면서 갑자기 발생하였다. 이때를 맞춰 영국이 해상봉쇄를 강화하였다. 영국 관료 중 일부에서는 스위스를 포함하는 중립국들이 2개월분 이상의 물자를 저장하는 것을 허용하면 안 된다고 하였다. 그렇게 된다면 스위스에서의 산업과 국민들의 생활은 극도로 어렵게 될 것은 당연하였다.

따라서 스위스는 무역에 관한 문제를 협상하기 위해서 런던에 대표단을 파견한 결과, 스위스를 독일에 너무 의존하게 만들면 연합국 누구에게도 이익이 되지 않는다고 결론을 내렸다. 따라서 스위스가 필수적인 물자를 수입하는 데 필요한 전시통행증을 발급하고 해상봉쇄를 완화하며 프랑스 패배 이후 영국이 억류하고 있었던 선박을 풀어주기로 하였다.[211]

동시에 통행증을 확보하기 위한 제도도 개선되었다. 개인회사용 통행증을 확보하기 위한 개인의 노력보다 스위스 정부가 일반적으로 필요한 목록을 만들어 제출하는 것으로 하였다. 이 목록을 기초로

---

210 *Ibid.*

211 Howard, *op. cit.* p.217. 다만 스위스가 수입한 필수품들이 다시 독일로 재수출 되도록 독일의 압력을 받거나 수송 도중 이탈리아와 비시 정권에 의해 억류되는 등 명백한 증거가 있으면 취소되기로 하였다.

해상봉쇄 담당부서가 동의하면 통행증을 발행하였다.

미국이 1941년 12월 7일 일본의 진주만Pearl Harbor 공격으로 태평양 전쟁에 참전하면서 연합국의 중립국에 대한 태도는 중요한 또 다른 변수가 되었다. 2차 대전이 발발하였을 당시 중립적 태도를 취해왔던 미국으로서는 이제 중립을 계속 유지할 필요 없이 연합국의 주력으로서 주도적 역할을 시작하였다.

미국의 거대한 군수산업이 영국의 산업과 합류하면서 양국은 긴급히 스위스로부터 수입해야 할 물자들이 있었다. 그 물자에는 기계공구, 시계 제조용 기계부속, 초시계, 볼 베어링, 그리고 당시 스위스가 독점적으로 생산하고 있었던 보석 베어링 같은 것들이 있었다.

그러한 물품들을 독일의 봉쇄를 뚫고 연합국에게 전달하기 위한 방법이 강구되었다. 독일이 그들의 봉쇄를 통과하여 수출을 하도록 허가한 물품에는 스톱워치 같은 것이 없었지만 이것은 영국과 미 공군 폭격기 조종사들의 폭격에 있어 중요한 도구였다.

일반적인 시계들이 독일의 허락에 따라 수출되었다. 시계공들은 스톱워치를 분해한 뒤 평범한 시계로 조립한 후 봉쇄망을 통과하여 수출하였으며, 이는 영국에서 다시 스톱워치로 재조립되었다.

기계절삭공구로 사용되는 다이아몬드Diamond는 프랑스의 작은 도시에 산재해 있는 공장들에서 생산되었다. 프랑스가 독일군에 항복한 이후 비시 정부나 독일 누구도 다이아몬드가 영국으로 수출되는 것을 허락하지 않았다. 그러한 결과로 천연 다이아몬드와 다이아몬드 가루가 영국에서 스위스로 보내졌다. 스위스에서는 이것을 모아서 프랑스에 있는 다이아몬드 제작자에게 보냈고 그곳에서 작업을 거쳐 완성품을 만들어 다시 스위스로 보내면 이를 비밀리에 영국으로 보냈다.[212] 이러한 과정에서 스위스가 중간 역할을 하였다.

스위스는 1941년에 외국으로 작은 어떤 것들을 편지 속이나 소포에 넣어서 보내지 못하도록 조치를 취하였던 바 있다. 따라서 영국은 이를 타개할 목적으로 첩보조직을 비밀리에 세우고 수공업자들의 협력 아래 은밀히 기계부품을 구입하였다. 그 물자들은 외교행낭이나 외교특사, 남아메리카 외교관과 같은 중립국에 고분고분 하는 사람들을 이용하여 스페인으로 보냈다가 다시 영국으로 보냈다.[213]

포르투갈 리스본과 영국 런던을 운항하였던 스위스 민항기도 이러한 값으로 따질 수 없는 물자들을 목적지로 보내는 데 더할 나위 없이 좋은 수단이었다.

스위스 경찰이나 세관원들은 이렇게 물자를 비밀리에 보내는 것을 잘 알고 있었다. 그러나 양측의 관리들은 알면서도 모르는척함으로써 암묵적으로 그에 협조하였다. 산업현장에서도 사람들은 연합국들과 협력을 할 수 있다는 것에 대하여 기뻐하였으며 독일의 봉쇄를 우롱하였다.

1942년 말 연합군이 북아프리카에서 승리를 하고 동부에서는 독일군의 작전이 정체되어 있을 무렵부터 연합국이 스위스가 독일에 수출하는 제품을 줄이도록 많은 압력을 가하면서 불화가 생기기 시작하였다. 그러한 압력에 따라 독일에 물자를 판매하는 회사들의 블랙리스트를 만들어 놓도록 하였다. 블랙리스트에 포함된 회사들과의 거래는 당연히 적과의 거래로 간주되면서 거래가 금지되었다.

1943년 여름에 들면서 긴장은 최고조에 달하였다. 연합국은 그 무

---

212 Schwarz, *op. cit.*, p.92.
213 Foder, *op. cit.*, p.57.

렵 남부전선인 이탈리아 반도 남부에서 작전을 하고 있었고, 소련도 스탈린그라드 전투에서 승리하면서 반격하기 시작하였다. 전황이 연합군에게 유리하게 전개되고 있었던 것이다. 상황이 연합군에게 유리하게 전개되면서 그들은 독일에 대한 군수물자 수출 감소, 신용장 거래 거부, 독일과 이탈리아 간 철도 운행중단 등을 요구하였다.

1943년 11월 초 연방의회는 어떤 회사도 개인적 거래를 외국관리 또는 무역업자, 중개인 등과 하지 않도록 금지하였다. 그 무렵 영국 공군의 폭격기가 취리히 근처에 있는 볼 베어링 공장을 폭격하였다.[214] 이것은 독일군을 위한 군수품 생산에 연합군이 더 이상 참을 수 없음을 보여주는 마지막 경고로 받아들여졌다.

다행히 1943년 12월 새로운 무역협정에 도달하면서 다음해, 즉 1944년 전반기에 1억 SFr까지 수출품을 감소시키기로 양보하였다. 그에 대해 연합국은 스위스가 35만 톤의 밀과 설탕, 육류 등을 수입하는 데 필요한 통행증을 발급하기로 합의하였다. 그렇게 되자 이번에는 공개적으로 무기와 무기부품 수출을 감소시키는 데 대한 독일의 불만에 직면해야만 하였다.[215]

1944년 5월 연합국은 스위스가 독일군의 전쟁을 지속시킬 수 있는 기계공구, 볼 베어링, 기타 군수물자에 대한 완전한 수출중지와 낙농제품 같은 상품들의 수출을 점진적으로 줄일 것을 요구하였다. 스위스는 이러한 요구에 대하여 완전히 동의하지 않으면서 일부 양보하였다. 1944년 10월 초 연방정부는 군수물자에 대한 수출금지를 발표하면서 모든 교전국을 동등하게 취급해야 한다는 균형의 원칙은 유

---

214 Schwarz, *op. cit.*, p.93.
215 *Ibid.*, p.94.

지되었지만 이러한 금지 조치는 실제적으로는 추축국에만 영향을 미쳤다. 왜냐하면 당시 연합국은 전시 생산이 최고조에 달하면서 이미 스위스가 생산하는 물품들에 대해 더 이상 의존할 필요가 없었기 때문이다.

19. 지역방위 대책 강구

한국에서는 1960년대 초 북한이 무력적화 통일의 추구와 '4대 군사노선'으로 군사력을 강화하면서 대남적화전략을 본격적으로 추진하자 '내 고장은 내가 지킨다, 일하면서 싸우고 싸우면서 일한다'는 모토 아래 1968년 향토예비군을 창설하였다. 이렇게 창설된 향토예비군이 전·평시 후방지역의 방호와 안정유지, 전시증원병력 방호 등의 임무를 수행하는 것처럼, 스위스에서도 독일군의 침공에 대한 우려가 제기되면서 후방지역의 안정을 위한 추가적 부대창설의 필요성이 제기되었다.

1940년 4월 말 연방군의 간부회의에서 자원자들로 구성된 부대를 창설할 필요성을 제기되었고, 기상 장군은 아직 여분으로 남아 있는 수만 정의 구식총기를 이용하여 이들을 무장시키는 방안을 지시하였다.

5월 초 기상 장군은 지역방위대 창설을 의회에 건의하였고, 의회는 이를 승인하였다. 그들은 군의 구성원으로서 민간복장에 스위스군 완장을 차고 자신의 소총이나 군에 보관하고 있었던 구식의 소총을 인수하여 무장을 하는 방안이 시행되었다.

<그림 4-23> 60세 이상과 청소년 및 여자로 구성된 지역방위대의 모습

독일군은 5월 11일 벨기에 침공 당시 공정부대원 80명이 벨기에군 1,200여 명이 수비하고 있었던 에벤 에마엘Eben Emael 요새에 은밀히 낙하 침투해서 항복을 받은 적이 있다.[216] 노르웨이, 프랑스 침공 당시도 여러 차례 공정부대들이 먼저 낙하해서 특정목표를 점령하여 작전을 유리하게 전개할 수 있도록 한 바 있다. 스위스는 독일군이 침공할 시 공정부대의 사전 침공이 우려되었지만, 그렇다고 민병군들이 모든 후방지역을 방어할 수 있을 정도로 충분한 병력은 없었다.

이와 같이 독일군의 침공이 우려되는 상황과 다수의 민병군들이

216 폴 콜리어 외, 강만수 역, 『2차 대전-탐욕의 끝, 사상 최악의 전쟁』, 플래닛미디어, 2008, 120~121쪽; 정하명, 앞의 책, 295~296쪽.

동원돼 있는 상태에서, 사격협회는 독일군 공정부대의 침공에 대비하여 더 많은 실탄을 공급하고 각 부락은 동원에서 제외되고 남은 노령자와 청소년, 여자들로 편성된 지역방위부대를 창설하여 총력 저항을 할 것을 주장하였다.[217] 스위스군도 독일군의 공수부대들이 후방지역에 낙하해서 후방의 중요한 지역을 점령하거나 친독주의자와 제5열 등이 작전지속능력을 저하시키는 행동을 우려하지 않을 수 없었다. 이러한 우려로 창설된 부대가 지역방위대Ortswehren, 즉 향토를 방위하기 위한 부대였다.[218]

이렇게 창설된 지역방위대의 모습에 대해 미국의 어느 일간지는 "수천수만의 노년층과 여성, 어린이들이 지역방위를 위해서 총과 40발의 실탄을 휴대하고 임무에 나서고 있다"고 보도하였다. 당시 스위스는 400만여 명의 인구에 50만여 명의 동원 외에도 20만여 명이 지역방위를 위해서 동원된 상태였다.[219]

독일 사람들이 "스위스의 모든 마을들이 방위거점인 것처럼 판명되었다"고 할 정도로 마을로 들어가는 입구는 지역방위대원들이나 민병군들이 바리게이트를 치고 경계를 하였으며, 연방정부는 독일군이 침공할 시 이를 격멸하기 위해서 막대한 규모의 예산을 투입해서 철조망 같은 장애물과 기관총 진지, 벙커 등을 모든 부락에 설치하였다.[220]

이렇게 창설된 지역방위대는 그 규모가 약 20만여 명으로 스위스의 모든 지역에서 무장시민 저항력으로서 임무를 수행하였다. 이는

217 Halbrook(2003), *op. cit.*, p.97.
218 *Ibid.*, pp.106~107.
219 *Ibid.*, p.102.
220 Foder, *op. cit.*, p.36.

〈그림 4-24〉 마을에 설치된 바리케이드 장애물과 경계를 하고 있는 지역방위대원

나치독일군이 침공을 하면 모든 국민들이 어떤 대가를 지불하더라도 국가를 지키겠다는 정신방위 차원의 총력저항 자세를 보여준 것이다.

이러한 스위스의 전국적인 대비태세에 대해 독일의 게슈타포와 친위대 등 비밀 정보기관들은 스위스의 제5열들과 협조를 해서 만약 독일군이 스위스를 침공해서 점령하게 되면 체포를 해야 할 정치인과 언론인, 유태인, 군 장교 등의 명단을 작성하면서 아울러 체포된

인원 중 즉시 처형할 사람과 수용소에 보낼 사람, 긴밀히 감시할 사람을 구분하는 작업도 실시하였다.[221]

20. 알프스 통행 거부

스위스는 독일과 프랑스, 오스트리아 등에 의해 둘러싸여 있다. 당시 추축국이었던 독일과 이탈리아가 상호 군대 또는 장비 · 물자를 보내기 위해서는 스위스를 경유하는 것이 단거리이고, 이를 위해서는 중립국 스위스의 동의 아래 알프스 철도를 이용해야만 하였다.

당시 이들 3개국과 중부유럽을 연결하는 주요 축으로 몽 세니(프랑스-이탈리아), 심플론(스위스-이탈리아), 산. 고타르드(스위스-이탈리아), 브레너(독일-오스트리아-이탈리아) 등의 국제철도가 있었다. 1940년 이탈리아가 추축국의 일원으로 전쟁에 참여하였을 때 알프스를 통과하는 철도는 더욱 중요하였다. 영국이 해상을 봉쇄하면서 두 추축국 간의 해상수송이 불가능하게 되자 육상 수송, 특히 철도의 중요성이 대두되었다.[222]

이탈리아와 프랑스를 연결하는 몽 세니 철도는 더욱 중요하였다. 중립국 스위스를 통과하는 심플론과 산. 고타르드 선은 군수물자 수송이나 병력을 수송하기 위해 사용할 수는 없었다. 따라서 오스트리아의 잘츠부르크와 이탈리아의 베니스 및 트리에스테를 연결하는

---

221 Halbrook(2003), *op. cit.*, pp.109~110.
222 Schwarz, *op. cit.*, p.63.

타우런 선 외에도 브레너 선이 독일군 병력과 장비를 이탈리아로 수송하기 위해서 또는 이탈리아 병력과 물자를 독일로 수송하기 위해서 사용되었다.[223]

독일은 이탈리아에 석탄이나 철광석 · 석유 · 목재 등을, 이탈리아는 독일에 농산물 제품 등의 물자를 수송하기 위해 심플론과 산. 고타르드 선을 이용해야만 하였다.

그러한 물자들의 수송은 1909년 10월 중순에 체결된 조약, 즉 전시 군수물자를 제외한 모든 상품의 수송을 할 수 있도록 인정하는 국제조약에 근거하여 할 수 있었다. 스위스는 항상 이 조약을 인용하여 연합국이 독일과 이탈리아의 철도 수송량을 줄일 것을 요구할 때도 답변하였다.

스위스 철도는 전기화되었으며 당시로서는 현대식의 설비를 갖추었기 때문에 짧은 시간에 많은 양의 제품을 처리할 수 있었다. 연합국에게는 이것이 추축국에게 도움을 주어서 끊임없는 갈등의 원인이 되었고, 특히 미국이 스위스에 문제를 제기하였다.

독일에게는 중립국을 통과하는 이 선이 빠르고 피해를 입지 않은 대단히 중요하며 전략적 수송로였다. 추축국은 이러한 철도의 사용이 스위스에 의존하는 것을 뜻하며, 따라서 철도를 사용하지 못하게 될 경우에는 걱정거리가 되지 않을 수 없었다. 스위스가 자국을 통과하는 철도선에 대해서 이론적으로는 어느 때라도 개입할 수 있었기 때문이었다.

그러나 내륙국가인 스위스는 스위스대로 많은 취약점을 갖고 있

---

223 *Ibid.*

었다. 그중에서도 가장 중요한 문제는 식량과 석유의 부족이었다. 우선 국민을 먹여 살릴 식량은 경작 가능한 토지의 부족에 따라 수요를 충족할 수 없는 문제가 있었고, 석유도 한 방울 생산되지 않기 때문에 이 문제 역시 해결해야만 되었다. 추축국 역시 알프스를 통과하는 철도가 대단히 중요하였기 때문에 철도는 스위스에게 생존을 위한 문제를 넘어서 대단히 강력한 무기였다. 따라서 스위스나 추축국이나 적절한 선에서 협상을 할 필요가 있었다. 스위스는 이 철도를 완전히 차단하는 것을 염두에 두지는 않았지만, 추축국의 기습공격이나 점령에 대비는 해야만 하였다.

스위스를 통과하는 철도는 1940년 6월 시작된 국가요새화 계획에 따라 독일군의 침공을 거부하기 위한 새로운 수단의 하나로 운용할 필요성이 있었다. 따라서 심플론 철도의 터널(20km)과 산. 고타르드 터널(15km) 입구에는 독일군이 기습적으로 점령하는 상황에 대비하여 암석을 파내고 그 자리에 많은 양의 폭약들을 설치하였다. 또한 아군의 거부작전을 방해할 목적으로 독일군들이 터널입구에 접근하는 것을 방지하기 위해 진지를 설치하고 민병군이 엄중하게 방호하였다.[224]

스위스군이 설치한 폭발물을 폭발시켜 철도를 사용하지 못하게 될 가능성에 대비하여 독일군이 핵심적 철도 통제체제를 확보하기 위해 갑자기 공격을 시도할 위험성에 대한 대책도 검토되었다. 반면에 연합군이 공습으로 파괴하여 추축국의 군대가 사용하지 못하도록 방해할 가능성도 있었다. 따라서 이 모든 상황에 대비해서 철도를 방

224 *Ibid.*, p.64.

호하기 위해 노력하면서도 최악의 상황에서는 누구도 사용하지 못하도록 폭파하기 위해서 폭약을 설치하는 준비도 하였다.

철로 궤도, 교량이나 터널, 중요한 케이블 등 이루 헤아릴 수 없는 많은 시설들이 민병군 병력에 의해 방호되었다. 대공포들도 철도를 따라 배치되었다. 전략적으로 국가요새화 계획은 이러한 철도들이 교차하는 곳이나 그 지점으로 접근하는 곳을 포함하여 계획되었다. 이렇게 국가요새화 계획은 독일군들이 공격할 시 철도를 파괴하여 여러 해 동안 사용치 못하게 함으로써 강한 억제력 효과를 갖고 있었다.

스위스는 알프스를 통과하는 철도를 전쟁의 전 기간에 걸쳐 독일과 어려운 경제협상을 하는 데 전략적 수단으로 사용하였다. 연방정부는 독일이 스위스를 통과하는 철도를 이용하여 군수물자 통과를 시도하려는 것을 막았다. 전쟁과 관련되는 어떤 물자도 세관당국이 세밀히 검사하게 만들어 그 이후부터 스위스를 비밀리에 통과하는 것이 불가능하게 되었다.

석유와 철강은 전쟁을 함에 있어서 필수적인 물자이다. 석유는 부대 기동과 국민생활에 있어서, 철강은 무기와 탄약을 만드는 데 있어 필수적이기 때문이다. 따라서 이러한 물자들이 부족하다는 것은 전쟁지속능력이 부족한 것이고, 이는 전쟁에서의 승리를 어렵게 만든다. 특히 독일이나 이탈리아는 이러한 자원이 넉넉지 못하여 외부로부터 많은 양을 수입하고 있었고, 그 수송로상 중간에 위치하고 있는 스위스의 역할이 중요했기 때문에 연합국이 이를 차단하는 것은 추축국들의 목줄을 쥐는 것과 같았다.

따라서 미국은 스위스에게 독일과 이탈리아로 들어가는 석유와 철강 같은 전략물자를 스위스의 철도를 경유하여 수송하지 않도록 요구하였다. 1943년에는 영국과 미국이 독일과 이탈리아 사이에서 석유를 더 이상 통과시키지 않도록 요구도 하였다. 1944년 8월에는 똑같은 요구가 전 품목으로 확대되었다.

미국은 전략물자와 시민의 생활용 물자의 구분을 결코 받아들이지 않았다. 미국은 스위스가 내륙국가로서 전략적으로 취약한 문제들이 있음을 이해하려 들지 않았다. 미국은 오로지 한 측면만을 보았는데, 그것은 중립국이 독일이든 이탈리아든 추축국을 이롭게 해서는 안 된다는 것이었다. 미국은 4년여의 전쟁기간 동안 스위스가 완전히 추축국에 의해 둘러싸여 있었던, 그래서 그로부터 야기되는 어려움을 몰랐다. 영국은 1차 대전은 물론 한창 진행되고 있었던 2차 대전에서도 해상봉쇄를 하면서 얻은 경험과 독일과의 전쟁을 통해 식량과 석유 등 물자부족의 어려움을 많이 겪었기 때문에 미국에 비해 스위스를 더 많이 이해하고 있었다. 반면에 미국은 영국과 같은 경험이 없었기 때문에 스위스의 어려운 입장을 이해하려는 데 소극적이었다.

21. 이적활동의 통제

스위스의 북동부 지역에서 독일에 인접해 살고 있는 독일계 주민들은 독일에서 송출하는 라디오 방송을 듣고 있었다. 당시 스위스의 민주적 절차에 익숙해져 있었던 그들은 히틀러가 1933년 정권을 잡고 난 뒤 정적들을 무자비하게 제거하는 것을 보면서 나치와 국가사회주의자들을 혐오하고 있었다.

반면에 주로 서부지역에 거주하고 있었던 프랑스계 스위스 주민들은 독일보다는 프랑스와 관계를 많이 갖고 있었고, 따라서 독일에서의 국가사회주의에 대한 관심이 상대적으로 희박하였다. 이러한 사회적 분위기와는 달리 사회 일각에서는 나치당과 히틀러가 공산주의 확산을 막아주는 보수주의자들로 생각하는 경향마저 있었다.[225] 스위스 언론의 압도적 다수는 나치독일과 국가사회주의에 대해 혐오감을 나타내고 있었지만 히틀러와 나치에 대한 혼재된 여론이 존재하고 있었던 것이다.

스위스 주재 독일대사는 독일에 대한 스위스 대중들의 비우호적인 태도를 다루는 1937년 9월의 보고서에서 "스위스 대부분의 국민들이 독일의 대외정책과 국내정치 발전을 반대한다"고 하였다. 그는 특히 반독일 감정이 국경지역에서 현저하며 독일에 대한 반대시위로 발전되고 있다고 하였다.[226]

뮌헨 위기가 발생하였을 당시 베른 주재 독일대사는 스위스 사람들에 의해 독일국민들이 모욕을 당하고 독일 상인들이 불매운동을 당하고 있다고 불만을 터트렸다. 1938년 12월 초 독일대사는 스위스 외무장관과의 대담에서 스위스의 반독일 감정과 선전을 비난하면서 만약 스위스 정부가 언론을 자제시키지 않으면 독일과 스위스의 관계가 악화될 것이라고 강조하였다. 이와 동시에 독일에서는 스위스에 대한 독일 언론의 캠페인이 격렬해지기 시작하였다. 나치의 신문들은 스위스에서의 나치에 대한 비난, 유태인과 마르크스주의자들에 대한 피난처 제공, 다른 국가사회주의자들에 대한 반대 등은 스위스

---

225 Schwarz, *op. cit.*, p.4.
226 Howard, *op. cit.*, p.205.

정부가 선언한 중립정책과 일치하지 않는 것이라고 비난하였다.[227]

독일은 이런 저런 이유를 들어 스위스가 나치독일에 호응하지 않으면 중립을 존중해주기로 한 약속을 폐기할 수 있음을 강조하였다. 독일은 스위스의 중립이 스위스가 어떻게 행동하느냐에 달려있으며, 독일이 일방적으로 지켜야 할 준수사항이 아니라고도 하였다.[228]

1938년 3월 독일의 오스트리아 합병과 1939년 3월의 체코 합병은 스위스에게는 커다란 충격이자 두려움과 혐오감으로 다가왔다. 스위스는 오스트리아와 체코가 독일의 국가사회주의자들의 선전전에 속거나 무자비한 무력의 사용으로 총 한방 쏘지도 못하고 심지어는 아무런 저항 없이 점령된 것으로 이해하였다. 그들은 스위스에서 당시 친독일적 운동과 반민주적인 행동도 오스트리아에서와 같은 국가사회자들의 음모로 이해하였다.

오스트리아의 합병과 체코 분할은 스위스 국민들에게 스위스의 운명에 대해 비관적 생각을 갖게 만들었다. 1939년 9월의 폴란드의 항복도 마찬가지였다. 이제 그들은 독일어를 사용하면서 독일계 주민들이 다수 살고 있는, 그러나 독일의 지도자와 국가사회주의에 반대하는 작은 스위스로 그 침략의 방향이 전환될 것을 매우 우려하였다. 독일에서는 일부 언론들이 독일어를 사용하는 스위스를 점령하는 것을 공공연하게 옹호하면서 프랑스어를 사용하는 지역은 프랑스로, 이탈리아어를 사용하는 지역은 이탈리아로 돌아가라고 주장하는 일도 발생하였다.[229]

227 *Ibid.*
228 *Ibid.*, p.206.
229 Schwarz, *op. cit.*, p.5.

이러한 분위기에 편승하려는 듯 스위스에서는 1차 대전이 끝난 뒤 스위스가 작은 나라로 그 국력의 열세함 때문에 이를 극복하고자 독일에 기대려는 운동, 로마 가톨릭에 기대려는 운동, 공산주의를 혐오하는 운동, 자본가와 기업을 싫어하는 운동, 스위스의 중립을 거부하고 영웅적인 군사적 전통을 중시하는 조직 등이 30년대의 경제적 위기의 어려움 속에서 서로 간 합종연횡을 하면서 활동하고 있었다.

당시 스위스의 헌법질서와 민주제도는 두 가지에 의해 위협을 받고 있었는데, 그것은 스위스에 있는 독일의 국가사회주의 조직과 나치 이데올로기에 전염돼 스위스에서 자생적으로 발생한 조직들로부터의 위협이었다. 이 중 독일의 국가사회조직은 히틀러가 정권을 잡기 이전부터 스위스에서 활동을 하고 있었다. 1933년 이후 이들의 활동은 스위스 국민과 정부의 걱정거리였으며, 이들은 오스트리아와 체코의 수데텐란트에서 제5열의 활동 때문에 더욱 격화되기 시작하였다. 스위스에서의 국가사회주의 노동자당과 많은 스포츠 그룹이나 학생그룹, 히틀러유겐트 등의 보조조직들은 독일에 있는 국가사회주의당에 의해 직접 통제되고 있었다. 스위스에 거주하고 있었던 독일 국민들에게는 한 두 개의 조직에 가입하도록 강력한 압력이 가해졌다. 이렇듯 나치조직의 활동은 스위스의 헌법적 질서와 독립유지에 나쁜 영향을 미쳤다.[230] 이들은 비록 그 규모는 작았으나 스위스의 안보에 있어서는 커다란 암적 존재였다.

히틀러가 대독일 제국에 스위스를 포함하는 것을 부인하였음에도 불구하고 스위스 사람들은 이를 두려워하였다. 연방의회가 이런

---

230 Howard, *op. cit.*, p.206.

문제점을 지적하였지만, 그럼에도 불구하고 정부당국이 국가사회주의자 조직을 금지하는 것은 불가능하였다. 나치독일은 이러한 행동을 나치에 비우호적인 행동으로 간주했고 연방정부는 이러한 나치를 내심 두려워하였던 것이다. 게다가 나치는 스위스에서 나치 전위조직을 이용하여 선전선동을 하면서 연방정부를 주의 깊게 관찰하고 있었다.

연방정부가 할 수 있었던 것이라고는 '국가안보법'을 강화하고 불법적 행동이 발생하는지 주의 깊게 살펴보는 것이었다. 이런 가운데 마침내 국내치안상황을 강화하기 위한 포괄적 대책들이 1935년 6월에 시행되었고, 국가전복 활동에 보다 효과적으로 대처하기 위한 법률이 1938년 5월 말 시행에 들어갔다.[231]

정부는 보다 강화된 새로운 법률로 특별경찰을 창설하여 이 법률로 스위스로 밀반입되는 나치의 선전선동 간행물을 색출하고 친독일 기사를 게제하는 신문의 발행을 금지시켰다. 또한 스위스와 외교관계를 손상시킬 수 있는 외국을 비판하는 기사들이 신문에 게재되는 것을 통제하는 임무도 수행하였다.

독일의 조직들 가운데 특히 나치와 연계되는 학생조직들은 추방됐고, 새로운 거주 허가는 갱신되지 않았다. 연방정부와 주 정부, 지방단체의 경찰 사이에서는 긴밀한 협조체제가 유지되면서 국내외에서의 국가사회주의자 조직에 대한 광범위한 자료들이 축적되기 시작하였다. 이 축적된 자료와 오스트리아 및 체코 사태가 주는 경고에 따라 1938년 12월 초 공공질서와 민주주의 수호에 반하는 활동을 진

231 *Ibid.*, p.207.

압하기 위한 새로운 법률이 통과되었다.[232]

1938~1939년 스위스 국내에서 자생하는 국가사회주의자 주요 조직에는 국가전선National Front, 스위스 민주협회가 있었고, 라틴계 주요조직에는 국가연맹National Union이 있었다. 이들 조직들은 비록 그 조직원들이 많지는 않았지만 독일의 나치조직들과 연계하여 잘못된 행동을 할 가능성이 있었다.

외국의 정치조직들과 스위스의 정당이 관계하는 것을 금지하는 포고령에도 불구하고 독일과 국내 국가사회주의자들 간의 긴밀한 접촉이 유지되었다. 이러한 일로 1938년 가을 시작된 연방검찰의 수사에서 국가사회주의자들에 대한 충분한 증거를 입수하여 1939년 여름에 지도자와 조직원들에 대한 소송을 시작하였다. 그들에게는 독일정부와 외국공관의 구성원, 제3제국에 이익이 되는 정치와 군사문제에 대한 정보수집 등의 혐의가 적용되었으며 그들 중 혐의가 무거운 사람은 무기징역과 함께 시민권이 박탈되는 형을 받기도 하였다.[233]

나치의 전위조직 가운데 가장 큰 조직은 나치독일식 복장과 완장을 차고 행동하는 '국가전선'으로, 그들은 나치독일과 연계되어 있었다. 1939년 당시 이 조직에 속해 있었던 사람들은 전 인구의 1%인 약 4만여 명에 달하였다.[234] 이렇게 그들은 '독일의 스위스 연방Nationalsozialistischer Schweizer Bund' 또는 '대독일 스위스 연방Bund der Schweizer in Großdeutschland'이라는 이름으로 나치를 지지하는 집회를 하였다.[235]

---

232 *Ibid.*
233 *Ibid.*, pp.207~208.
234 Schwarz, *op. cit.*, p.7.
235 Arnold Toynbee and Veronica M. Toynbee, *Hitler's Europe*, London : Oxford University Press, 1954, p.77

〈그림 4-25〉 취리히에서 국가사회주의당의 조직원들이 운동장에 입장하는 모습과 나치식 인사 장면

출처 : Foder, *The Neutrals*, p.48.

나치 전위조직은 나치독일과 은밀히 연계하여 선전전과 스파이 활동, 국가 전복활동 등을 촉진시킬 수 있는 온상이 되었기 때문에 위험하였다. 독일과 가까운 국경도시인 바젤이나 내륙의 루체른, 취리히 등지에는 독일에 친척이 있는 사람들이 다수 거주하였으며, 또한 이 지역에는 독일의 대학에 통학하는 학생들도 나치의 영향을 받

고 있었다.[236] 나치에 동조하는 학생들 가운데 일부는 독일로 보내기도 하였다. 스위스에 살고 있는 독일계 주민들에게는 나치당 조직을 만들도록 압력과 회유, 공개적 위협이 가해지기도 하였다. 이들은 때로는 스위스의 나치 전위조직들과 합류하여 스위스 안정을 해치기도 하였다. 소련과 연계되는 여러 공산당 조직들과 그들의 활동도 스위스의 안전을 위협하고 있었다.

이러한 위협에 대해 스위스군당국이나 경찰에서는 그들이 전쟁이 발발하면 파업을 하거나 또는 국가전복 활동을 하는 나치 전위조직들을 지원하는 역할을 할 것이라고 예상하고 있었다.[237] 이러한 조직들은 1940년 6월 프랑스가 독일군에 항복하자 더욱 활동적으로 바뀌면서 스위스 안보에 커다란 위협이 되었다.

당시 스위스에는 16,000여 명의 독일인이 있었는데, 이들은 대부분 국가사회주의자들로 이들 중 3,000여 명은 귀국하여 독일군으로 편입됐고 나머지는 육체적으로 부적합해서 잔류한 이유도 있었지만, 그보다는 스위스에 남아서 국가사회주의 운동과 스위스 전복활동을 하는 것이 유리하다는 판단에 따라 그대로 잔류하였다.[238] 이들은 독일군이 폴란드와 프랑스 등에서 연속적으로 승리하는 것을 보면서 다른 전위조직들과 같이 선전물을 나눠주는 등으로 독일에 우호적인 활동을 하다가 궁극적으로는 독일의 지시에 따라 정부를 무력으로 전복하고자 하였다.

1938~1939년의 오스트리아와 체코 합병, 그리고 폴란드 침공을

---

236 Foder, *op. cit.*, p.47.
237 Schwarz, *op. cit.*, p.8.
238 Foder, *op. cit.*, p.53.

본 연방정부는 당시 나치독일에 대한 공포심으로 오랫동안 이러한 조직들의 매국적 활동들을 묵인하고 있었다. 그 조직들은 대통령과 면담을 요구하면서 그들이 선전활동을 지속할 수 있도록 권리를 보장하고 자유로운 모임과 선전간행물 발간 허용, 체포된 조직원들의 석방과 그에 따른 보상을 요구하기도 하였다. 이러한 요구에도 연방정부는 애매모호한 태도를 취하였다.[239] 그러한 활동을 통해 그들은 연방정부를 전복하고자 하였다.

1940년 11월 기상 장군은 연방정부에 국가안보를 위태롭게 하는 조직들의 활동을 포함하는 보고서를 제출하였다. 그는 보고서에서 이러한 나치 전위조직들의 활동들에 대해 더 늦어지기 전에 연방정부 차원에서 조취를 취해야 하며, 만약 적절한 행동을 취하지 않으면 중대한 결과를 가져올 것이라고 경고하였다.

이러한 경고에도 불구하고 사회적 혼란이 가중되자 마침내 연방정부는 국가운동을 해산하고 그들의 출판물 발간을 중지시켰으며, 며칠 뒤에는 공산당 활동도 전면적으로 금지시켰다. 이렇게 해서 1939~1940년 스위스에 커다란 위협이 되었던 국가사회의 분열상을 극복하기 시작하였다.[240]

---

239 Howard, *op. cit.* p.214.
240 Schwarz, *op. cit.*, p.8.

22. 스파이 활동 감시

스위스는 2차 대전 초기 연합국의 한 축이었던 프랑스와 추축국의 핵심 당사국이었던 독일, 이탈리아, 그리고 독일이 합병하였던 오스트리아에 의해 둘러싸여 있었다. 또한 스위스에는 국제연맹이나 국제적십자사 같은 국제기구들이 본부를 두고 있었다. 이로 말미암아 당연히 세계 여러 국가에서 대표단을 상주시키거나 외교관들을 보내다 보니 외국 사람들이 많을 수밖에 없었고 그중에는 간첩도 있었다. 만약 그들이 무기를 소유하고 있다면 이는 스위스 안보에 커다란 영향을 줄 수 있었다.

따라서 스위스 정부는 1940년 5월 11일 모든 외국인이 소지하고 있는 소화기들을 즉시 경찰에 제출하라고 명령하였으며, 연방 법무 및 경찰부는 20일 스위스 안보에 바람직하지 않은 것으로 판단되는 외국인을 즉시 추방하도록 권한을 부여받았다.[241]

스위스의 법무부나 경찰 또는 군의 참모부에서는 많은 외국 정부가 1차 대전의 유산인 간첩을 스위스에 파견하고 있음을 알고 있었다. 그들의 임무는 통상적으로 이웃한 국가의 정치와 경제, 과학기술과 군사 등에 관한 첩보를 수집해서 본국에 보고하는 것이었다.

유럽의 중앙에 위치하는 지정학적 특성과 수많은 국제기구로 인하여 스위스는 첩보활동을 하기에 적합하였다. 여기에 독일이나 프랑스, 오스트리아, 이탈리아를 연결하는 철도망과 우편통신 체제의 발전, 국경을 넘어오는 외국 사람들의 방문, 독어 · 프랑스어 · 이탈

---

241 Howard, *op. cit.*, p.210.

리어 3개 국어를 사용하는 국민, 정부의 느슨한 태도 등이 어우러져 유럽의 다른 어느 국가보다도 더할 나위 없이 자유로운 활동여건이 마련되어 있었다. 이러한 환경은 간첩들의 활동에도 유리한 여건을 조성하였다.

간첩활동의 본부는 일반적으로 수도 베른의 대사관이나 전략적으로 국경에 가까운 바젤, 제네바, 루가노, 취리히, 성 갈렌 같은 곳에 위치한 외국공관이었다. 이런 시설들은 외국공관으로서 보호를 받았고 스위스 정부가 통제와 간섭을 할 수도 없었다. 스위스 정보당국은 오히려 그들이 스위스에 관심을 갖는 것보다는 서로 다른 적국 — 연합국은 추축국, 추축국은 연합국 — 에 대해 관심을 갖고 있다고 생각하여 무관심하였다.

그러나 정보기관의 비밀보고서에서 스위스가 독일군의 침공목표 목록에 포함되었다는 것이 알려지면서 상황은 급변하였다. 따라서 스위스는 간첩활동을 하는 외국공관들에 대한 감시를 시작하였다.

전쟁기간 중 1,400여 명이 간첩활동 혐의로 체포되었는데,[242] 그중 245명은 스위스인, 100명은 독일인이고 그 외에 외국인들도 있었다. 당시 독일의 대사관은 간첩활동을 위한 장비를 잘 갖추고 있었으며, 그곳에서는 국방군Wehrmacht, 게슈타포Gestapo, 나치당(NSDAP) 등 3개의 주요 조직들이 1,000여 명을 고용하여 첩보 수집활동을 위해 경쟁하고 있었다.[243]

베른에서 활동하고 있었던 스파이 가운데는 외교관으로 위장한 사람들도 많았다. 특히 히틀러가 영국과의 전쟁에 노력을 기울이고

---

242 Calvocoressi and Wint(1989), *op. cit.*, p.270.
243 Foder, *op. cit.*, p.54.

있을 때 많은 스파이들은 스위스로 몰려들었다. 베른 주재 미국 대사관은 1차 대전 말기에 주요한 정보센터였다. 그 센터의 멤버 중의 한 사람이었던 덜레스Allen Dulles[244]는 이때 그곳에서 첫 번째 훈련을 받기도 하였으며, 후일 1941년 12월 미국이 일본의 진주만 기습으로 태평양 전쟁에 휘말려 들어가자 베른에 도착해서 미국의 전략정보국Office of the Strategic Services(OSS) 책임자로서 임무를 시작하였다.[245]

당시 덜레스의 전략정보국이 수행한 임무는 추축국을 주의 깊게 감시하면서 필요시는 추축국에 대항해서 저항활동을 하는 비밀단체들을 지원하는 것이었다. 그는 이 기관의 장으로서 저항운동 단체의 단원들과 긴밀한 관계를 유지하면서 그들과 외부세계를 연결시켜주는 역할도 하였다.

덜레스는 1943년 연합군의 북아프리카 작전이 막바지에 다다를 무렵 독일군이 스위스를 침공할 준비를 하고 있다고 하면서 "스위스는 동원이 최대로 되었을 때에는 전 인구의 1 / 5인 85만여 명의 인원이 무장을 하고 있다. 스위스가 전쟁을 하지 않은 이유는 그들의 저항의지와 자신들의 방위를 위해 인원과 장비에 많은 투자를 했기 때문이다. 독일군이 스위스를 침공했으면 많은 대가를 지불해야만 되었을 것이다"[246]고 말한 적이 있다.

북부 이탈리아의 빨치산과 프랑스에서의 레지스탕스 활동을 하

---

244 미국이 2차 대전에 참전하면서 미국 정보기관인 전략정보국(OSS)의 도너번 대령에 의해 발탁되었다. 1942년 10월부터 1945년 5월까지 베른 주재 OSS 국장으로 있으면서 북이탈리아에 주둔한 독일군의 항복을 받아내는 데 중요한 역할을 수행했다. 1951년 CIA가 설립된 후 부국장을 지내다가 1953년 아이젠하워 대통령에 의해 국장으로 임명되었다.

245 Foder, *op. cit.*, p.54.

246 Halbrook(2003), *op. cit.*, pp.180~181.

였던 단원들은 미국과 연결되는 비밀요원들로부터 무기와 탄약을 지원받았다. 그중에는 스위스와 프랑스의 제네바 호에 인접한 지역에서 활동하고 있었던 프랑스의 레지스탕스 조직인 마키Maquis가 있어서 미국의 비밀요원을 통해서 무기와 탄약과 식량을 지원받기도 하였으며, 북부 이탈리아의 빨치산과도 긴밀한 관계를 유지하고 있었다.

이 비밀요원들은 독일과 이탈리아에 억류되었던 전쟁포로들을 탈주시켜 스위스로 입국하거나 또는 스페인이나 포르투갈 등으로 도피하도록 도움을 주기도 하였다.[247]

레지스탕스도 때때로 베른에 중요한 정보를 제공하였는데, 그중의 하나를 보면 독일이 발트 해 연안의 페네뮨데에서 히틀러의 비밀병기인 V-1, V-2 미사일을 개발하고 시험하고 있다는 정보도 있었다.

일본도 스위스에서 육군과 해군이 각각 정보원을 운용하였다. 육군의 정보장교들은 유럽에서 전쟁을 일으켰던 추축국의 전체주의자들이 일본의 군국주의자들과 같은 것으로 인식해서 특히 독일과 긴밀한 관계를 유지하면서 첩보를 교환하기도 하였다. 반면에 해군 정보장교들은 태평양 전투에서 일본군이 패하기 시작하자 미국과 우호적 관계를 갖고자 노력하였다.[248] 1945년 8월 15일 일본이 항복하자 육군 정보요원들은 자살하였지만, 해군 요원들은 미군의 적절한 대접을 받았다.[249]

한편, 스위스에서의 사회주의자들의 활동도 문제였다. 1943년 여

---

247 Schwarz, *op. cit.*, p.103.
248 Foder, *op. cit.*, p.55.
249 Schwarz, *op. cit.*, p.104.

름 전쟁이 서서히 종반전에 다다를 무렵에 실시된 선거에서 사회당은 11석을 얻으면서 최초로 연방각의에 대표자를 보낼 수 있게 되었다. 대부분 마르크스주의자들인 사회당은 연방정부의 독일에 대한 유화적 태도에 대해 몹시 비판적이었다. 그들은 연방정부가 우익들보다 좌익 활동을 억제하는 데 권한을 더 사용하는 것을 보면서 불평하였고, 외교정책에서는 소련과 정상적 관계를 유지할 것을 주장하였다.[250]

전쟁이 끝나갈 무렵에 발표된 연방군의 보고서는 베른에서 연합군을 위해 일하고 있는 첩보기관들이 예외 없이 그들의 적인 추축국에 대해서는 관심이 있었지만 스위스의 군사정보에 대해서는 거의 관심이 없었다고 하였다.(이들 국가가 군사적으로 스위스에 관심을 가질만한 이유나 가치가 없었다고 해도 과언이 아닐 것이다.)

1918년부터 1936년까지 스위스군에서는 군사정보가 거의 믿기 힘들 정도로 소홀히 취급되고 있었다. 정보조직은 소규모로 있었고, 그 조직들의 활동은 행정적인 면이 강하였다.

유럽에서 긴장이 강화됨에 따라 군사정보의 필요성 역시 확대되기 시작하였다. 1939년 9월 초 이 분야에 근무하는 장교들의 숫자가 베를린, 파리, 로마에 주재하고 있는 무관들을 제외해도 10여 명에 불과하였다. 그들은 후일 120여 명으로 확대가 되기는 하였지만 소규모의 인력이 아주 효과적으로 업무를 하였다.[251]

전쟁기간 스위스 정보국에는 120명의 장교 외에도 숫자가 알려지지 않은 비밀요원들이 있었다. 그들의 임무는 외국 육군, 특히 스위스

---

250 Howard, *op. cit.*, p.224.
251 Foder, *op. cit.*, p.54.

와 국경선을 맞대고 이웃하는 독일과 이탈리아, 프랑스 육군에 관련되는 것을 입수해서 스위스군의 최고사령부에 보고하는 것이었다.

독일군의 움직임에 관한 정보는 스위스의 안보를 위해서 특히 중요하였다. 따라서 이러한 정보를 얻기 위해 비밀요원들은 비밀 암호명을 갖고 히틀러의 최고사령부에 근무하는 장교들과 접촉을 통해서 신뢰할 만한 정보를 수집하여 스위스군의 최고사령부에 전달하였다.

또한 히틀러의 최고사령부 통신센터에도 비밀정보원들이 있어서 그들이 국방군의 작전계획을 야전의 예하대로 보내는 것보다도 먼저 스위스에 제공함으로써 독일군보다도 먼저 알기까지 하였다.[252] 그러나 이러한 조직들은 전쟁이 끝나갈 무렵, 정보국 수장의 실수로 붕괴되었다.[253]

군에서뿐만 아니라 민간에서도 정보활동에 대한 움직임이 있었다. 예를 들면 당시 스위스의 사업가였던 하우사만Hans Hausamann은 첩보수집센터를 설립하였는데,[254] 이를 설립한 기본적 목적은 스위스 국방력을 약화시키려는 정당은 물론 나치의 활동도 와해시키고자 함이었다.

하우사만의 첩보센터는 그들과 이웃하는 독일 국가사회주의자들의 위험성을 알리는 데 집중하였다. 그는 독일 사업계에서 중요한 인물들과 거래가 있었기 때문에 그가 수집한 독일의 의도와 군사적 준비에 관한 첩보는 값으로 따질 수 없는 가치의 것이었다.[255] 1939년

---

252 Foder, *op. cit.*, p.54.
253 Schwarz, *op. cit.*, p.106.
254 Kahn, *op. cit.*, p.441.
255 Foder, *op. cit.*, p.54.

동원 시에는 점진적으로 군대의 정보부서에도 그의 조직을 확대하였으며 마침내는 육군 정보기구로 통합되었다. 그의 사무실은 정보를 수집하는 가장 중요한 센터가 되어 중요한 역할을 하였다.[256]

1940년 5월 15일 라인 강 북쪽으로 독일군이 집중되고 교량설치용 자재들을 운반한다는 사항이 긴급히 보고되었다. 이 활동들은 후일 독일군의 공격이 임박한 것처럼 속이기 위한 목적과 간접적으로는 프랑스군 최고사령부가 남부지역에 배치된 프랑스 군을 북쪽으로 이동시키는 것을 방지할 목적으로 한 것으로 판명되었다.[257]

1945년 초 스위스의 정보국은 스파이를 통해서 독일의 바바리아 주와 스위스 국경에 접하고 있는 오스트리아 알프스에 소위 '민족의 도피처'를 만들어 놓고 최후의 결전을 시도할 준비를 하는 것으로 선전을 하였다.[258] 그러나 그것은 독일이 거짓으로 만든 것인지 또는 실제로 그런 계획이 있었는지 확실치 않으며, 실제로 실행되지도 않았다.

독일군은 스파이들이 추축국에서 수집한 비밀을 스위스군 정보부에 보고하면 여기서 다시 이를 연합국에 넘겨주는 것으로 의심하고 있었다. 따라서 독일은 그들이 의심하는 증거를 찾고자 하였다.[259]

---

256 Schwarz, *op. cit.*, pp.106~107.
257 *Ibid.*, p.108.
258 정하명 외, 앞의 책, 392쪽.
259 *Ibid.*

23. 방첩활동의 강화

스위스군의 전시 정보책임자인 마슨 대령은 독일의 셸렌베르크 Walter Schellenberg 장군과 개인적인 친분관계를 유지하고 있었다.(그는 전쟁 기간 중 세 번에 걸쳐 셸렌베르크를 만났다.) 셸렌베르크는 히믈러가 지휘하는 친위대의 안보국 책임자로서 스위스를 포함하는 지역에서 스파이 활동을 지휘하는 사람이었다.[260] 마슨은 셸렌베르크가 독일의 고위층과 히틀러의 최고사령부에 자주 호출되고 있음을 알고 있었기 때문에 스위스의 안보가 어려운 문제에 직면하면 이러한 셸렌베르크의 지위를 이용하고자 하였다.

1942년 9월 초 마슨은 셸렌베르크를 만나서 독일에 억류되었던 스위스군 장교 중 한 명의 송환에 합의하였다. 10월의 어느 날, 마슨은 셸렌베르크를 어느 시골의 사무실에서 다시 만났다. 두 번째 만남에서 마슨은 독일이 스위스의 중립을 불신하는 데 대해 강한 어조로 비난하였다.

셸렌베르크도 나름대로 두 가지 생각을 가지고 마슨을 만났는데, 첫 번째는 스위스 정보당국이 어디와 협조를 하고 있는지 특히 친위대가 의심하고 있었듯이 연합국과 협력을 하고 있는지 알아내고자 하였고, 두 번째는 스위스군에 정보를 제공하는 독일군 최고사령부의 장교들이 누구인지를 알아내고자 하였던 것이다.[261] 이러한 사항들은 종전 후 셸렌베르크가 뉘른베르크 법정에서 행한 발표에서 알

---

260 Ian Kershaw, *Hitler : 1936～1945 Nemesis*, New York : W. W. Norton & Company, 2001, p.817; Charles Whiting, *Hitler's Secret War : The Nazi Espionage Campaign Against the Allies*, Yokshire : Redwood Books, 2000, p.182.

261 Schwarz, *op. cit.*, p.110.

려진 것이다.

확인되지는 않았지만 셸렌베르크는 보다 원대한 계획을 갖고 있었던 듯하다. 그는 독일군이 소련을 공격할 경우 스위스에서 활동하고 있었던 미국의 덜레스를 경유하여 연합국들과 가능한 협상을 통해서 연합국들이 독일편에 서도록 어떤 채널을 개통하든가 아니면 독일군이 패할 경우 전쟁 이후 자신의 안전을 위한 보험을 미리 마련하고자 하였을 가능성도 있었다.[262]

마손과의 회담 이후 셸렌베르크는 새롭고도 대담한 계획을 추진하고자 하였는데, 그것은 마손의 중재를 통해서 스위스군 최고사령관 기상 장군을 만자고자 한 것이었다. 기상 장군은 이 제안을 그의 참모들과의 상의나 정부와 협의 없이 받아들였다. 그는 전쟁이 끝난 후 셸렌베르크를 만난 동기를 "나는 스위스군이 어떤 환경 아래서도 임무를 완수할 수 있을 정도로 강하지도 않고 스위스의 중립을 해하는 어느 누구의 공격에 대항해서 싸울 수 있을 정도로 강하지도 않다고 하는 그러한 잘못된 생각을 이웃하는 독일이 확신하는 것을 원치 않았기 때문이다"고 밝힌 바 있다.

기상 장군과 셸렌베르크의 모임은 스위스 최고사령부로부터 그리 멀지 않은 어느 시골에서 있었다. 그곳에는 셸렌베르크와 보좌관, 취리히 경찰총수와 같은 사람들이 초대되었고, 기상 장군도 마손과 함께 참석하였다. 식사가 끝난 뒤 기상 장군은 셸렌베르크에게 스위스는 독일군의 어떤 공격에서도 싸울 것이며,[263] 독일군이 침공할 경우 알프스를 통과하는 모든 철도가 즉시 폭파될 것이라고 천명하였다.

---

262 *Ibid.*, p.111.
263 Stern, *op. cit.*, p.158.

그들의 모임 소식은 연방정부와 소수의 의원들, 미국과 독일의 대사관에도 알려졌다. 외교장관과 국방장관은 이러한 모임이 사전에 협의되지 않은 것에 대해 충격을 받았다. 몇몇의 정치인들은 이 모임의 중요성을 과장하기도 하였다. 여러 논란에도 불구하고 기상 장군은 스위스의 중립정책에 대한 원칙을 지키기 위해 그의 임무를 하였을 뿐이라 언급하였다.

어떻게 보면 이 모임은 군의 최고사령관이 스파이 수장과 모임을 가졌다는 것에서 비상식적이고 또 그런 모임을 갖는다고 할지라도 비밀리에 갖는 것이 일반적 원칙일진대 이 모임은 이러한 것들이 처음부터 완전히 무시된 기상 장군의 의도였던 것이다.

한편 중립국이자 국제기구가 다수 위치하고 있는 스위스에는 많은 외국 공관이 있었으며, 그들 중에는 공식적 또는 비공식적으로 첩보수집 활동을 하는 공관원도 있었다. 그중에서 독일의 요원들은 안보상 스위스의 취약한 곳, 침공 시 저항의지를 약화시킬 수 있는 약점과 방법을 찾을 목적으로 제반환경을 면밀히 관찰하기도 하였으며, 파괴활동 계획도 준비하였다.

1938년 여름 스위스군 참모부는 각 주의 경찰에 그 위험성을 경고하였으며, 동시에 군대의 방첩활동부서인 SPAB라는 첩보조직을 만들어 전략적으로 중요한 지역과 국경지역에 거주하는 외국계 주민들의 행동을 감시하기 시작하였다.

당시 스위스 시민의 일부에는 외국의 첩보활동을 위해서 일하는 사람들도 있었다. 정부의 최고책임자 중에는 스위스의 안전에 위협이 되는 음모를 꾸미는 독일의 책임자까지도 진정한 친구라고 말하는 사람도 있었다.

스위스로부터 그리 멀지 않은 쉬트트가르트에는 독일군 정보국이 있어 그곳에서 스위스에서의 간첩활동을 지시하였다.[264] 그곳에는 스위스인을 고용한 조직이 있었고, 그 조직에서 일하는 사람들은 그곳에서 숙식을 해결하면서 시설파괴와 간첩 및 테러활동에 대해 훈련을 받았다. 문서송신, 볼 수 없는 잉크에 의한 필기, 시한폭탄 만들기도 그들에게는 중요한 과업이었다.[265]

스파이에 대한 임무가 주어지고 정보보고를 받았던 곳은 국경에 근접한 영사관이었다. 가장 위험하였던 본부 중의 한 곳은 국경도시 바젤에 있는 한 철도역으로, 이 역은 스위스 영토 내에 위치하고 있지만 독일 철도청의 지시를 받고 있으면서 일종의 치외법권 지역의 특성을 누리고 있었던 곳이었다.

독일군 정보국이 특히 관심이 많았던 것은 침공 시 대비 알프스 요새와 이곳을 방어하는 지휘관의 이름, 부대 편성, 스위스군에서 운용하고 있는 무기와 탄약, 스위스와 연합국들과의 관계 등으로 이에 대해 중점적으로 첩보수집 활동을 하였다.

알프스 요새에 언제인가 공격을 한다면 알아야 할 비밀에 접근하기 위해서 요원들에게는 정밀도가 높은 카메라와 관심을 가져야 할 지역이 할당되었다. 또한 정확한 진지와 토치카 및 장애물, 지뢰지대 등의 정확한 위치를 확인하기 위해서 병사들을 매수하기도 하였다.

또한 스위스군의 조직과 인원을 알기 위해서 정보요원들은 명령과 기록을 훔쳐보거나 통화내용을 듣고서 이를 통해 첩보를 수집하였으며, 정치적 견해 등을 수집해서 보내기도 하였다. 또한 독일은

264 Foder, *op. cit.*, p.53
265 Schwarz, *op. cit.*, p.113.

신무기에도 관심이 많아 대전차 무기에 대한 첩보를 제공하면 많은 상금으로 주겠다고 하였다. 일부의 스파이들이 이 무기를 비밀리에 훔쳐내는 데 성공하였지만 이 장비들이 독일로 인계되기 전에 간첩들이 체포되면서 수포로 돌아가는 일도 발생하였다.

스파이 활동은 전쟁기간 내내 계속 강조되었다. 그들의 활동은 1940년에는 육군의 진지위치와 방어선, 1941년 이후에는 알프스 국가요새와 그에 대한 접근방법, 철도가 주요 표적이 되었다.

친위대와 비밀경찰인 게슈타포는 정치첩보에 더 관심이 많았다. 그들은 "우리는 유럽의 적들이 행하고 말하며 쓰는 모든 것에 관심이 있다는 것을 항상 생각하라, 유태인과 볼셰비즘의 정치와 군사문제에 관련되는 사항은 본 대로 들은 대로 보고해야 한다. 우리는 스위스군당국이 다른 적, 정보기관들과 어떻게 협력하는지에 대해 알고자 한다"고 강조하였다.

게슈타포는 스파이들에게 부여한 이러한 과업에 기초하여 스위스 침공 시 제거하고 청산해야 할 스위스의 정치인과 언론인 및 관리, 사업가, 지식인, 군인 등의 명부를 작성하였다. 그 명부에는 독일군이 침공 시 즉시 처형해야할 사람들과 수용소로 보내야 할 사람, 밀접히 감시해야 할 사람 등 3개 층으로 분류되어 있었다.[266]

무기생산 공장, 공군기지, 특히 독일군 침공 시 파괴하기로 계획되었던 교량 등을 대상으로는 이를 시행하지 못하도록 하기 위한 계획도 검토되었다. 1940년 6월 발견된 한 사례를 보면 독일군 침공 시 이를 저지하기 위해서 라인 강 교량을 파괴할 목적으로 스위스군이

---

266 *Ibid.*, p.114.

설치한 점화케이블 선이 절단돼 있음이 발견되기도 하였다.

1942년에는 자동차용 합성연료를 생산하는 공장에 대한 파업계획도 발견되었다. 1943년 9월에는 독일과 스위스 100km의 국경선을 따라 라인 강에 있는 교량과 수력발전소를 파괴하라는 명령이 하달되기도 하였지만, 당시 스위스 측에서는 그러한 목표들을 엄중히 경계하고 있어서 잠수부들이 그런 임무를 수행할 수 없었다. 수력발전소에 근무하고 있었던 독일의 근무자 몇몇도 이러한 계획에 반대하여 스위스에 비밀리에 정보를 제공하였고 그 계획을 무산시키는 데 도움이 되었다.

독일은 테러리스트의 활동과 동시에 스위스 국민들에게 공황이 발생되면 군대를 보내 전투 없이 스위스를 점령할 것으로 생각하였다. 나치의 지도자들은 이렇게 제5열의 활동에 기대면서 비싼 대가를 치르지 않고 스위스를 정복할 수 있을 것으로 생각하였던 것이다.

24. 반역자 처벌

전시에 내부의 반역자나 제5열의 활동은 총력전을 저해하는 요소로 반드시 제거되어야 할 것이다. 스위스에서도 반역자와 제5열들은 스위스의 안보에 있어서 반드시 제거되어야할 대상이었다.

2차 대전 발발단계에 미흡하였던 방첩활동은 시간이 경과하면서 대단히 효율적인 정도에 이르기까지 발전되었다. 전쟁이 끝나갈 무렵, 독일 정보부서의 한 장교는 "스위스는 초기단계의 약점을 극복하고 가장 효과적으로 방첩활동을 하였다. 스위스에서 독일의 비밀요원들의 손실은 최고조의 수준에 달하였으며, 나치의 모든 비밀요원들이 거의 체포되었다"라고 하였다.

스위스인들이 왜 매국적 행동을 하였는가를 분석한 보고서에서는 그 동기가 독일의 회유와 압력에 의한 것임을 보여주었다. 즉, 나치가 지배하는 새로운 질서의 유럽에서 스위스의 중요한 위치를 약속하는 유혹과 때로는 압력을 행사하였기 때문이다. 스위스에서 친국가사회주의 운동에 소속된 회원들은 헌법질서를 부정하고 그들의 정치적 신념에 따라 나치를 지지하는 행동을 하였다.

독일이 덴마크와 노르웨이, 벨기에, 네덜란드와 프랑스를 기습적으로 공격한 이후 그 위험이 현실화되었고, 따라서 정부는 과감한 조치를 취하였다. 방첩기구(SPAB)가 이미 수년전부터 운용되면서 효과적으로 기능을 발휘하기 시작하였고, 사법부 역시 강화되었다.

1940년 5월 말 공포된 법령에 의해 모든 형태의 파업을 하는 사람들은 군사법정에서 재판을 받게 조치되었다. 군사기밀을 노출시키거나 폭로하는 행위, 반란죄는 사형에 처해질 것이라고 발표되었으며 전쟁기간임을 감안하여 그 절차는 대폭 간소화되었다.[267] 국가안보에 절박한 위협이 닥쳐올 경우 군사법정은 만장일치로 즉시 사형을 선고할 수 있었고, 상급법원으로의 항소나 감형에 대한 가능성은 원칙적으로 배제되었다.[268]

첫 번째 사형에 대한 판결은 1942년 10월 초 포병장교에게 선고되었다. 그는 독일 영사관의 정보장교에 의해 스위스군 포병화기의 탄약, 설계도 등을 절취하도록 지시를 받았다. 그는 또한 새로이 개발

---

267 Howard, *op. cit.*, p.21.
268 Schwarz, *op. cit.* p.117.

되고 있었던 경포를 절취하도록 지시를 받기도 하였다. 뿐만 아니라 전략거점에 위치하고 있는 민병군의 진지 위치와 구조 등을 스케치하라는 지시도 받았다.

그 장교는 1942년 1월 초 그를 도와준 사람들과 함께 체포되면서 그가 입수한 비밀을 독일군에게 아무것도 전달할 수 없었지만 그가 절취하였던 또는 절취하려고 하였던 비밀자료 때문에 군사재판에 회부되어 500SFr의 벌금을 받는 것으로 종결됐다.[269]

전쟁기간 중 군사기밀 절취 등 군법위반으로 사형판결을 받은 총 숫자는 33명이었다. 그중 17명에게 사형이 집행되었으며, 이 가운데 15명은 스위스, 1명은 프랑스, 1명은 리히텐슈타인 사람이었다. 죄수를 수감하고 있는 육군부대는 재판결과가 통보되면 즉시 사형을 집행하도록 지시되었다.[270]

사형을 받은 사람들 가운데는 3명의 장교(최고 계급은 소령)와 11명의 준사관 또는 기타 병과의 사람들이 있었으며, 3명은 민간인이었다. 이러한 사형의 집행은 스위스 안보에 위해를 가하였던 사람들에게 눈에 띌만한 경각심을 주면서 간첩활동의 억제와 더불어 제5열의 활동들도 위축시키는 효과를 가져다주었다.

---

269 *Ibid.*
270 Foder, *op. cit.*, p.53,

25. 언론 통제와 검열

전쟁기간 중 언론의 역할은 대단히 중요하다. 전쟁기간 중 미국이나 영국에서도 언론은 국민들을 통합시키는 역할을 하였으며, 국가의 전쟁노력을 저해시키는 언론은 당연히 제재를 받았다.

전쟁이 진행되는 동안 스위스를 지속적으로 자극하였던 문제 중의 하나는 언론에 제한사항을 부과하려는 것이었다. 당시 언론은 자유롭게 사실을 보도하고 의견을 발표할 수 있었지만, 독일의 간섭을 피하기 위해서는 원칙을 준수해야만 하였다.

전쟁 초기 스위스 신문과 방송의 다수는 연합국 편에 있었기 때문에 그들은 나치독일의 끊임없는 공격과 헤아릴 수 없는 항의를 받았다. 나치의 무자비한 성격에 비추어보아 군사적 공격의 가능성이 상존하였고, 따라서 그러한 비난과 위협을 없애기 위해 중립을 지키면서 신문과 방송은 연방정부의 통제를 받아야만 하였다.

전쟁발발 이전, 위기가 발생하여 점차 악화되어감에 따라 군사비밀의 보호는 중요한 문제였다. 따라서 언론기관에 대한 통제가 계획되면서 군당국에 그러한 임무가 주어졌으며, 연방정부는 1939년 9월 초 필요한 지시를 군에 하달하였다. 이에 따라 군은 신문과 방송에 대한 가이드라인을 발표하였으며, 대학교수나 저널리스트 또는 유사한 일에 종사하다가 동원된 장교들에게 그 임무를 맡겼다. 그들의 언론과 스위스가 처한 당시 문제에 대한 이해는 언론출판의 통제에 도움을 주었다. 신문은 출판에 앞서 검열을 하지는 않았지만, 출판 후에는 나치의 간섭을 피하기 위해 최소한의 확인과 필요한 경우는 경고가 주어졌다.

하지만 1940년 독일과 이탈리아의 공격이 임박하였던 것처럼 보였던 시기에는 신문에 많은 지시가 하달되었다. 나치의 지도자들에게 전쟁 도발의 빌미를 줄 수 있는 내용을 게재하는 것을 피하기 위해서였다.

그렇게 되자 육군과 언론 사이에서는 피할 수 없는 갈등이 생기기 시작하였다. 언론을 통제하는 군은 언론사들이 나치에 자극적인 기사로써 지도자를 자극하여 전쟁을 유발토록 하는 것이 국가이익에 도움이 되지 않는다고 하여 가능한 한 자제할 것을 요구하였다. 검열관들은 스위스에 있는 나치의 신문이나 그들 동조자들의 선전 표어에 속아서 만약 전쟁이 발발한다면 스위스 신문은 그 책임에서 자유로울 수 없다고도 하였다.

스위스 정부의 이러한 태도에도 불구하고 언론은 국민에게 나치에 대한 저항정신을 고취시키고 나치즘과 파시즘의 무자비하고 위험한 실체를 알려주는 것이 그들의 애국적 임무라고 생각하였다.

군과 언론과의 긴장된 관계가 점진적으로 악화되면서 기상 장군은 군에 부담을 주는 검열업무를 제외시켜 달라고 연방정부에 요청하였다. 그는 군이 만약 이러한 일을 계속해야 한다면 효과적 검열제도를 도입해야만 할 것이라고 하였다. 1942년 1월 초 연방정부는 마침내 언론에 대한 검열을 군으로부터 법무 및 경찰부의 민간기구로 넘겼다. 전쟁이 거의 끝나갈 무렵까지 검열관과 언론 사이에는 끊임없이 갈등이 반복되었지만, 적어도 최고사령부에서는 이러한 검열 같은 특별한 임무에서는 자유롭게 되었다.

시민들이 전장상황을 잘 알 수 있도록 관심을 갖고 보도하는 것, 자신들의 성향을 자유롭게 말한다는 것, 무엇이 잘못되었는지 비판할 수 있다는 것 등은 때로는 중립국가에게 짐이 될 수도 있다.

만약 국민들이 전투에 참전하기로 되어 있다거나 모든 것을 희생시켜야만 할 때는 왜 그렇게 해야 하는지 알려주어야 하고 또한 동기부여가 필요하다. 동기부여를 위해서는 진실된 보도를 통해 모든 것을 알려주어야 할 것이다. 그 과정에서 당국과 언론기관 사이에는 지속적으로 마찰이 발생되기 마련이며, 이러한 마찰을 극복하면서 정부는 언론의 검열 또는 통제를, 언론기관은 보도를 할 필요가 있을 것이다.

26. 전후처리를 위한 대외협상

1944~1945년 전쟁이 후반기로 가면서 미영 연합국의 스위스에 대한 관심사는 점진적으로 독일에 대한 군수물자 금수, 스위스의 연합국 군수물자 판매에 대한 독일의 봉쇄, 그리고 장차 당면하게 될 관심사로서 스위스 은행에 위탁 보관돼 있는 적대국의 자산처리 문제, 스위스 국립은행 금고에 맡겨져 있는 금괴 등의 문제로 옮겨져 갔다. 이러한 문제들은 1945년 3월에 시작된 연합국과 스위스의 협상에서 새로운 주제로 등장했다.[271]

전쟁이 마무리에 접어들고 교전국의 위치에서 세계의 지도국으로서 발돋움하는 나라가 되자 전쟁기간에 발생한 문제를 논의하기 위해 미국의 대표단이 스위스에 도착하였다.[272]

---

271 Schwarz, *op. cit.*, p.94.

1 · 2차 대전을 치르면서 세계의 중심국가로 부상하여 세계문제를 다뤄야 하는 루즈벨트 미 행정부로서는 스위스 문제가 그리 큰 비중을 차지하는 것은 아니었다. 그러나 스위스에게는 이것이 매우 중요하였다. 스위스는 대표단을 환영하였고, 미국과의 협상을 시작하였다.

미 대표단도 대통령 루즈벨트가 연방대통령에게 보내는 메시지를 통해 회담의 시작에서 그 중요성을 언급하였다. 연합국과의 협상은 1945년 2월 얄타 회담이 끝난 그 다음날 베른에서 시작되었다. 미국이 첫 번째로 제기한 문제는 독일이 스위스 철도를 이용하여 이탈리아에 제공하는 석탄의 통과를 막는 것으로, 스위스는 이것을 차단하기로 동의하였다.

두 번째는 추축국의 지도자들이 스위스 은행의 금고나 계좌에 비밀리에 예치하여 놓고 있는 금이든 기타의 자산들을 차후 어떤 목적으로 사용하지 못하도록 하는 것이었다. 이것은 스위스의 은행비밀주의에 위반되는 것이었다. 스위스 정부가 이를 거절하자 미국은 이에 대한 보복조치로 미국에 있는 스위스 자산을 동결하겠다고 주장하였다.[273] 미국의 이러한 요구에 대해 스위스는 자국에 있는 자산 가운데 약탈된 자산이 있으면 승전국이나 이들을 소유하였던 정당한 소유자들에게 반환하겠다고 동의하였다.

1945년 3월 미 대표단과 스위스의 협상결과를 간단한 문서로 교환함으로써 회담은 끝났다. 스위스는 연합국이 요구한 사항에 동의하였고, 연합국은 이에 대한 보상으로 해상봉쇄를 해제하였다. 그 후부터 연합국들에게 공급이 부족하였던 일부의 물자를 제외하고는 대

---

272 Halbrook(2003), *op. cit.*, p.222.
273 Foder, *op. cit.* p.63.

부분의 상품들이 스위스로 자유롭게 수입되기 시작하였다.[274]

또한 스위스가 연합국에게 양보하여 석탄과 철강의 이탈리아 통과를 완전히 중지하였고, 이탈리아로부터 독일로의 통과도 점진적으로 감소시키기로 하였다. 독일로의 송전도 중단되면서 프랑스로 전환되었다. 독일로의 수출은 거의 아무것도 없을 정도로 감소하였고, 독일이 스위스에 진 빚을 갚기 위해 금으로 지불하던 것도 거부되었다.(이것은 스위스 정부와 많은 스위스의 사업가들에게는 견디기 어려운 고통이었다.)

스위스에 있는 모든 독일 자산이 동결되었고, 모든 외국인 소유의 자산들에 대한 소유조사도 실시되었다. 연합국에 대한 수출금지는 협의 후 해제하기로 하였다. 외국인 소유 자산에 대한 조사는 스위스가 행하고 그 결과는 연합국에 통고하기로 하였다. 무엇보다도 중요하였던 것은 연합국들과 신뢰의 관계를 회복하였던 것이라고 할 수 있었다.

이러한 것은 영국과 미국이 협정서명일 당시 발표한 공동성명에서도 그대로 나타났다. 즉, 양측의 대표단은 공동성명 발표 서문에서 "연합국은 중립국 스위스가 당면하는 상황을 완전히 이해하며 스위스의 중립은 존중되어야 한다"는 성명으로 표현되었던 것이다.[275]

그렇지만 당시 스위스 은행에 숨겨져 있었던 나치의 금괴와 자산에 대한 처리문제는 완전히 타결되지 않았다. 1945년 8월 3~4일의 각서에서 영국과 프랑스, 미국 정부는 포츠담 선언에 따라 스위스 은행에 있는 독일의 자산에 대해 소유와 통제를 할 것이라고 연방정부

---

274 Schwarz, *op. cit.* p.97.
275 *Ibid.*, p.98.

에 통보하였다.

스위스 정부는 이 결정은 전혀 합법적 근거가 없는 것이라고 대답하였다. 그럼에도 1945년 10월 말 연합군 최고사령부는 명령 5호를 시행하였고, 이 명령에 따라 중립국에 있는 독일 자산들은 모두 압류되고 연합국 통제위원회의 소유로 전환된다고 하였으며,[276] 독일 자산에 대한 청산과 인도 협의를 위해 워싱턴에 대표단을 파견하도록 초청되었다.

따라서 스위스는 워싱턴에 대표단을 파견하였으며, 회담은 1946년 3월 18일 시작되었다. 수차례의 회의 끝에 양측은 스위스가 독일 자산에 대한 평가를 하고 그 결과에 따라 스위스와 연합국이 50 : 50으로 나누기로 하는 결론에 도달하였다.[277]

연합국은 독일이 10억 SFr 가치의 약탈한 금괴를 보유하고 있는 것으로 생각하였다. 게다가 1940년 프랑스의 은행에 위탁된 벨기에 국립은행 금괴도 비시 정부에 의해 독일로 넘겨진 뒤 독일에서 녹여서 스위스의 국립은행으로 옮겨져 보관중인 것으로 알려졌다.

스위스 정부는 1억 SFr의 가치를 갖는 금을 연합국에게 돌려주겠다고 제안하였으나 연합국들은 약탈된 것이라고 추정하는 5억 SFr의 금을 요구하였다.

1946년 5월 말 워싱턴에서 합의가 이루어져 스위스에 압류된 독일의 자산 중 50%를 연합국에 넘기고, 남은 50%로는 독일의 마르크화로 교환해서 독일의 합법적 소유자에게 보상하기로 하였다.[278] 2.5억

---

276 *Ibid.*
277 Foder, *op. cit.*, p.63; Howard, *op. cit.*, p.227.
278 Howard, *op. cit.* p.227.

SFr의 가치를 갖는 금이 뉴욕에서 연합국에게 양도되었다. 미국은 압류되었던 스위스 자산의 동결해제에 대해 동의하였다.(스위스 은행에 보관되었던 나치가 약탈한 금괴문제는 1995년에 다시 쟁점화되었다.)[279]

스위스와 미국의 상호 신뢰와 존중은 받아들일 수 있을 정도로 회복되었으며, 국내에서 이에 대한 비난과 비판이 있었음에도 스위스 정부는 복잡한 문제가 해결되었음에 만족하였다.

27. 기타

전쟁난민 문제

만약 2차 대전 중 스위스가 국외에서 국제적십자사를 중심으로 하였던 인도적 지원활동이 자랑스러운 것이라면, 국내에서 스위스로 입국한 사람들에 보였던 취급과 대우는 스위스의 이중적인 태도를 보여주는 것으로 비난을 받았다. 1933년 히틀러가 독일에서 권력을 잡은 뒤 정적과 유태인에 대한 박해가 시작되자 이를 두려워하는 수많은 사람들이 독일을 떠났으며, 그중 많은 사람들이 스위스로 입국하였다. 이는 전쟁기간 동안 계속되었다.

이렇게 전쟁기간 중 스위스로 온 사람들 가운데는 프랑스와 이탈리아로부터 탈주한 전쟁포로들이 있었는가 하면 독일군이 점령한

---

279 전쟁 당시 나치가 약탈한 약 4.5억 달러에 상당하는 금괴가 스위스 각 은행에 보관돼 있었으며, 이것은 1998년 가격으로 약 40억 달러에 달하는 것으로 알려지고 있다. 이 문제가 1995년 미국과 이스라엘에서 쟁점화되고 나치 치하에서 희생을 당한 사람들에 대한 보상이 협의되면서 스위스의 주요 상업은행들이 12.5억 달러를 보상하기로 합의한 것으로 알려지고 있다.(Tom Lansford, *Political Handbook of the World 2013*, New York : CQ Press, 2013, pp.1399~1400)

지역에서 체포와 박해, 기아 등을 피해서 국경을 넘어 피난 온 사람들도 있었다.

그들 중에는 스위스를 영구피난처로 생각하여 온 사람들도 있었는가 하면, 또한 다른 나라로 입국하기 전에 비자를 받기 위해 온 사람들도 있었다. 그렇게 스위스로 입국한 사람들은 2차 대전이 발발할 무렵 7,100여 명이 있었으며, 그중 5,000여 명이 유태인으로 그들은 해외로 떠날 예정이었다.[280]

연방의회와 정부는 이들 때문에 국가 안보를 우려하면서 동시에 외국인이 존재함으로써 스위스가 위험해 질 것이라는 어느 면에서 보면 다소 과장된 견해를 유지하고 있었기 때문에 이들에 대한 인도적 지원은 거의 무시되었다.

1939년 9월 5일, 즉 독일군이 폴란드를 침공한지 5일이 지난 날 당시 스위스로 입국하려는 사람에게는 누구든지 강제적으로 입국에 필요한 비자를 받아야만 입국되도록 조치하였다. 그해 10월 중순에는 경찰에게 비자 없이 들어온 사람들을 추방하라는 지시가 내려졌으며, 피난민과 이민에 대해서도 구별이 되었다. 스위스 당국은 피난민에 대해서 엄격한 감독과 더불어 가능한 한 빨리 스위스를 떠나도록 강요하였으며, 스위스 국내에서는 임금을 받든 안 받든 어떤 직업활동도 할 수 없도록 금지하였다. 피난민과 이민을 수용할 만한 곳도 준비되어 있지 않았기 때문에 그들 중 많은 사람들은 수용소에 기거해야만 하였다.

이러한 내용을 포함하는 당국의 포고령은 10월 17일, 의회에서 강

280 Schwarz, *op. cit.*, p.123.

한 비판을 받음과 동시에 국민들에게도 큰 충격을 주었다. 그럼에도 포고령은 그대로 시행되었고, 이 포고령은 연방경찰보다는 주 정부에서 더 열의를 갖고 시행하였다. 왜냐하면 각 주가 유입된 난민들을 난민으로서 대우하고 그들의 직업을 인정하게 되면 스위스인들이 직업을 잃게 될 두려움 때문이었다. 그러한 조치의 잔인성은 국민 개개인의 태도와 특히 피난민과 이민자들이 스위스에서 생존하는 데 필요한 도움을 주었던 유태인 조직들의 행동과는 매우 상반되는 것으로 비교가 되었다.

난민이나 이민자들이 가까운 장래에도 방황을 끝내지 못할 것이라고 예상하면서 이들을 수용할 특별수용소를 설치하였고, 일을 할 수 있는 남자나 여자에게는 일을 하도록 잠정적으로 허가되었다. 그들이 필요로 하는 작업기구와 의복도 판매되었다.

1940년 5~6월 스위스 국경지역에서 독일군과 프랑스군 간에 적대행위가 발생하였을 당시 7,500여 명의 프랑스 사람들이 스위스로 들어 왔다가 다시 프랑스로 돌아갔으며, 수백 명의 벨기에 및 네덜란드 장병들도 독일군의 침공으로 국토가 유린당하자 본국을 탈출하여 장차 독일과 싸우기 위해 해외 식민지로 가기 전 잠시 스위스에서 대기하고 있었다.[281]

1941년에는 800명을 수용하는 10개의 수용소가 있었는데, 이 임시 수용소는 대부분 군 인력에 의해 운용되었다. 군은 이러한 수용소 운용에 대한 책임을 별로 환영하지 않았고, 하고 싶지 않은 일을 위해 능력 있는 장교와 부사관을 파견하지도 않았다. 여기에다 수용소에

281 *Ibid.*, p.124.

서는 과중한 업무 부담과 질이 떨어지는 음식, 거의 죄수와 같은 생활로 인한 절망감 등은 수용소 운용을 책임진 지휘관들로 하여금 수용소를 적절히 통제하지 못하도록 하였다.

1942년 초 독일군이 점령한 곳에서 유태인에 대한 대량검거와 학살 소식이 전해지고 동시에 동부유럽에서 유태인에 대한 대량 검거와 국외추방 같은 소식들이 프랑스와 벨기에, 네덜란드 같은 곳에서도 들려왔다.

프랑스의 비시 정부는 17만여 명의 유태인이 프랑스에 바람직하지 않다고 하였다. 그렇게 되자 남녀노소 할 것 없이 수백수천의 유태인이 스위스로 피난하면서 그들의 입국이 문제가 되었다. 스위스는 "우리의 구명보트는 이미 만원이다"라고 하면서 7,000명 이상의 유태인 입국을 허락하지 않을 것이라고 하였다. 난민이 증가하면서 독일이나 프랑스, 오스트리아와 국경을 맞대고 있는 주 정부와 군은 이 난민들의 입국에 대해 항의하기 시작하였다. 그것은 입국자들이 도처에서 국가의 안보에 심각한 위협이 되는 것은 물론 이들의 수용에 부담을 느끼고 있었기 때문이었다.

만약 항시 독일의 위협에 노출돼 있었던 유태인들의 문제에 대해 연방정부마저 군과 몇몇 주정부의 움직임에 동조하였면, 그것은 곧 그들을 사지死地로 몰아넣는 것이나 다름없었다.

연방정부는 당시 추축국으로 포위되어 있는 상황에서 어떤 피난민도 해외로 가는 것이 불가능한 것임을 알고 있었다. 해외로 가는 길은 폐쇄되었고, 모든 국가들이 이들을 받아들이기에 주저하고 있었다. 1942년 전반기 예를 들면 미국은 30명, 브라질은 31명, 아르헨티나는 불과 5명에게만 비자를 발급하였던 것이다.

상황이 악화되었다가 완화되기를 반복하였다. 한때는 스위스 국경수비대에 정치적 난민을 받아드리라는 명령이 하달되었지만, 유태인 정치적 망명자도 받아들일지의 질문에 대해서 정부는 나치독일을 의식하여 안 된다고 하였다. 당시 유태인들은 나치스의 비밀경찰과 군대에 모두 생명을 위협 당했지만 입국을 허가해 줄 수 없다고 하였던 것이다.

연방정부의 경찰총수는 프랑스에서 있었던 유태인들의 추방에 관심을 갖고 있었다. 그는 스위스와 프랑스 국경의 산악지역에 나치의 박해를 피해서 유태인들이 숨어 있음을 보고받았다. 그들이 국경을 넘는 것을 단념시키기 위해 경찰총수는 국경수비대에게 유대인이 입국 시 내쫓으라고 지시하였고, 그럼에도 그들이 스위스 영토 내로 들어오면 그들을 호송하여 다시 프랑스로 돌아가도록 하였다.

그런데 믿기지 않는 일이 발생하였다. 유태인 몇몇이 스위스 입국이 거부되자 국경수비대원이 보는 앞에서 자살하였던 것이다. 이러한 상황이 상부로 보고되자 1942년 8월 초 경찰총수가 국경지역을 방문하여 며칠 간 그곳에서 머무르면서 난민입국 상황을 관찰하였다. 그는 자신이 본 것을 기초로 책임지고 입국금지를 해제하였다.[282]

난민입국 문제가 점차 심각해지면서 9월 말에는 하원과 연방정부가 이 문제를 토의하였다. 연방정부는 유태인 입국을 금지시키는 몰인정함과 냉혹함 때문에 모든 당으로부터 공격을 받았지만, 정부 대변인은 정부가 왜 그런 자세와 태도를 취할 수밖에 없는지 이를 정당화하였다. 그는 만약 피난민들이 입국할 수 있게 되면 전복활동을 하

---

282 Foder, *op. cit.*, p.59.

는 테러리스트들이 함께 입국할 수도 있다고 하였다. 또한 난민들의 입국을 허용한다고 하더라도 그들이 일할 수 있는 곳을 찾기가 쉽지 않을 뿐더러, 만약 그들의 입국이 허락되면 비슷한 수의 스위스 사람들이 직업을 잃게 되면서 사회적 불안감이 높아질 것이라고도 하였다. 그는 스위스가 완전히 추축국으로 둘러싸여 있기 때문에 피난민들이 다른 나라로 갈 수도 없다고 하였으며, 그들의 입국여부에 따라 스위스의 안전보장도 달려 있다고 하였다. 그렇게 의회와 정부, 정당 간에 갑론을박이 진행되는 동안에도 많은 난민들이 비밀리에 국경을 넘었고, 그들에게는 망명이 허락되었다.[283]

1943년 9월 8일 이탈리아 군이 연합군에 항복하자 이탈리아 주둔 독일군의 활동이 더욱 강화되면서 이탈리아를 탈출한 일단의 새로운 사람들이 스위스 국경에 도달하였다. 대부분 유태인으로 구성된 수천 명의 이탈리아 시민들과 2만여 명의 영국군 전쟁포로들이 이탈리아의 포로수용소를 탈출하여 스위스 국경을 넘어 들어온 것이다.[284]

1943년 7월 말 전쟁이 서서히 종반전으로 접어들면서 미 대통령 루즈벨트는 중립국들이 추축국의 지도자들이나 전쟁범죄자 등에게 피난처를 주지 않도록 요구하였다. 스위스 정부는 누구는 망명이 되고 누구는 안 되는 등 외국의 경고에 상관없이 경우에 따라 공과 죄를 결정할 것이라고 답하였다. 그러면서 스위스는 합법적 용어로 '전쟁범죄War Criminal'라는 용어를 들어 본적이 없다고 덧붙였다.[285]

이러한 스위스의 애매한 태도에 대해 1944년 9월 베른에 주재하는

---

283 Schwarz, *op. cit.*, p.125.
284 Foder, *op. cit.*, p.5
285 Howard, *op. cit.*, pp.225~226.

미국의 한 관리가 미 대통령의 메시지를 더 강한 어조로 강조하면서 스위스는 독일이나 이탈리아와 같은 추축국의 지도자와 그 집단에 속해 있는 전쟁범죄자들에게 망명처를 제공해서는 안 된다고 주장하였다.[286]

그러는 동안 스위스는 나치독일의 친위대장 히믈러나 이탈리아의 독재자 무솔리니 같은 사람이 국경에 나타나 입국을 요청할 경우에 대비하고 있었다. 1944년 경찰이 지시한 문서와 기상 장군이 국경수비대에 하달한 명령에 따르면 '받을 가치가 없는 사람들에게는 망명처가 주어져서 안 된다'는 것이었다.

그 명령에서는 스위스에 적대적 태도를 취했던 사람이나 전쟁법에 반하는 행동을 하였던 사람, 나치와 같이 인류애에 어긋나는 성향을 보여준 사람 등에 대해서는 입국을 허용치 않도록 하였다.

이러한 지시에 따라 무솔리니 가족이 국경으로 추방되었다. 프랑스 비시 정부의 수반이었던 페탱 원수는 오스트리아 국경에 있다가 호위를 받아 스위스를 통과하여 가도록 승인을 받았기 때문에 통과 뒤 프랑스 경찰에게 인계되면서 곧 체포되었다. 무솔리니는 빨치산에 체포돼 1945년 4월 28일 코모 호 인근에서 총을 맞고 죽었으며, 뒤에 밀라노에서 그의 시체가 공개되었다.[287] 그는 당시 스위스로 도피를 시도하려는 것으로 보였다.[288]

---

286 Schwarz, *op. cit.*, p.126.

287 Henry Adams, *Italy at War*, Virginia : Time Life Books, 1982, p.171. 무솔리니는 체포 당시 독일군 코트와 헬멧을 착용하였으며, 트럭에서 술에 취해 자고 있는 독일군 병사처럼 위장을 하고 있었다. 그러나 그는 비싼 장화를 착용하고 있었는데 이것이 이탈리아 빨치산에게 발각되면서 체포되었다가 다음날 처형되었다.

288 Winston S. Churchill, *The Second World War and Epilogue on the Years 1945 to 1957*, London : Cassell & Company LTD, 1961, p.918.

연합군이 노르망디 상륙작전에 성공하여 독일을 향해 동쪽으로 진격을 하고 소련군도 반격하면서 서서히 전세가 연합군 쪽으로 기울어져가던 극적인 해였던 1944년이 끝나가는 무렵, 스위스에는 추축국으로부터 탈주에 성공한 전쟁포로와 난민 등이 약 74,000여 명이 있었다.[289] 당시 스위스 연방정부는 약 20만여 명의 난민을 수용할 수용소를 준비해 놓고 있었다.

5년 전 2차 대전 초기 연방정부가 발표한 성명에 의하면 스위스는 약 7,000여 명의 난민을 수용할 수 있을 것이라고 하였는데, 1945년 5월 당시 스위스에는 115,000여 명이 이미 수용소에 있었고, 다른 난민들은 인도적 지원을 담당하는 적십자사 같은 조직의 지원을 받거나 또는 호텔, 펜션, 개인이나 친구의 집 등에 있었다. 전쟁의 전 기간 동안 40만여 명의 난민이 스위스에 있었거나 또는 스위스를 경유하여 다른 국가로 갔다. 스위스 정부는 전쟁기간을 통틀어 10억 SFr을 난민들의 인도적 지원을 위해 사용하여 많은 생명들을 구하였다.[290]

국제적십자사의 인도적 지원활동

전쟁기간 중 전쟁포로와 난민 등을 위해 가장 눈부시게 인도적 지원 활동을 하였던 조직은 제네바에 본부를 두고 있는 국제적십자사(ICRC)였다. 국제적십자사는 1860년대에 설립된 인도적 지원을 목적으로 하는 협회였다. 국제적십자사는 국제기구로서 공식적 임무를 갖고 인도적 업무를 시작하였으며, 각국 정부는 이를 신뢰하였다.[291]

---

289 *Ibid.*, p.127.
290 Schwarz, *op. cit.*, p.129.
291 *Ibid.*

전시 전쟁포로와 부상자, 환자들은 1929년 7월 27일 제네바 협약에 의해 보호받을 권리가 있으며, 47개국 정부가 이에 서명하였다.[292] 이 조약은 국제적십자사에 의해 초안이 만들어지고 각국 정부가 회담을 거쳐 서명한 뒤 인준하였다.

국제적십자사는 전쟁이 발발하자 교전당사국에 상관없이 인도적 관점과 중립적 위치에서 전상자는 물론 전쟁포로와 난민 등 비전투원에 대한 식량과 구조물품 등을 통해 구호 및 구조 지원활동을 하였다.

2차 대전이 발발하면서 국제적십자사는 전쟁포로의 취급을 규정하는 제네바 협약 79항의 조항에 따라 전쟁포로를 위한 중앙기구를 설치하였다. 1939년 9월 14일 이 기구는 임시건물에서 50명의 지원자들로 업무를 시작하였으며, 1945년까지 2,500여 명을 넘는 사람들이 중앙기구와 27개소의 스위스 사무실에서 일을 하였다.[293] 적십자사는 528개의 대표단을 전 세계의 여려 국가에 파견하였으며, 그들 중에는 다수는 스위스 사람들이었다. 그들은 위험을 무릅쓰고 일부는 생명을 잃어가면서도 전쟁포로나 난민들을 돌보는 임무를 수행하였다.

제네바의 적십자 본부에는 각국의 적십자사 또는 개인 기부자가 보내오는 구호용 물자들이 모여서 교전당사국의 전쟁포로나 난민에게 전달되었다. 전쟁이 절정기에 있었던 때에는 주로 미국의 적십자사에서 제공하는 하루 50여 대 분량에 상당하는 물자들이 독일의 난민이나 전쟁포로 등을 지원하기 위해 전달되었다. 그 물자들을 적재한 차량은 스위스를 떠나기 전에 운송 간 도난을 방지하기 위해 적십자사의 이름으로 봉인되었으며, 열차는 공중폭격을 방지하기 위해

---

292 Foder, *op. cit.*, p.188.
293 *Ibid.*

〈그림 4-26〉 스위스의 국제적십자사 창고에 보관된 전쟁포로 구호지원용 물자

이를 운반할 기차의 지붕에는 스위스기와 국제적십자사기가 그려져 항공폭격을 방지하였다.

열차 지붕에 적십자사와 스위스 국기문양을 표시하기도 하였다.

국제적십자사 요원이 수용소를 방문하는 것은 1929년 제네바 협약을 지키는 가장 중요한 것 중의 하나로, 적십자사 요원은 때때로 '제네바맨Geneva Man'이라는 이름으로 독일과 이탈리아, 일본의 수용소는 물론 연합국의 수용소도 방문해서 적십자사가 지원하는 물품들이 제대로 포로들에게 지급되는지를 확인하였다. 또한 포로들을 면담하여 그들이 제네바 협약에 규정된 적절한 의무지원을 받는지 또는 부당한 대우를 받는 않는지를 확인하기도 하였다.

특히 일본에서는 항복을 불명예로 간주하는 일본식 문화와 슬라브 족이나 유태인을 멸시하였던 히틀러의 인종적 편견, 포로에 대한 무자비한 스탈린의 취급, 독일과 소련의 상호 간 적대로 인한 상대국

전쟁포로에 대한 무자비한 학대는 적십자사 요원들의 인도적 지원활동을 매우 어렵게 만들었다.[294] 그럼에도 불구하고 이러한 일을 담당하였던 국제적십자사 직원들은 대부분 교전당사국들과는 관계없는 중립국 스위스와 일부의 스웨덴 사람들로서 갖은 어려움을 극복해 가면서 인도적 지원활동을 하였다.

294 *Ibid.*, p.198.

3장

위기관리의 결과

1. 이탈리아 주둔 독일군의 항복협상 중재

1943년 초 들면서 독일군은 전 전선에서 패퇴하여 철수를 시작하였다. 아프리카에서 독일군-이탈리아 연합군이 미-영 연합군의 공격을 막아내지 못하면서 철수를 시작하였고, 동부에서는 스탈린의 대군이 반격을 시작하였으며, 서부와 남부에서는 미국과 영국 연합군에 밀려서 철수를 시작하였다. 뿐만 아니라 스칸디나비아 반도에서도 발칸 반도에서도 독일군은 다양한 위협에 직면하고 있었다.[1] 시간이 경과되면서 주도권을 상실하고 있었던 것이다. 당시 독일군이 어떻게 배치되고 있었는지는 다음의 도표가 그 실태를 보여준다.

---

1 J. E Kaufmann & H. W. Kaufmann, *Fortress Third Reich : German Fortifications and Defence Systems in World War II*, Cambridge : Da Capo Press, 2003, p.287.

〈표 4-3〉 2차 대전기간 중 독일군 부대(사단)배치

구 분	1941	1942	1943	1944
동부(소련 지역)	34	171	179	157
발칸 반도(유고, 그리스 등)	7	8	17	20
서부(프랑스, 네덜란드, 덴마크, 벨기에)	39	28	44	59
남부(이탈리아)	0	0	0	22
북부(노르웨이, 핀란드)	13	16	16	16
북아프리카(리비아, 튀니지 등)	2	3	0	0

출처 : http://www.worldwar-2.info/statistics/(검색일 : 2010.9.30)

독일군이 아무리 강하다고 할지라도 3면이 포위돼 전 방향에서 압박을 받으면서 군사력을 집중할 수 없는 상태에 있었던 것을 위의 도표가 보여준다.

전쟁기간 중 미군이 스위스 국경지역에 최초로 도달한 것은 1944년 8월 28일로, 1940년 6월 프랑스 패배 이후 계속 추축국에 포위된 상태에 있다가 4년이 지나자 외부 국가들과의 접촉이 가능해지기 시작하였다.[2]

이 무렵인 1944~1945년, 독일군 전력이 연합군에 의해 압도되면서 이탈리아에 주둔하고 있었던 독일군과 친위대의 고급장교, 스위스군의 정보책임자, 스위스 주재 미국 전략정보국(OSS)의 책임자 사이에는 이탈리아 주둔 독일군의 무조건적 항복을 위한 접촉이 비밀리에 진행되었다.[3]

---

2 Constance Howard, "Switzerland, 1939~1946", Arnold Toynbee and Veronica M. Toynbee(ed.), *The War and The Neutrals*, London : Oxford University Press, 1956, p.225.

3 Peter Calvocoressi and Guy Wint, *Total War : Cause and Courses of the Second World War*, New York : Penguin Books, 1979, p.533; Henry Adams, *Italy at War*, Virginia : Time Life Books, 1982, p.170; 폴 콜리어 외, 강만수 역, 『2차 대전－탐욕의 끝, 사상 최악의 전쟁』, 플래닛미디어, 2008, 433쪽.

당시 이탈리아에는 시칠리아 전투에서 연합군에 패하면서 철수한 케셀링Albert Kesselring 장군의 지휘 아래 서남집단군(C 집단군)이 있었다. 이들은 이탈리아의 바돌리오Pietro Badoglio가 연합군과 비밀리에 강화조약을 체결하자 이탈리아군의 무장을 해제한 뒤 연합군에 대응하고 있었다.[4] 연합군은 후퇴하는 독일군을 추격하면서 1943년 9월 이탈리아 중부의 안지오와 살레르노에 상륙한 이래 독일군을 계속 격파하면서 북부를 향하여 진격하던 중 1944년 6월 로마를 점령하였고, 북부로 진격하여 아펜니노 산맥 일대에서 저항하는 독일군을 제거하면서 북으로 전투를 확대해 나가고 있었다.

독일군은 북부로 철수하면서 이탈리아의 항구에서 배를 침몰시키거나 기중기를 파괴하는 등으로 연합군이 사용하지 못하도록 하였는가 하면 도처에 다양한 부비트랩Booby Trap을 설치하여 진격을 지연시키면서 인명을 살상하였다.[5]

1944년 말부터 1945년 초 전투는 이탈리아 북부의 포 강 계곡 일대에서 진행되고 있었다. 그곳은 운하와 강이 가로지르는 넓은 평야지역으로 이탈리아에서 가장 오래되고 아름다우며 값으로 따질 수 없는 베로나, 파도바, 비첸차 같은 중세의 도시와 유물들이 도처에 흩어져 있는 곳이다.

유물이나 고적들의 파괴를 방지하기 위해 연합국이나 독일군은 모두 관심을 기울이고 있었고, 이탈리아 당국도 피해를 방지하기 위해 예술품들을 수거하여 비밀 은신처에 보관하는 등 노력을 기울였다. 그러나 당시 독일군은 최대의 예술품 약탈자였다.[6]

---

4 정하명 외, 『세계전쟁사』, 황금알, 2001, 363~364쪽.
5 로버트 월리스, 『이탈리아 전선』, 한국일보사-타임라이프, 1981, 179쪽.

〈그림 4-27〉 독일군의 다이너마이트 폭발로 연기에 휩싸인 피렌체의 한 다리

르네상스 시대의 가장 독창적이고 우아한 다리였던 피렌체의 한 다리가 독일군의 다이너마이트 폭발로 연기에 휩싸이고 있다.
로버트 윌리스, 『이탈리아 전선』, p.121

독일군이 후퇴하는 것을 보면서 스위스군의 최고사령부는 이 지역이 스위스 연방지역과 수세기 동안 역사와 이익을 공유하고 있는 곳으로, 전투가 발생하면 심각한 피해를 받을 것을 우려하였다.

스위스도 이탈리아에서 활동하고 있었던 빨치산 조직의 정보를

6 위의 책, 120~129쪽.

통해 독일군이 철수하면서 나폴레옹 전쟁 당시나 독소전쟁 기간 중 소련군이 하였던 초토화 작전Scorched Operation을 실시하고자 준비하고 있었던 것을 알고 있었다. 당시 이탈리아 북부 지역에는 수천 명의 빨치산들이 산악과 야지에서 굶주림, 추위와 싸우면서 '치고 빠지기 전술Hit and Run Tactics'로 독일군을 타격하고 있었다.[7] 그들은 스위스 국경을 비교적 자유롭게 통과하면서 이탈리아에서 입수한 정보를 제공하고 물자를 지원 받고 있었다.

그들은 또한 독일군이 우크라이나와 동유럽에서 빨치산을 무자비하게 소탕하였던 것처럼 이탈리아에서도 역시 빨치산을 무자비하게 소탕할 계획도 알렸다.[8] 당시 케셀링 원수 지휘하의 독일군 서남 집단군은 비록 연합군에 쫓기면서 북으로 철수하고 있었으나 여전히 강한 전투력을 갖고 있었으며, 오스트리아와 바바리아 알프스의 산악 요새지역에서 전투를 해 나갈 계획을 진행하고 있었다.[9]

다른 한편에서는 케셀링 원수의 독일군 사단들이 스위스에 개입할 가능성도 제기되었다. 만약 그러한 상황이 전개된다면 최고사령부로서는 이를 저지할 방법은 이미 시행되고 있었던 국경경비를 강화시키는 것 외에 다른 방안이 거의 없었다.

바로 그 무렵, 즉 1945년 2월 말 이탈리아에서 이미 친위대와 비밀리에 접촉하고 있었던 한 인사가 취리히에 대표단을 파견하였다. 그들은 이탈리아 북부에서 작전하던 독일군이 연합군에 합류해서 서쪽을 향하여 진격을 해오는 소련군의 돌파를 저지해야 한다는 데 동

---

7 Adams, *op. cit.*, p.190.
8 Urs Schwarz, *The Eye of the Hurricane : Switzerland in World War Two*, Colorado : Westview Press, 1980, p.141.
9 *Ibid.*, p.142.

의하였다. 그들은 소련군이 스위스를 점령한 이후의 사태를 걱정하고 있었던 것이다.

정보책임자인 하우사만은 루체른에 있는 정보부서의 바이벨 소령을 호출해서 취리히에서 이탈리아인을 만났다. 당시 스위스로서는 북부 이탈리아에서 전쟁의 참화를 피하면서 그들의 안전을 위협하는 독일군을 축출할 수 있을 방안을 찾는 것은 중요한 일이었다. 그러나 이러한 일을 위한 비밀모임이 잘못 알려지면 모두 수포로 돌아가게 될 것은 명확하였다. 따라서 하우사만이나 바이벨은 그들의 상급자 누구에게도 이러한 사실을 알 릴 수도 없었고 그렇다고 중립국 스위스로서는 중립을 해칠 수 있는 어떤 행동을 해서도 안 된다는 것도 명심하면서 행동을 하였다.[10]

바이벨은 그들이 이탈리아의 빨치산을 만나서 비밀 회합을 하고 있다는 사실을 베른의 전략사무국의 덜레스 국장에게 알렸다. 덜레스는 당시 미 전략정보국의 스위스 책임자로 비밀리에 임무를 수행하고 있었다. 그런 덜레스에게도 이탈리아 주둔 독일 서남집단군의 항복을 위한 협상은 매우 중요한 문제였기 때문이다.

그는 스위스군 장교들과 비밀리에 접촉을 유지하면서 만약 바이벨 소령이 스위스에서 친위대 대표단과 비밀회담을 갖고자 한다면 미국 대표단을 보내겠다고 하였다. 미국 대표단은 회담의 중요성을 확인할 목적으로 참석하기를 원하고 있었던 것이다.

1945년 3월 초 하우사만과 바이벨, 덜레스의 참모 한 사람 이렇게 세 사람은 친위대 장교 두 명을 비밀리에 만났다. 그들은 친위대 장

10 *Ibid.*, p.143; Stephen H. Halbrook, *Target Switzerland; Swiss Armed Neutrality in World War II*, MA : Da Capo Press, 2003, pp.226~227.

교에게 독일군의 항복은 무조건적이어야 하며, 조건부 항복은 연합군 최고사령부에서 받아들이지 않을 것이라고 하였다.

덜레스의 참모는 조기에 무조건적 항복을 하는 독일군 장교들은 전쟁이 끝나고 나면 개인적으로 본인에게 확실한 이익이 있을 것이라고 암시도 하였다. 독일군이 진정으로 항복을 하고자 한다면 고급장교를 스위스로 보내 협상하고 무기를 내려놓으라고 요구도 하였다.

이틀 뒤, 케셀링 원수와 친위대의 볼프Karl Wolff 장군, 이탈리아 주재 독일 대사 등이 참석하는 회의에서는 볼프 장군을 미국과의 협상대표로 파견하기로 결정하였다.[11] 독일군 항복 협상을 위한 임무를 받은 볼프 장군은 다시 스위스를 방문하였다.

볼프 장군이 회담을 하게 된 동기는 두 가지로 첫째, 승산이 가면 갈수록 희박해지고 있는 독일군에게 있어 이탈리아에서의 무의미한 파괴를 막으면서 두 번째는 소련군이 미영 연합군과 함께 독일로 진격하는 최악의 상황을 저지하고자 함이었다.[12] 볼프는 덜레스를 만나서 케셀링 원수에게 무조건 항복을 할 것을 제안하겠다고 약속하였다. 또한 독일군이 계획하고 있었던 초토화 작전도 취소하도록 건의하겠다고 하면서도 그것은 연합군이 독일군에 대한 적대행위를 중지할 때만 가능할 것이라고 하였다.[13]

볼프는 회담에서 스위스가 생존하는 데 필요한 식량과 같은 물자를 구입할 때 이용하는 이탈리아의 제노바, 사보나 등의 항구를 파괴

---

11 W. G. F. Jackson, *The Battle for Italy*, New York and Evanston : Harper & Row Publishers, 1967, pp.304~305; Halbrook(2003), p.227.

12 B. H. Liddel Hart, *History of the Second World War II*, London : Williams Clowes and Sons, 1970, p.674; 폴 콜리어, 『2차 대전』, 433쪽.

13 Winston S. Churchill, *The Second World War and Epilogue on the Years 1945 to 1957*, London : Cassell & Company LTD, 1961, p.904.

하지 않고 스위스로 향하는 철도도 그대로 두겠다고 하였다.

덜레스는 미국 정부에 볼프 장군과의 회의 사실을 보고하였고, 볼프는 정말로 항복을 결말지을 수 있을 정도의 권한을 부여받은 것처럼 보였다. 스위스 중재자는 소련의 대표단을 포함하는 회의를 제안하였지만, 이는 미국이 반대하였다. 이탈리아 주둔 연합군 사령관 알렉산더 원수도 순전히 독일군의 항복만을 받기위해 독일과 비공식적인 접촉을 해야 하는 위험을 무릅써야만 하는지에 대해 의문을 갖고 있었다.[14]

3월 중순에는 모스크바 주재 영국대사가 이탈리아의 연합군과 독일군 볼프 장군과의 대화가 있었음을 소련 측에 통보하였다.[15] 며칠 뒤 일단의 미국과 영국군 고위급 장교가 비밀리에 스위스에 도착하였다.

그들은 친위대의 볼프 장군을 만나서 회담 끝에 독일군이 항복하는 방식에 관해 합의하였지만, 그 날짜는 결정하지 않았다. 항복문서는 이탈리아의 중부도시 카세르타Caserta의 연합군 사령부에서 서명되었고, 회담은 종료되었다. 3월 하순에는 소련군의 대표단도 카세르타의 항복문서 서명식에 참석토록 초청되었다.[16]

이러한 항복협상에 대하여 당연히 독일 고위층은 분노하였다. 볼프 장군의 상급자인 친위대 사령관 히믈러는 이탈리아에 주둔 중에 있는 서남집단군이 미영 연합군에 항복하기로 협상을 진행하고 있는 사실을 보고받고 즉시 볼프 장군을 베를린으로 호출하였다.

볼프는 히틀러와 히믈러에게 왜 소련군과 서부 유럽의 연합군을

14 Schwarz, *op. cit.*, p.145.
15 Churchill, *op. cit.*, p.904.
16 *Ibid*; Halbrook(2003), pp.228~229.

분리시켜야 하는지와 아울러 왜 항복문서 서명하였는지 그 이유를 설명하였고, 그들을 설득하고 자신의 행동을 정당화하는 데 성공하였다.[17] 그가 서부 유럽의 연합군과 소련군을 분리시켜 놓아야만 한다고 주장하였던 것은, 당시 독일군이 계속 후퇴를 해가는 과정에서 양쪽을 분리시켜야만 독일이 견딜 수 있었고 그것은 히틀러에게는 마지막 최후의 수단이기도 하였기 때문이었다. 볼프 장군은 독일군 수뇌부를 납득시키고 베를린을 떠나도 좋다는 허락을 받고서 이탈리아 주둔 독일군 사령부로 복귀하였다.

얼마 뒤 케셀링 장군은 서부전선으로 전출되었고, 새로운 주둔군 사령관으로 비에팅호프Heinrich von Vietinghoff 장군이 부임하였다. 당시 서남집단군은 20여 개의 사단에 50만여 명의 병력이 있었지만, 심각한 연료부족으로 기동에 막대한 지장을 받고 있었다. 반면에 미영 연합군은 지속적으로 전력을 강화하고 있었다. 그런 가운데 협상이 진행되었다. 비에팅호프 장군이 부임하면서 연합국 측에서는 소련이 참여할지에 대한 문제로, 그리고 양측에서는 상호 간 의심과 경계로 항복문제 협상이 잘 진척되지 않았다.[18] 이렇게 독일군의 항복에 관한 전권을 가지고 연합군과 협상을 해 나갈 사람이 없어지면서 어느 순간인가부터 모든 것이 잘못돼 가는 것처럼 보이기 시작하였다. 3월 하순 소련 대표단을 이탈리아 연합군 사령부에 파견해 달라는 영

---

17 1944~1945년 들어 독일군이 계속 수세로 몰리면서 독일의 고위층은 물밑에서 연합국과의 항복에 관한 협상을 비공개적으로 하고 있었다. 히믈러는 서방에 대한 협상의 표시로 수용소의 유태인과 다른 포로들을 석방해서 스위스나 스웨덴으로 보내는가 하면 덴마크와 노르웨이 여성들도 석방하였다. 그러나 이런 행동은 독일이 패한 뒤 생존을 위한 사전 작업으로 보였다.(Ian Kershaw, *Hitler : 1936~1945 Nemesis*, New York : W. W. Norton & Company, 2001, pp.817~818)

18 B. H. Liddel Hart, *History of the Second World War II*, London : Williams Clowes and Sons, 1970, p.674.

국의 초청에 대해 소련 외무상 몰로토프는 "소련의 등 뒤에서 전쟁을 독일로 향하게 하고 있으면서도 독일군 사령부와 연합군 사령부 대표들이 2주간이나 협상을 해 왔다"는 다소 모욕적인 언사를 하면서 자신들이 배제된 체 협상이 진행된 것에 대한 불만을 표출하였다.

그러는 동안 회담은 여러 위기에 직면하였다. 그 첫 번째는 미영 연합국과 소련 사이에서 발생된 연합군의 위기였다. 소련은 독일군과 미영 연합군의 만남에 대해 불만을 표출하였으며, 4월 초 이러한 불만을 담은 스탈린의 전문을 미 대통령 루즈벨트에게 보냈다.[19]

> 루즈벨트 동지, 독일군과 연합군이 갖고 있는 문서에 의하면, 베른이나 또 다른 어느 장소에서인가 협상이 진행되고 있음에 의심할 바 없다. 또한 그들은 독일군과 서부전선의 어느 곳에서 무조건 항복하기로 동의를 하고 회담을 끝냈으며, 케셀링 원수는 전선을 개방하여 미영 연합군이 동쪽으로 진격할 수 있도록 하는 데 동의하였다.

루즈벨트 대통령은 이 전문을 보고서 충격을 받았다. 그는 강한 어조로 "어떤 사람들이 나의 조치와 나의 부하들에 대한 내용을 비열하게 보고하였는지는 몰라도 그러한 잘못된 당신의 보고자에 대해 깊은 유감을 표하지 않을 수 없다"고 답신을 보냈다.[20]

이렇게 이탈리아에 주둔하고 있었던 독일 서남집단군이 조기에 항복하도록 노력을 하고는 있었지만, 연합군의 두 축인 미국과 영국 대 소련 간의 갈등이 점차 현실화되고 있었다. 소련의 불만에는 독일

---

19 Schwarz, *op. cit.*, p.146; Churchill, *op. cit.*, p.906.
20 Churchill, *op. cit.*, p.906.

군과 미영 연합군의 협상을 비난하는 내용도 포함하고 있었다.

1944년 9월 중순으로부터 11월의 중순까지 프랑스 제1군은 독일군 19군과 스위스의 국경지대에서 대치를 하고 있었다. 스위스군 최고 사령부의 관심사는 독일군과 프랑스군이 전투를 하는 동안 어떻게 하면 양국군이 스위스의 국경을 돌파하여 전투를 하지 않도록 방지하느냐 하는 것이었다. 독일과 프랑스 입장에서만 보면 한쪽은 전략적 이유로 반드시 그 지역을 지켜야만 하였고, 다른 한쪽은 그 지역을 반드시 돌파해야만 하는 이유가 있었기 때문이었다. 기상 장군으로서는 독일군이든 프랑스군이든 어느 누구의 입장도 들어줄 수 없었으며, 따라서 어떻게 해야 할지 진퇴양난에 빠져 있었다. 그는 그러한 심정을 1946년 그가 작성한 보고서를 통해 다음과 같이 밝혔다.[21]

> 우리는 연합군이든 추축국이든 누구부터라도 공격을 받을 경우, 그곳이 비록 우리 국토의 작은 돌출부일지라도 모든 유효한 수단을 동원하여 즉각 대응해야 할 의무가 있다. 그들에 대한 우리들의 대응은 국내 상황이나 국제적 상황을 고려해 볼 때 매우 상징적인 가치를 갖는다. 국경선에서의 작은 충돌도 우리들로 하여금 즉시 방아쇠를 당기거나 보다 더 커다란 작전을 취하도록 요구한다.

1944년 11월 중순 자유프랑스군Forces françaises libres(FFI)[22]이 벨포트

---

21 Schwarz, *op. cit*, p.151.

22 자유프랑스군은 1940년 6월 런던으로 망명한 샤를 드골 장군의 주도로 성립된 단체(루즈벨트의 시각) 또는 망명정부(윈스턴 처칠의 시각)다. 깃발은 프랑스의 국기 중앙에 로렌 십자를 넣은 기를 사용했다. 샤를 드골 장군이 주도하였다. 프랑스 본토에서 활약한 레지스탕스 일부는 드골을 지도자로 인정하고 따랐지만, 또한 반드시 그런 것은 아니었으며 공산당계는 드골을 보수 반동으로 간주하여 반대하였다. 연합군이 노르

와 스위스 국경에 있는 독일군을 라인 강가의 제방까지 축출하기 위해 정면으로 공격해 왔다. 양측은 이곳에서 접촉을 유지하면서도 중립국 스위스 국경을 조심스럽게 존중하고 있었다.

11월 하순으로 접어 들어가면서 미제 탱크와 자주포로 무장한 자유프랑스 군이 스위스 국경지역에 나타났다. 당시 기상 장군도 스위스 안보에 있어 가장 중요한 지역인 그곳에서 스위스군의 부대들과 함께 있었다.

독일군이 계속 수세로 몰리면서 그들의 차량들이 동쪽으로 후퇴하는 것이 보였고, 일단의 장병들이 뒤에 잔류하였다. 그들은 스위스 국경을 넘어와 처음에는 무기를 내려놓기를 거부하였다가 스위스군에 항복하였다.

해가 바뀌고 독일군의 패배가 계속되면서 1945년 2월 초, 스위스와 자유프랑스의 드골 정부 간에 정상적 외교관계가 수립되었다. 그러나 드골 정부는 독일군 점령기간 중 스위스가 비시 괴뢰정부와 우호관계를 유지하였던 것을 불쾌하게 생각하고 있었으며, 더군다나 독일군이 프랑스로부터 약탈해서 스위스 은행에 맡겨놓은 금괴는 양국의 관계가 완전히 회복하는 데 어려운 문제로 대두됐다.[23]

독일군이 패퇴하면서 전쟁터가 북쪽과 동쪽으로 이동하고 있었다. 이제 전쟁의 중요한 시기는 지나가고 있었던 것이다. 자유프랑스군이 라인 강을 넘어 독일군을 추격하면서 북동쪽으로 진격하였다. 기상 장군은 자유프랑스군이 독일군을 추격하여 오스트리아 국경으

망디 상륙작전에 성공하여 독일로 진격을 해 나가는 과정에서 파리 해방에 많은 기여를 하였다.

23 Howard, *op. cit.*, pp.226~227.

로 신속히 이동해 줄 것을 요청하였다. 그것은 소련군이 서쪽으로 신속히 기동해서 스위스 국경지역까지 도달할 경우 예상되는 두려움 때문에 자유프랑스군이 이를 저지해 주기를 바라면서 요청하였던 것이다. 1945년 5월 초 자유프랑스군은 오스트리아 서부지역까지 진격하였다. 이 무렵 오스트리아는 소련군에 의해 점령되고 있었다.

2. 이탈리아 주둔 독일군의 항복과 전쟁의 억제

한편, 이 기간 이탈리아 북부에서는 여전히 연합군과 독일군의 전투가 미미하게 계속되었다. 그러다가 1945년 4월 하순 비에팅호프 사령관은 베를린 독일군 최고사령부에서 보낸 연합군에 지속적 저항을 하라는 명령에 불복하고 연합군과 항복협상을 하기로 결심하였다[24]. 그러한 임무를 받은 볼프 장군이 협상차 고급장교를 대동하고 스위스로 갔다.

회담은 여러 어려움 끝에 카세르타의 연합군 사령부에서 개최되었다. 여러 차례 회담 끝에 4월 말, 독일군 서남집단군이 무조건 항복하기로 하는 서명식이 연합군 사령부가 있는 카세르타에서 개최되었으며, 5월 2일부터 효력을 발휘하기로 하였다.[25]

처칠은 하원에서 이탈리아에서의 독일군 항복을 개선장군처럼 의기양양하게 발표하였다. 그는 독일 육군 최정예부대의 항복이 전

---

24 Liddel Hart. *op. cit.*, p.674; 폴 콜리어, 『2차 대전』, 433～434쪽.
25 폴 콜리어, 『2차 대전』, 434쪽; Churchill, *op. cit.*, p.917; Jackson, *op. cit.*, pp.315～316.

쟁의 마지막 단계이면서 또 다른 시작이라고 생각하고 있었다.[26]

그 무렵 히틀러가 자살(1945.4.30)하였고, 동쪽에서는 소련군이 베를린에서 치열한 전투를 하고 있었으며, 서쪽에서는 연합군이 역시 베를린에서 기력을 다해가는 국방군과 마지막 전투를 하고 있었다. 6일 뒤, 5월 8일에 남아있던 다른 독일군들도 모두 항복하였으며 이제 유럽에서의 전쟁은 완전히 끝났다. 장장 5년 8개월간의 유럽에서의 대전이 막을 내린 것이다.[27] 스위스도 5년간의 위험했던 기간을 이겨내면서 생존하는 데 성공하였다. 스위스가 마침내 전쟁을 억제하면서 그들의 무장중립정책이 성공하였음을 증명하였던 것이다.

북부 이탈리아에서 연합군이 승리하였으며, 유럽에서의 전쟁은 끝났다. 더불어 스위스도 위기를 해소하면서 전쟁의 공포로부터 벗어날 수 있었다. 이탈리아 국민들과 빨치산에 대한 대량학살도 피할 수 있었으며, 수많은 옛 도시와 고성, 마을 등도 피나는 노력으로 피해를 예방할 수 있었다. 헤아릴 수 없는 많은 예술품들은 대체로 온전하였다.[28] 산업시설들도 그런대로 피해를 입지 않은 채로 남아서 전후 재건하는 데 도움이 되었다.

혹자는 이탈리아에서의 독일군의 항복이 일주일 뒤의 국가사회주의자들의 항복에 비추어 볼 때 너무 늦지 않았는가에 대해 이의를 제기하는 경우도 없지 않으나, 반면에 수백만 이탈리아 사람들의 피

---

26 1945년 들어 히믈러나 괴링 등 독일의 고위층에서는 더 이상의 파괴를 막기 위해서 독일의 항복을 피할 수 없는 현실로 받아들이면서 다만 그들이 경멸하였던 볼셰비즘의 소련에 대한 항복은 피하고 싶어 서방에 항복하고자 하였다. 히믈러는 자신이 연합국에게 항복하겠다는 문서를 스웨덴을 경유하여 연합국에 보내기도 하였다. 그러한 내용이 서방 방송을 통해 발표되고 이 소식이 히틀러에게 보고되면서 히틀러는 히믈러가 반역을 꾀하고 있다고 생각하였다.(Kershaw, *op. cit.*, pp.817~819)

27 정하명 외, 앞의 책, 392쪽.

28 로버트 윌리스, 『이탈리아 전선』, 122~128쪽.

〈그림 4-28〉 산악 훈련 모습

해를 방지하고 더군다나 중세 유럽문화의 꽃인 북부지역을 전쟁의 참화로부터 구제하였다는 데서 큰 의미가 있다고 할 것이다.

또한 북부 이탈리아의 독일군이 항복을 하지 않았다면 전쟁이 한 달간 또는 그 이상 지속되었을 가능성도 배제할 수 없다는 관점에서 이탈리아에서의 독일군 조기 항복은 매우 의미가 있다고 할 것이다.

스위스가 전쟁을 억제하기까지 투입한 노력의 대가는 실로 작은 것은 아니었지만, 영국과 프랑스, 폴란드 등 다른 나라들이 입은 피해를 고려한다면 참을만하였다. 스위스는 경제적으로 많은 희생을 감내해야만 하였으며, 군사적으로 전쟁을 억제하기 위해 사용한 비용이 전쟁에 참여한 국가에 비하면 적었지만 스위스 경제 규모로 본다면 결코 작은 것은 아니었다.

전쟁 전인 1935년 스위스의 국가채무는 약 15억 SFr이었는데, 이 채무가 1940년에는 두 배로, 1945년 전쟁이 끝났을 때에는 80억 SFr으로 확대되어 있었다. 이는 당시 화폐기준으로 약 20억 달러에 달하는 것으로, 이를 정상수준의 국가채무로 복귀하기 위해서는 약 30년이 소요될 것으로 판단되었다.[29]

〈표 4-4〉 2차 대전 시 전쟁당사국의 전비소요

구분	연합국				추축국		
	미국	영국	프랑스	소련	독일	일본	이탈리아
전비(억$)	2,880	497.8	1,112.7	930.1	2,123.3	412.7	210.7

출처 : Robert Goralski, *World War II Almanac : 1941~1945*, p.421.

29 Schwarz, *op. cit.*, p.153. 스위스는 1939년으로부터 1945년 사이에 40억 SFr을 무장을 위해서, 40억 SFr을 민병군 병력을 유지하기 위해서 사용하였다. 1940년의 경우는 스위스 국가 총수입의 12%가 국방비로 사용되었다.(Halbrook(2003), p.234)

유럽전선에서 독일군이 완전히 항복을 하였지만, 태평양 지역에서는 전쟁이 막바지에 도발할 무렵인 1945년 7월, 연방정부는 민병군의 동원을 해제하면서 스위스는 전쟁 이전의 모습으로 복귀를 시작하였다.

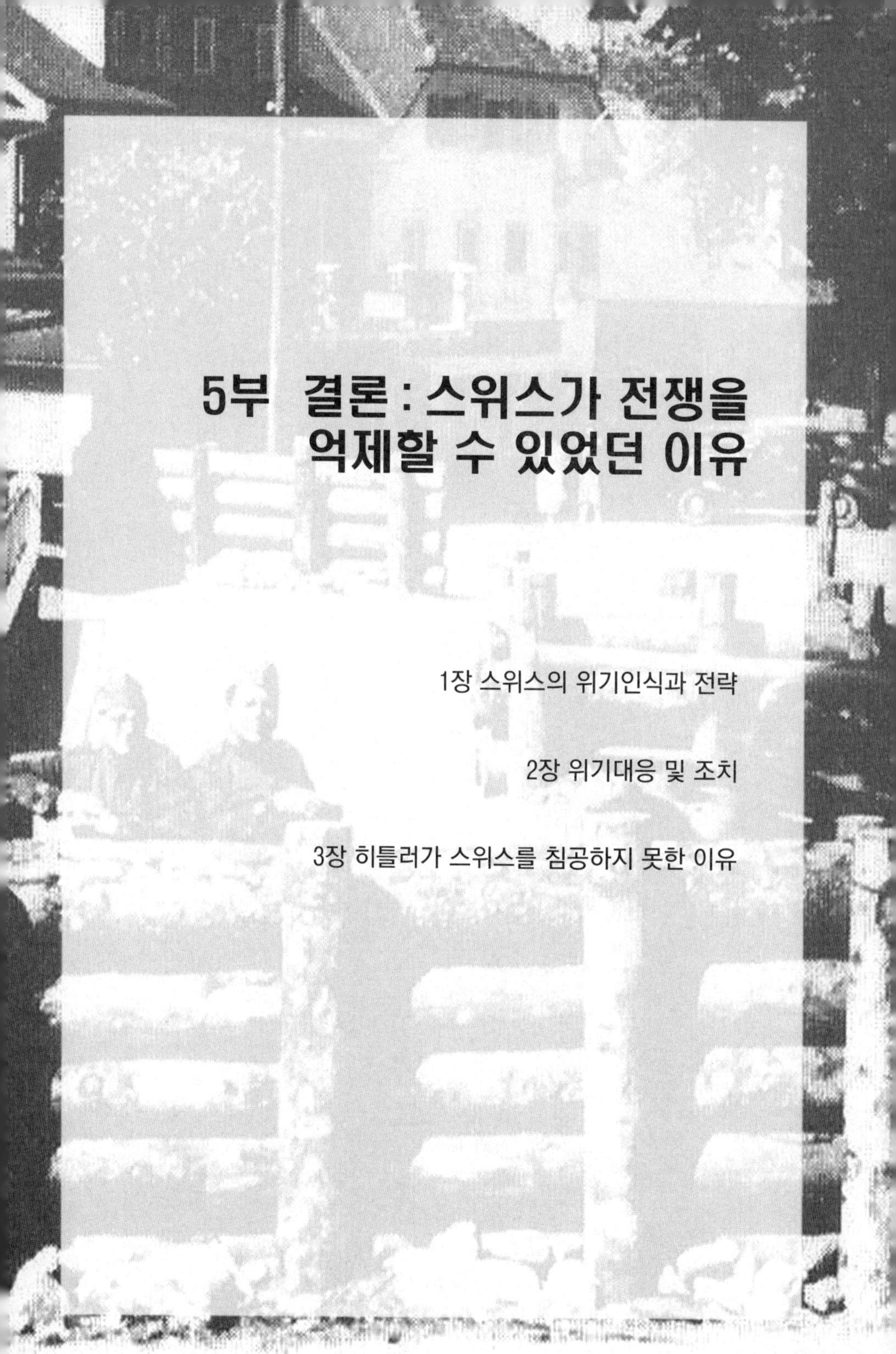

5부 결론 : 스위스가 전쟁을 억제할 수 있었던 이유

1장 스위스의 위기인식과 전략

2장 위기대응 및 조치

3장 히틀러가 스위스를 침공하지 못한 이유

스위스가 2차 대전에서 독일군의 침공 가능성이 높았음에도 불구하고 위기관리를 하면서 전쟁의 발발을 억제하는 한편, 독립국으로서 정체성을 지속적으로 유지를 할 수 있었던 이유는 어느 한두 가지의 요인의 의해 좌지우지된 것은 아니다.

거기에는 독일군의 위협에 대응하여 적절한 위기관리전략을 선택하면서 이를 뒷받침해 주기 위한 당시 의회와 연방정부의 정치와 외교적 노력, 군사지도자의 확고부동한 의지와 지도, 이에 호응하였던 국민들의 저항의지, 예비전력인 민병군의 동원과 운용, 독일군이나 연합군 항공기의 영공침입에 대한 단호한 조치, 추축국으로 둘러싸여 무역이 원천적으로 통제되고 있었지만 이를 극복하기 위한 경제적 노력 등 모든 사항들이 어우러져 나타났기 때문에 가능하였던 것이다.[1]

---

1 이와 관련하여 안성호는 스위스의 국방력의 비결을 ① 헌정애국심 ② 무장중립 ③ 친화적 민군관계로 설명하고 있다. 헌정애국심은 '지방자치 헌정제도가 함양하는 애국심'이며, 무장중립은 '가장 많이 무장되고 자유로운 나라', 친화적 민군관계는 '국민의 군대사랑과 정부의 국민에 대한 신뢰'에 기인한다는 것이다.(안성호, 「읍·면·동 풀뿌리 자치와 향방전력 강화방안-스위스 2차 대전 '고슴도치 국방'의 교훈」, 『한국지방자치학회보』 제24권 제1호(통권 77호), 2012, 54~59쪽)

1장

스위스의 위기인식과 전략[1]

1. 위기인식

1933년 히틀러가 집권하면서 서서히 독재체제로 전환한 독일은 국제연맹을 탈퇴하고 징병제를 부활시켰으며, 육군부대 확장과 공군 보유 선언 등 재무장과 재군비를 추진해 가면서 유럽에서의 긴장을 고조시켰다. 1938년 독일군이 오스트리아와 체코를 합병하는 것을 보면서 스위스도 독일의 합병대상이 아닌지 우려도 커졌다. 이러한 것을 입증하듯 독일에서는 스위스의 독일어 언어권은 독일로, 프랑스어 언어권은 프랑스로, 이탈리아어 언어권은 이탈리아로 각각 편입되어야 한다는 주장이 나왔다.

스위스는 전쟁이 발발하기 이전부터 만약 전쟁이 발발하더라도 전통대로 중립정책을 견지할 것이라고 분명히 하였다.[2] 외무장관이

---

1 위기관리 이론이 발전되었던 1960년대 쿠바위기 사건이 있기까지 위기관리전략이라는 용어는 사용되지 않았다. 이 장에서 제시하는 스위스의 위기에 대한 인식, 위기관리 및 조치들은 당시의 상황을 고려하여 위기관리전략에 부합되게 작성한 것이다.

2 Constance Howard, "Switzerland, 1939～1946", Arnold Toynbee and Veronica M. Toynbee(ed.),

나 스위스 국민들은 전쟁이 발발하지 않기를 바라면서, 독일의 보다 합리적인 요소들이 독일이 전쟁이라는 극단적 선택을 하는 것을 방지할 것이라는 희망을 갖기도 하였다. 그러나 이런 저런 희망과 바람이 모두 무위로 돌아가고 1939년 마침내 독일군이 폴란드를 침공하여 2차 대전이 발발하였다. 이어서 1940년 5월 프랑스마저 침공하면서 전선이 서부지역으로 확대되자 스위스의 위기 인식은 최고조에 달하였다.

다음의 〈그림 5-1〉에서 ①번부터 ③번까지는 독일의 국제연맹 탈퇴(①, 1933)와 재군비 선언(②, 1935.5) 및 라인란트 점령(③, 1936.3) 등으로 유럽에서의 긴장이 서서히 조성되기 시작한 기간이었다. 이 기간 중 독일은 영국과 프랑스, 스위스 등 주변국들과의 이해충돌로 인해 갈등이 발생되기 시작하였다. ④번은 오스트리아 합병(1938.3)이고 ⑤번은 체코 합병(1939.3)으로 같은 게르만 족이 주축을 이루는 스위스도 독일의 합병을 우려하면서 한층 위기가 고조되었다.

독일과 스위스의 관계가 악화되면서 이른바 '위기의 문턱Crisis Threshold'을 넘어서기 시작하였다. 그러다가 독일군의 폴란드 침공(⑥, 1939.9)과 프랑스 침공(⑦, 1940.5)을 거치면서 2차 대전이 발발하는 시기를 전후로 위기는 최고조에 달하였다. 이 시기에 스위스는 대규모로 민병군을 동원하여 국경수비를 강화하고 지뢰지대와 철조망 지대를 설치

The War and The Neutrals, London : Oxford University Press, 1956, p.199. 스위스는 1차 대전 후 국제연맹에 가입하면서 무장중립정책을 일시적으로 포기하였던 적이 있다. 당시 스위스는 국제연맹의 회원국으로서 연맹의 규약을 위반하는 국가들에 대해 군사적 수단을 사용하는 것보다는 다른 강압적 수단을 사용하는 데 대한 의무를 하기로 동의하면서 이에 참여한 것이다. 그 후 이탈리아가 아비시니아를 점령하고 독일이 재무장, 오스트리아를 합병하는 것을 보면서 스위스는 이런 국제분쟁에 휘말려 들지 않기 위한 유일한 방안은 전통인 중립으로 복귀하는 것이라고 생각하여 국제연맹에서 탈퇴하였다. 국제연맹은 1938년 5월 14일 스위스의 이러한 결정을 받아들였다.

〈그림 5-1〉 스위스의 위기인식 및 관리과정

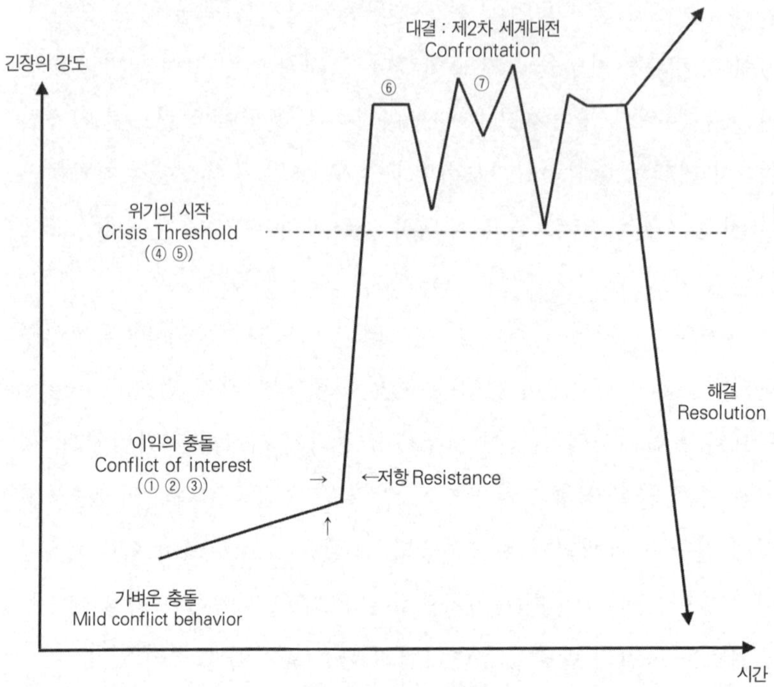

하였으며, 독일군 기갑부대가 통과할 수 있는 교량을 폭파할 준비를 하였다.

당시 스위스는 독일군의 대부대들이 스위스와 접하고 있는 북부지역에 집결하여 5월 14~15일 야간 침공이 시작될 것이라고 믿고 있었다. 대통령의 패배주의적 연설과 나치 전위조직들의 조작된 선전에 의해 패닉현상이 광범위하게 퍼지면서 북부지역의 주민들이 남부의 주들로 대탈출Exodus하는 현상이 발생하였다.[3]

---

3 Howard, *op. cit.*, pp.210~211.

이후 독일군이 항복하는 1945년 5월까지 스위스 침공은 몇 차례 계획이 되었지만 실제로 실행은 없던 가운데 위기가 악화와 완화되기를 반복하면서 때로는 협상국면이 지속되었다. 1941년 6월 독일군이 소련을 침공하면서 대소작전을 위해 주력을 동부전선에 집중 투입하는 동안 독일의 침공의 가능성이 일시적으로 감소하였다. 그때 민병군의 동원을 해제하여 한때 7만여 명으로 감소한 적도 있었다.

그러나 스위스는 독일군의 수차례 침공 가능성에 대비하여 민병군을 동원하고 지역방위대 창설하였으며 알프스의 요새화를 추진하는 한편, 독일군 항공기는 물론 연합군 폭격기의 영공침입 저지, 경제적 어려움 극복, 국내에서의 이적활동 통제 등 난국을 극복하였다. 마침내 소련군이 반격에 나섰고, 연합군의 이탈리아 상륙(1943. 9)과 노르망디 상륙(1944. 6) 작전이 성공하여 점차 독일 내부로 작전이 진행되자 히틀러가 자살(1945.4.30)하였고 이탈리아 주둔 독일군의 항복(1945.5.2)에 이어 전 독일군이 항복(1945. 5. 7)하면서 전쟁이 끝났다.

2. 위기관리전략

독일군의 주변국 합병과 침공이 점차 가시화되면서 스위스에서는 독일군의 침공을 우려하여 위기관리를 시작하였다. 위기관리전략을 택함에 있어서 아무리 스위스가 강소국이라고는 해도 독일에 비하여 인구 규모와 경제력, 군사력 등 상대적으로 모든 면에서 열세하였기 때문에 적극적인 공세적 위기관리전략을 택할 수는 없었다. 따라서 수세적 위기관리전략을 택하였다. 그것도 다른 연합을 할 수 있었던 나라가 있어서 연합을 한 것이 아니라 단독으로 하였다.(다만, 프랑스가 항복하기 전까지는 제한된 군사협력이 있었다.)

스위스가 당면하는 독일군의 침공 가능성에 대비하여 위기를 극복하고자 택한 수세적 위기관리전략은 독일군이 스위스를 침공하지 못하도록 한계를 설정하는 이른바 '한계설정 전략'과, 그럼에도 불구하고 침공을 한다면 스위스의 강력한 대응으로 독일군도 수많은 피해를 당할 수 있다는 것을 주지시켜 도발을 하지 못하도록 그들의 결의를 전달하는 '공약과 결의 전달' 전략을 적절히 구사하였다.

먼저 '한계설정 전략'으로 독일군이 폴란드를 점령한 뒤 프랑스와 독일, 스위스의 국경지역 가까운 곳에 대규모의 부대들을 집결시키면서 침공 가능성에 높아지자, 스위스는 민병군을 동원하여 국경선 지역으로부터 알프스에 이르기까지 전국적 대비체제를 갖추고 독일군으로 하여금 침공을 하지 못하도록 한계를 설정하였다.

또한 독일군이 침공을 하면 스위스는 국민들에게 어떤 침공이 가해지더라도 국토를 사수하겠다는 의지를 굳건히 하면서 독일군의 침공로가 될 만한 교량과 이탈리아로 향하는 철도, 터널은 파괴할 것이라고 천명하였다. 또한 알프스 지역에서의 게릴라전을 통해서 독일군에게 많은 피해를 줄 것이며, 그래서 독일군은 침공에 따른 이익도 없이 많은 피해만 입게 될 것이라고 굳은 결의를 스위스군의 최고지휘관들이 나서서 독일군 비밀경찰의 고위층을 통하여 분명히 하였다.

이러한 위기관리전략을 실천하기 위해 스위스는 독일의 위협이 점증하자 제한적이기는 하였지만 비밀리에 프랑스와 군사협력을 전개하였다. 독일군이 폴란드를 침공하여 2차 대전이 발발하자 헌법의 규정에 따라 최고사령관을 임명하였고, 국민들에게는 정신방위를 강조하였다. 전국적으로 예비전력인 민병군을 대규모로 동원하여 전쟁에 대비하였으며, 알프스를 중심으로 하여 국가요새화 계획을 추진하였다.

독일군과 연합군의 공군기들이 스위스 영공을 침입하자 공군기들을 출격시켜 교전 끝에 침투한 항공기를 격추시키거나 강제로 착륙시켰다. 또한 경제적 어려움을 극복하기 위한 배급제 실시, 전 국토 경작지화 등 많은 계획도 시행하였다. 이적단체에 대한 활동통제와 언론 검열도 하였으며, 반역자는 신속한 재판을 거쳐 처형을 하는 등 발생된 위기에 대비하여 선정된 위기관리전략에 따라 많은 위기조치들이 검토되고 적용되었던 것이다.

2장

위기대응 및 조치

1. 최고사령관의 전쟁지도

스위스가 독일의 침공을 억제하는 데 성공한 것은 누구보다도 군 최고사령관 기상 장군의 굳은 의지와 신념의 결과라고 말할 수 있을 것이다. 그는 독일군이 군비를 증강하고 주변국을 침공하여 합병하는 것을 보면서 장차 독일군의 침공에 대비하여 프랑스와 비밀리에 군사협력을 강화해 나갔다. 이는 독일로서는 당연히 중립국 스위스의 행동에 의심을 가질만한 처신이었다. 스위스와 프랑스의 군사협력에 관한 비밀문서가 독일군의 수중에 들어가면서 한때 우려하는 목소리도 있었지만 그는 이를 무시하였다.

헌법에 따라 1년 단위로 대통령이 바뀌면서 연방의 권한이 상대적으로 약화되어 있는 스위스에서 연방의 대통령이 지도자로서 시종일관 강력한 지도력을 발휘하여 전쟁을 지도하기에는 문제가 있다고 할 것이다.

의회가 군의 최고사령관으로 그를 임명하자 그는 프랑스가 함락되는 것을 보면서 스위스에도 독일군의 침공이 임박한 것으로 판단하여 스위스의 독립과 제도를 위해 단합할 것을 주문하였다. 그는 스위스 건국의 혼이 깃든 뤼틀로 650여 명의 장교들을 집합시켜 스위스의 정신을 일깨워 주면서 군이 나가야 할 방향을 제시하였다.

독일의 침공 가능성이 높아지면서 이를 두려워하는 대통령이 애매모호하게 처신할 때 그는 먼저 군의 지휘관들을 소집하여 국가가 위태로워지는 현실에서 군이 지향해야 할 방향을 제시함으로써 내부적으로부터 단결을 주도하였던 것이다. 전 국민에게는 스위스를 어떠한 침략에서도 강력하게 수호하겠다는 의지를 표명함으로써 국민들의 사기를 고양시키고 의지를 결집하였으며, 이를 바탕으로 알프스 요새화 계획을 추진하였다.

그는 스위스의 지형과 독일의 의도를 간파하여 독일과 접하고 있는 북부의 평야지대를 희생을 하더라도 알프스의 산악지역을 이용하여 게릴라와 장기전으로 국토를 지켜낼 것이며, 독일군이 침공하면 알프스를 통과하는 주요 철도와 교량 및 터널을 폭파하여 독일군의 작전의도를 저지하겠다고 하였다.

또한 독일군이 공격해 온다면 그 전쟁은 길고 값비싼 전쟁이 될 것임을 독일 친위대 장군을 만나 경고도 하였으며, 시간이 있을 때마다 독일군이 스위스를 침공하면 끝까지 저항할 것이라는 메시지를 보냄으로써 침공을 선불리 결정하지 못하도록 하였다. 그는 독일이 스위스를 침공해서 얻는 득보다 잃는 실이 더욱 많을 것임을 강조하며 독일이 침공을 단념케 하고자 노력하였다.

그는 스위스가 연합군이나 추축국의 의도에 따라 전쟁에 휘말려 들어갈 소지가 있음에도 불구하고 양측 공군의 스위스 영공침입에 모두 강력하게 대응하여 독일공군기를 요격해서 격추시키거나 연합군 항공기를 강제착륙 시키는 등 허점도 보이지 않았다.

그러한 모든 노력으로 스위스는 독일군의 침공을 억제할 수 있었으며, 그 중심에 바로 연방의회가 스위스군의 최고사령관으로 기상 장군을 임명한 것과 기상 장군의 굳은 신념과 행동이 있었기 때문에 가능하였던 것이다.

그러한 업적에 따라 기상 장군은 스위스가 암울하였던 시기에 국민들의 저항의지를 살리면서 전쟁의 참화를 예방하였던 위대한 장군으로 스위스의 역사에 영원히 기억되고 있다.

2. 국민들의 총력 저항의지

아무리 지도자가 훌륭하고 그 역량이 출중하여도 국민들이 지도자를 따라 주지 않으면 그 전쟁을 이길 수는 없을 것이다. 스위스에서는 국민들이 지도자, 특히 군사지도자의 지도에 호응하여 독일의 침공을 막아낼 수 있었다고 해도 과언이 아닐 것이다.

2차 대전이 발발할 당시 스위스에는 여러 가지 혼란이 발생하고 있었다. 독일계 주민의 다수 거주하고 있었고 나치의 선전전으로 국내에는 친독일 단체들이 기생하면서 스위스의 안정을 해치고 있었던 것이다. 물론 국민들 대다수는 독일의 전체주의와 나치의 폭압적 정치를 싫어하고 있었지만 나치 전위조직들의 활동으로 국내가 혼란스러운 상태에 있었던 것이다.

아무리 국민들이 각 가정마다 총과 실탄을 준비해 놓고 있고 사격이 국민적 스포츠라고 하여도, 그 국민을 지도할 국가의 지도자가 국가비상사태 시에 제대로 리더십을 발휘하지 못하여 국민을 지도하지 못할 때는 지리멸렬하기 쉽다. 특히 스위스와 같이 국력이 크지 않은 국가에서 그것도 추축국과 같이 그 국가의 안보를 위태롭게 하는 국가들에 의해 둘러싸여 있고 국민은 민족적 구성이나 언어의 사용이 다르다면, 그래서 그 국가의 정체성을 찾기가 쉽지 않은 경우라면 이야기는 더욱 심각해진다. 1940년 독일군이 프랑스를 침공하여 스위스가 국가적 비상상황에 처해질 무렵, 당시 대통령을 역임하였던 골라주가 바로 그런 사람으로, 그의 애매모호한 발언은 한때 국민들의 정신적 해이감을 촉진하였던 적이 있었다.

이를 불식시킨 지도자가 바로 기상 장군으로, 그는 무엇보다도 먼저 군 지휘관들에게 국가방위를 위한 사명감을 고취시켰다. 이를 뒤늦게 알게 된 국민들은 군지도자의 강력한 국토수호 의지에 따라 민병군 동원에 적극 호응하였다. 동원된 민병군은 국경수비로부터 알프스의 산악지역에 요새진지를 구축하는 등 국가요새화 계획에 따라 다양한 일을 하였다.

국민들은 스위스가 추축국에 둘러싸여 무역활동을 제대로 할 수 없게 됨에 따라 전 국토를 개간하여 농작물 생산을 확대하기 위한 노력을 기울였고, 배급제를 통해 부족한 식량과 물자를 해결하였으며, 물자가 귀해지자 절약을 통해 최대한 아껴 쓰면서 기나긴 전쟁에 임하였다.

1차 대전 시 독일은 전쟁이 중반기에 들어가면서 식량배급이 부족해지자 결국 폭동이 발생하여 전쟁수행 노력이 약화되었고 이러한 것이 반복되면서 염전주의가 확산되었으며, 마침내 해군에서 반란이 발생하여 결국 항복하지 않을 수 없었다.(당시 육군은 프랑스에서 전투를 하고 있었지만 독일 국내에서의 패배주의와 염전사상의 확산으로 항복하지 않을 수 없었다.) 오스트리아-헝가리 제국도 전쟁기간 중 식량이 부족하여 기아자가 다수 발생하였고 폭동이 일어났으며 이를 해결하는 것은 큰 문제였다.

러시아에서도 식량의 부족과 제정러시아 정부의 폭압정치 등이 어우러져 폭동이 발생하였고 결국 러시아는 패망하였다. 평시의 식량부족도 커다란 문제를 야기하지만, 전쟁 기간 중이라면 이 문제는 결국 국가의 존망과도 직접적으로 연계됨을 역사는 보여주고 있다.(이러한 사항들은 2차 대전 시도 추축국에서 유사하게 반복되었다.)

스위스에서도 식량이 부족하여 배급제를 시행하였고, 국토의 이용 가능한 모든 곳을 개간해서 농작물 생산을 증대하기 위한 조치를 하였다. 알프스의 일부 산악지역과 그 외 불모지로 남겨져 있었던 곳, 학교, 개인의 정원 등 농작물을 재배 가능한 지역은 모두 사용되었다.(이러한 조치들은 1 · 2차 대전 시 대부분의 국가에서 유사하게 시행된 적이 있다.)

정부가 친독일 행동이나 공산주의 행동을 금지시키자 이에 반발하였던 움직임도 찾아보기가 어려웠다. 인권을 주장하고 부르짖는 스위스였지만 반국가적 행위를 하였던 군인이나 민간인, 내국인과 외국인 등의 반역자들을 색출하여 신속한 재판을 거쳐 처형한 것은 그만큼 당면하는 국가적 위기상황을 극복하려던 자세에서 기인한 것이다.

사실 연방정부는 연합국이나 추축국 사이에서 중립을 유지하기 위해서 노력하였지만, 국민들은 나치 정권의 전횡과 인권유린, 선전전 등 나치즘을 혐오하여 심정적으로 연합국에 동조하고 있었다. 따라서 전쟁기간 연합군 폭격기들이 독일과 스위스의 국경도시인 샤프하우젠이나 콘스탄스 등에 대한 오폭으로 인명피해와 더불어 거주지역과 산업시설에도 피해가 발생하였지만, 이 전쟁이 스위스의 자유를 위해서 하는 긍정적인 전쟁으로 생각하였다.

전쟁이라는 극한의 상황에서 국민들이 어떻게 생각하고 행동하느냐에 따라서 그 결과로 직결됨을 보여주는 것이다.

3. 중립국 제약을 극복하기 위한 정치 및 외교 노력

스위스는 중립국이고 국제기구가 다수 위치하고 있는 국가이다. 또한 추축국들에 의해 둘러싸여 있는 지정학적 여건으로 인해 수도 베른을 포함하는 제네바 등지에 미국이나 독일, 영국, 프랑스, 소련 등 각국으로부터 온 스파이들이 활동하기에는 더할 나위 없이 좋은 무대였다.

또한 국민의 다수가 독일계통의 주민이고 독일어를 사용하다 보니 나치 스파이들의 활동이 많았다. 이들 가운데는 친위대의 고위 간부들도 있었다. 또한 독일이 바로 스위스와 인접하여 위치하고 있다 보니 친위대의 고위급 장교들의 활동도 빈번하였다. 이들은 심지어 스위스군의 최고지휘관들과 회담을 갖기도 하였는데 스위스는 바로 이러한 기회를 이용하여 독일에게 그들의 굳은 결심을 알려주는 기회로 이용하였다.

스위스는 추축국에 의해 포위되어 있었고, 또한 석유와 철광석, 석탄 등 부존자원이나 식량의 해외의존도가 크다 보니 항상 주변국들에 자신의 강력한 의지를 주장할 수 없는 한계점이 있다. 따라서 때로는 유연하게 대응하여 스위스가 필요로 하는 원료를 수입하면서도, 때로는 강경하게 대응하여 자국의 주장을 관철시키기도 하는 등 상황에 따라 융통성 있게 처신해서 당면하는 어려움을 극복하였다.

1945년 10월 4일, 즉 2차 대전이 끝난 뒤 2개월의 시간이 지나갈 무렵 연방의회 의장이 전시 나치독일의 위협에 대한 인식과 스위스의 비밀활동을 대중에게 밝힐 기회가 있었다. 그 자리에서 그는 스위스의 비밀정보요원들이 독일군 최고사령부에까지 침투해서 국방군의 계획을 입수, 스위스에 보고하였다고 밝혔다.[1] 또한 그는 스위스에 대한 침공은 프랑스가 항복하였을 당시(1940.6)와 이탈리아가 항복하였던 시기(1943.9)가 가장 그 가능성이 높았다고 밝혔다.

중립국 스위스는 외교적으로는 중립국을 유지하고 있었지만, 독일군 최고사령부에 비밀정보원을 숨겨 놓았었던 것처럼 자국 방위를 위해서는 철저히 준비하고 있었던 것이다.

가정이지만, 독일군의 침공으로 유럽의 여러 나라가 독일군에 의해 점령되는 것을 보면서 만약 스위스가 스스로 중립국임을 포기하고 연합국의 일원으로서 영국과 프랑스처럼 독일에 선전포고를 하였다면 어떻게 되었을까? 아마도 스위스는 주변의 폴란드와 프랑스, 네덜란드와 벨기에처럼 독일군으로부터 무자비한 폭격을 받으면서 점령되었을 가능성을 배제할 수 없을 것이다. 그 과정에서 민병군의 저항으로 독일군도 상상 이상의 피해를 입었을 수도 있을 것이다. 그

---

1 Stephen H. Halbrook, *Target Switzerland; Swiss Armed Neutrality in World War II*, MA : Da Capo Press, 2003, p.235.

리고 유태인을 포함하는 망명자들도 대부분 다른 유태인들과 같은 운명에 처해졌을 것이다.

그렇지 않고 추축국의 일원으로 독일편에 서서 연합국에 대항을 하였다면 또 어떻게 되었을까? 아마도 연합공군의 폭격으로 심대한 피해를 입었을 가능성 또는 지상군의 침공 가능성도 배제할 수는 없을 것이다. 그러나 이러한 모든 일들은 발생하지 않았다.

스위스는 프랑스와 비밀리에 제한적 군사협력을 하고는 있었지만, 적어도 표면적으로는 중립국 신분을 굳건히 유지함으로써 독일군에게 침공의 빌미를 주지 않기 위해서 노력하였으며 이는 부분적으로 성공하였다.

4. 민병군의 동원과 준비태세의 유지

2차 대전 시 독일군의 전격전은 수많은 신화를 남기면서 독일군을 승리로 이끌었다. 이러한 독일군의 전격전 전술은 그들의 침공에 대비하여 스위스에게 방비를 하게 만들면서 전격전Blitzkrig(Lightning Warfare)이라는 용어에 대응하여 '전격(번개) 동원Lightning Mobilization'이라는 신조어를 만들어 냈다.

이것은 독일군이 폴란드를 침공하였을 때처럼 사전 선전포고 또는 예고 없이 전격적으로 스위스를 기습 공격할 경우, 방송으로 동원령을 전파하면 모든 민병군들이 가정에 보유하고 있는 총기와 실탄을 휴대하고 가까운 진지로 가서 임무를 수행하는 개념으로, 신속히 동원에 응소하였던 정신적 자세를 의미한다.

독일군이 폴란드 바르샤바를 점령하였을 당시 독일군은 유태인 격리지역인 게토Ghetto를 설치하여 그곳에 유태인을 가두고 억압을 하는 과정에서 유태인들이 무장봉기를 일으켜 독일군에 대응하면서 많은 희생자가 발생하였다. 이를 교훈으로 스위스에서도 개인과 소부대 저항의 중요성이 강조되었다.

스위스는 무장중립국 전통에 따라 남자 모두에게 병역의 의무를 부과하고 있고 여자도 지원에 의해 병역을 수행하였다. 전국적으로 조직된 사격협회에서는 평시 사격연습을 통해 동원시 별도의 사격연습을 하지 않아도 될 정도로 수준을 유지하였다. 각 가정에는 소총과 실탄, 군복을 준비해 놓고 있으며, 동원 즉시 전투를 할 수 있는 복장으로 바꿔 입고 소총과 실탄을 휴대하여 지정된 장소로 집결하였다.

이렇게 동원된 민병군들이 항공기를 조종하고 야포를 사격하며 철조망과 지뢰지대를 설치하였다. 그들은 국경수비대의 초병으로부터 조종사, 참모본부의 장교 등 평시 일부의 현역을 유지하는 부대를 제외하고는 스위스군의 어느 부대에서든지 주력이 되어 임무를 수행하였다. 그렇기 때문에 2차 대전 시 독일군은 물론 미군의 장군까지도 그들의 전투력을 높게 평가한 것이다. 또한 이러한 스위스에 대해 미국과 영국 등의 여러 언론에서도 그들의 자세를 높이 평가하였다. 시민이 총과 탄약을 각 가정에 보유하도록 허가하고 있는 것은 스위스가 얼마나 무장중립정책을 추진하는가를 보여주는 사례이다.

2차 대전기간 중 스위스에서는 일선에서 퇴역하였던 60세를 넘는 노인들과 청소년, 여자들이 민병군과는 별도로 지역방위대 창설을 주장하였고, 정부도 이에 호응해서 이를 편성하고 총과 탄약을 지급하였다. 그들은 독일군 공정부대가 후방에 침투할 경우에 대비하여 총을 들고 지역방위에 나섰다. 이렇게 그들은 민병군으로부터 지역방위대에 이르기까지 남녀노소 구분 없이 총력방위를 위해 나섰던 것이다.

오늘날에도 스위스는 여전히 소수의 상비군을 보유하고 국가비상사태가 발생하면 다수의 민병군을 동원하여 국가를 방위할 계획을 갖고 있다. 민병군은 여전히 많은 시간을 훈련에 할애하고 있고 동원 시는 항공기와 헬기의 조종사, 전차 조종수와 야포 사수, 항공기는 물론 주요 전투 장비의 정비에 이르기까지 다양한 임무를 수행한다.

그 외에 스위스 육군에서 일부의 장교들의 행동으로 만약 의회와 정부의 고위직위자나 군의 주요 지휘관과 참모들이 독일에 대해 유화적이거나 항복을 하는 경우 이들을 제거하고 결사적으로 항거하며, 경우에 따라서는 알프스의 산악에 은거하면서 게릴라전으로 독일군에 조직적으로 대응하고자 하였던 움직임도 결코 그대로 넘겨볼 사항은 아니다. 이렇게 스위스에서의 예비전력인 민병군은 예비전력의 고유역할 가운데 하나인 전쟁을 억제하는 역할을 충분히 해냈던 것이다.

5. 경제적 어려움을 극복하기 위한 정부의 노력과 국민동참

2차 대전 당시의 스위스는 면적(4.12만 Km^2)에 비하여 인구(420만여 명)밀도는 1Km^2당 100여 명에 이를 정도로 낮은 수준은 아니었다. 무엇보다도 국토의 60% 이상이 알프스와 쥐라 산맥, 많은 호수 등으로 이루어져 있어 일부의 목축산업 외에 경작지로 사용가능한 지역이 많지 않았기 때문에 전쟁이 장기화되면 필연코 식량의 부족은 예견되는 문제였다.

따라서 무엇보다도 식량을 포함하는 주요 물자들을 단계적 배급제를 통해 최소한 국민생활이 안정적으로 유지될 수 있도록 엄격히 통제를 하였으며, 아울러 배급제도가 빈부의 차이에 상관없이 모두에게 형평성 있게 적용되도록 노력하였다.

또한 부족한 식량을 해결하기 위해서 발렌 계획에 따라 전국적으로 경작 가능한 곳은 모두 농작물을 생산할 수 있도록 개간이 되었다. 그래도 부족한 식량을 수입하기 위해서 연합국으로부터는 해상통행증을 발급받고 대서양이나 지중해에서는 독일군의 무제한 잠수함 공격으로부터 안전항해를 보장받기 위해 스위스 선박의 항해위치를 알려주는 등 수많은 난관을 이겨내면서 수입하기도 하였다.

또한 영국은 물론, 당시 독일군에 점령된 프랑스와 추축국의 일원인 이탈리아, 중립국인 스페인 등의 주요 항구에 스위스 관리를 파견하여 수입되는 물자들이 차질 없이 하역되어 스위스로 운송되도록 노력하였고, 수입물자가 운송되는 과정에서 교량파괴라든가 저항단체의 활동 등으로 문제가 발생하자 이를 안전하게 수송할 수 있도록 조치를 하였다.

스위스는 산업 운용에 필요한 석유는 한 방울도 생산하지 못하는 나라이며, 그 외에 석탄과 철광석 같은 부존 지하자원도 거의 없어서 대부분 수입을 해야만 하였다. 따라서 부족한 철광석을 독일과의 무역협정을 통해 부분적으로 확보하면서 국내 소비와 사용처를 통제하는 방법으로 필요한 곳이 아니면 사용하지 않도록 하였다. 또한 부존자원 가운데는 품위가 낮아서 폐기되었던 광산을 재개발하여 생산을 확대하였으며, 석탄을 이용하여 인조석유를 생산해 사용하였다.

이러한 결과로 전쟁기간 중 전 국민이 충분하게 식량을 공급받을 수는 없었지만, 다른 국가들처럼 국민들이 기아에 허덕이거나 아사자가 발생하였던 사례는 없다.

스위스는 1 · 2차 대전을 거치면서 전시 자국의 경제여건이 얼마나 취약해질 수 있는가를 체험하였다. 따라서 전쟁기간 중에는 총력전으로 난국을 극복하고자 노력하였으며, 전쟁이 끝난 뒤에는 전쟁기간 중의 경험을 바탕으로 전시 국민생활의 안정과 관련되는 모든 물자는 연방경제법과 명령 등으로 규정을 해 놓고 평시에는 무엇을 준비하고 비상시에는 어떻게 조치할 것인지 그 절차를 정립해 놓고 있다.[2]

6. 이적활동의 통제와 언론검열

전쟁이 발발하기 전후에 스위스에는 나치의 지원을 받는 조직이나 자생적 조직 등 나치의 전위조직들이나 공산당 조직들이 공공연하게 스위스 정부를 비난하고 세력을 확장하면서 스위스를 전복하고자 시도하였다. 그러나 연방정부는 초기단계에 나치독일을 의식하여 강력한 제재를 하지 못하고 있었다. 이러한 활동이 정도를 벗어나면서 마침내 정부는 법을 제정하고 과감한 통제를 통해 나치와 공산당의 활동을 무력화하였다.

---

2 자세한 사항은 국가안전보장회의에서 발행한 『스위스연방의 경제안정법』을 참조.

또한 언론의 자유가 일정한 정도를 벗어나 나치독일의 침공의 빌미를 줄 것을 우려하여 언론 검열을 통해 이를 자제케 하였으며, 스위스에 위해를 가하였던 자는 내외국인을 막론하고 신속한 재판을 거쳐 처형을 함으로써 국민들에게 경각심을 주었다.

3장

히틀러가 스위스를 침공하지 못한 이유

나치독일의 스위스 침공 가능성은 여러 차례 있었고, 이를 위한 계획도 국방군이나 친위대에 의해서 수차례 작성되고 검토되었다. 그러나 그런 계획은 실제로 행동화되지는 않았다.

왜 히틀러가 스위스 침공을 포기하였는지는 명확히 밝혀진 것은 없다. 다만 추측하건대 히틀러가 스위스를 침공하기 위해서 대규모의 부대를 투입할 필요성이 없었을 것이라는 판단과 만약 대규모의 부대를 투입하여 스위스를 공격하더라도 그 과정에서 상당한 규모의 독일군 희생이 우려되었을 것이라는 점, 많은 희생을 무릅쓰고 스위스를 점령하였다고 하더라도 스위스로부터 얻을 수 있는 이익이 없다는 점도 고려되었을 것이다.

첫 번째, 히틀러나 독일군 최고사령부가 스위스의 경고를 무겁게 받아들여 포기를 하였을 가능성이다. 실제로 스위스의 기상 장군이나 고위 관리들은 수차례에 걸쳐 만약 독일군이 침공을 해 오면 막대한 희생을 각오하라는 경고를 하였다.

두 번째, 독일이 스위스를 연합국과의 중재 채널로 이용하기 위해

〈그림 5-2〉 아름다운 스위스

서 그대로 두었을 가능성이다. 전쟁이 후반기로 가면서 실제로 독일은 스위스를 이용하여 연합국과의 협상을 하였던 적이 있다.

세 번째, 스위스를 경제적으로 이용하기 위한 목적의 가능성이다. 당시 독일의 화폐인 마르크화는 신용도가 낮아서 국제적으로 사용이 불가능하였다. 때문에 안정적으로 사용이 가능하였던 SFr화를 이용할 목적과 스위스의 은행에 맡겨진 약탈자산 등으로 인해서 침공을 하지 않았을 가능성이 있다.

네 번째, 전쟁이 후반기로 가는 동안 독일군이 양면전쟁을 하면서 점차 수세에 몰렸고 그 과정에서 스위스 침공을 위해 가용한 부대가 없었을 가능성이다. 즉, 동부전선에서는 소련군이 대규모로 반격해 나오고 서부전선에서는 연합군이 노르망디 상륙작전의 성공으로 베를린을 향해 진격을 해 오는 한편 남부에서도 이탈리아 반도에 상륙한 연합군이 북쪽으로 진격해 오고 있었다. 3면이 포위되어 점차 독일로 좁혀지는 과정에서 독일은 막대한 희생을 무릅쓰면서 스위스를 침공하기 위한 전력을 낭비할 여력이 없었던 것이다.

다섯 번째, 독일군이 스위스를 침공해서 얻을 기대이익이 별로 없이 막대한 희생만 발생할 우려 때문이었을 가능성이다. 스위스는 독일의 전쟁지속능력을 강화시켜줄 수 있는 석유와 철강 같은 자원이 전무할 뿐만 아니라 침공 시 민병군과 지역방위대의 저항으로 발생될 막대한 인명피해를 우려하였다.

에필로그

한국에 주는 교훈

2차 대전 당시 독일군의 스위스 침공 가능성이 엄연히 존재하였음에도 불구하고 스위스가 이를 억제하면서 국가의 정체성을 유지하는 데 성공하였던 이유는 당시 적절한 위기관리와 더불어 지도자로부터 전 국민에 이르기까지 총력적으로 대응한 결과라고 할 수 있다. 이것이 한국에 주는 교훈은 다음과 같다.

1. 위기관리의 중요성 인식

위기란 '국가의 주권이나 국가를 구성하는 핵심요소와 가치체계에 중대한 위해가 가해질 가능성이 있거나 가해지고 있는 상태'로 말할 수 있다. 스위스는 독일군이 재군비를 선언하고 이웃을 합병하는 등 침공 가능성이 높아지자 중립국임에도 불구하고 이에 대응하기 위해서 프랑스와 비밀리에 군사협력을 하였으며, 상황이 악화되자 군의 최고사령관을 임명하고 대응하기 시작하였다. 스위스는 상황이 악화되면서 내부적으로는 전쟁을 억제하기 위해 국민들의 단결을 도모하고 이적행위자들을 색출하는 한편, 예비전력을 동원하며 국가요새화를 하는 등 제반 조치들을 취하였다.

독일군이 침공할 가능성이 경고되자 나치의 비밀경찰 수뇌들을 만나서 침공 시 막대한 피해를 입게 될 것이라는 강력한 신호를 보냈는가 하면 독일과 이탈리아를 연결하는 주요 터널과 교량들을 파괴하기 위한 준비도 하였다. 노령자와 여자 등 동원 가능한 시민들을 지역방위대로 추가 조직하여 향토방위대책을 강화하였다. 알프스의 험준한 산악지역에서는 장기간 대응을 위해 바위틈이나 크레바스를 이용하여 무기와 탄약, 식량을 준비하였다. 전쟁이 장기화되면서 배급제를 실시하였고, 이용 가능한 전 국토를 농경지화하여 농작물 생산량도 늘렸다. 이적행위를 하는 사람들은 법적 절차를 거쳐 신속히 처형하기도 하였다.

이러한 여러 위기조치들은 독일로 하여금 스위스를 침공 시 얻게 될 이익보다는 손해가 더 많을 것이라는 인식을 받게 하였으며 결국 스위스 침공을 포기하게 만들었다. 스위스의 위기관리와 조치가 효과를 발휘한 것이다.

한국은 2010년 3월의 천안함 폭침과 11월의 연평도 포격 사건에서 위기관리를 제대로 하지 못하여 정부와 군이 많은 비난을 받은 바 있다. 어떤 사건이 발생하면 이를 전쟁으로 확대하자는 것이 위기관리는 아니다. 그러나 발생된 사건에 대해 적절한 조치를 하지 못한 것은 위기관리를 하지 못한 것이나 다름없다.

적으로 하여금 처음부터 도발하지 못하도록 하는 것이 중요하지만, 그럼에도 불구하고 도발하였다면 적절한 위기관리전략과 조치로써 다시금 도발하지 못하도록 하는 위기관리전략과 조치가 필요하다.

2. 총력적 대응태세 유지

스위스는 위기관리전략에 따라 여러 조치들을 해 나가면서 지도자가 앞장서서 국민들을 이끄는 역할을 하였고, 국민들은 지도자의 지도에 따라 전쟁이 발발하지 않도록 수많은 준비를 하면서도 만약 이에 실패하면 총력 저항으로 싸울 수 있도록 대비하였다. 그러한 준비의 결과로 전쟁이 발발하는 것을 억제하는 데 성공하였다. 국가가 위기에 처할 시 총력적 대응태세의 중요성을 보여주는 것이다.

지도자 리더십의 중요성

한국은 역사적으로 지도자의 과오 또는 잘못된 통치로 국권을 상실하거나 외세의 침략을 받아서 정권이 붕괴되면서 아무 죄 없는 국민들만 쓰라린 맛을 보아야만 하였던 적이 수차례 있었다. 1592년의 임진왜란과 1636년의 병자호란, 1910년의 한일합방 등이 바로 그것이다. 6 · 25전쟁 당시는 북한이 군사력을 증강하면서 남침 가능성이 여러 차례 경고되었지만 끝내 기습을 막지는 못하였다.

지금의 한반도 안보현실 역시 위중하다. 한때 정치와 경제, 인적 교류 등에 있어서 많은 협력이 진행된 적이 있었고 개성공단이 남북의 경제협력의 상징처럼 운영되고 있기는 하지만 핵실험과 인공위성을 빙자한 장거리 미사일 발사, 천안함에 대한 기습공격과 연평도 포격 등 끊임없는 도발로 한반도에서 긴장을 조정하면서 신 냉전의 흐름이 형성되고 있다.

국내에서는 그동안 실체를 숨기고 지하에서 은밀히 활동하던 종북주의자들이 공공연하게 국가의 정체성을 훼손시키는 일도 발생하고 있고 급기야는 제도권 정치에도 입성하였다.

한반도를 둘러싸고 있는 동북아지역의 안보환경도 일본의 역사왜곡과 과거사 부정 및 독도에 대한 영토야욕, 중국의 경제력 확장에 따른 군사력 현대화와 동북공정 및 이어도에 대한 패권주의적 행동으로 긴장은 높아져 가고 있다.

그동안 한반도의 안보에 있어서 중요한 역할을 해왔던 한미연합사령부는 전시작전권 전환을 계기로 언제인가 해체될 가능성이 있다. 과거의 어느 때보다도 도전과 시련이 다가오고 있다고 해도 과언이 아니다. 한국에게는 북한의 위협뿐만 아니라 주변국으로부터의 정치와 외교, 경제, 군사, 사회 등 모든 분야에서 도전과 위협이 동시에 닥치고 있는 것이다.

이런 안보환경에서 역사적으로 나타났던 과오를 반복하지 않으면서 대한민국을 정치적으로 안정시키고 경제적으로 발전시키면서 북한을 포함하는 동북아지역에서 한국의 안보를 굳건히 하는 가운데 사회적 통합을 해야만 하는 지도자는 다른 어느 때보다도 그 역할이 중요하다고 할 것이다.

한국에서의 지도자는 한국이 처하는 엄중한 안보현실에 대한 이해를 바탕으로 북한의 도발로부터 안보를 지키면서 전쟁의 가능성이 높아지면 가용한 수단과 방법을 이용하여 전쟁을 억제해야 한다. 그러나 여러 노력에도 불구하고 억제에 실패하여 전쟁이 발발하였다면 국민의 의지와 외교, 정치와 경제, 군사, 사회, 등 모든 국력의 요소들을 통합하여 반드시 승리를 이룰 수 있도록 해야 할 것이다. 이 과정에서 국가와 군사 지도자의 건전한 사고와 판단 및 결심은 대단히 중요하다.

국가적 비상사태를 극복하기 위한 국민의지

전쟁의 위협이 높아지면서 여러 억제노력에도 불구하고 전쟁이 발생하였다면 평시와 다르게 국민들에게는 동원에 따르는 많은 의무가 부과되고 권리는 제한되게 마련이다. 또한 수많은 인적 · 물적 손실도 각오해야 한다.

적의 지상과 공중폭격 등으로 인한 단전과 단수는 일상적으로 일어나는 현상이 될 것이다. 식량의 공급부족 또는 분배상의 문제를 예견하는 것도 전혀 이상한 일이 아닐 것이다. 한겨울에 연료가 부족하여 냉방에 살거나 한 여름에는 전기가 부족하여 찜통에 살아야 할 것이다. 평상시 전혀 생각하지 못하였던 일들이 빈발하면서 국민들의 삶은 어려워질 수밖에 없게 될 것은 자명하다. 멀리로는 1 · 2차 대전사, 가까이로는 6 · 25전쟁사가 이를 증명한다.

이러한 고난과 역경에서 이를 극복하지 못한다면 결국 전쟁에서 지는 것이다. 스위스 국민들이 그랬던 것처럼 이용 가능한 토지는 농작물 생산을 위해서 경작지로 개발하고 배급 제도를 시행해야 한다. 상황에 따라서는 수많은 사람들이 동원되고 여성이나 각종 의무가 면제되었던 사람들도 추가적으로 동원되며 가정에서 사용하던 금속들은 무기를 만들기 위해서 수집하는 상황에서 각종의 어려움을 모두 극복해야 한다.

2차 대전 때 영국 국민이 보여주었던 것처럼 역사상 수많은 전쟁에서 국민들의 불굴의 의지는 전쟁의 승리를 결정짓는 중요한 역할을 하였으며, 스위스와 같이 전쟁이 발발하는 것을 억제하기도 하였다. 한반도에서 전쟁이 발발한다면 우리도 예외 없이 수많은 인적·물적 자원을 동원할 것이다. 스위스 사람들에게 정신방위가 중요시되었듯이 우리도 이와 같은 난국에 직면하게 된다면 국민적 차원에서 이를 극복하기 위한 무엇인가 새로운 정신이 필요할 것이다.

그런 차원에서 일부에서 주장하듯이 전시 승리를 보장하기 위해서 스위스 방식의 정신방위 또는 저자가 주장하는 정신동원精神動員[1]에 대한 연구와 이를 확립하기 위한 노력이 필요하지 않을까 생각된다. 아직 한국에서는 이에 대한 연구가 진척되어 있지 않은 것이 현실이다. 총력전으로 진행될 것으로 예상되는 전쟁양상에서 전 국민의 적극적 참여의지는 승패의 관건이 되며, 그것은 정신동원의 결과로 나타날 것이다.

언론의 중요성과 이적활동 억제

언론은 국가에 위기가 발생하거나 전쟁이 발발하면 국민들에게 위기상황이나 전황보도와 더불어 정부의 시책을 알려주거나 때로는 국민들의 전승의식을 고취하는 등으로 다양한 역할을 해야 한다.

중립국인 스위스에서 언론은 나치독일이 방송과 신문 등 언론을

---

1 '정신동원'에 대한 명확한 개념은 아직 정립되어 있지 않다. 여기서는 '전시나 사변, 또는 이에 준하는 국가비상사태로 동원령이 선포되거나 될 경우 국가의 안전보장을 위하여, 또는 무장공비가 출현하여 이를 소멸하기 위해서 동원의 대상이 되는 인적자원과 동원지정이 되어 있는 물적 자원을 소유하는 사람들이 동원에 자발적으로 응소하는 정신자세 또는 태도'로 정의하고자 한다.(박계호, 「정신동원의 중요성에 관한 연구」, 『군사평론』 제355호, 육군인쇄창, 2002, 100쪽)

이용하여 행하는 선전전에 대응해서 중립적인 입장을 취하면서 사실보도를 하기 위해 부단히 노력하였고, 이 과정에서 나치의 선전선동가들로부터 많은 압력을 받기도 하였다.

언론은 무조건 정부가 하는 일을 비판적으로 보도를 한다든가 또는 무조건 정부에 유리하게 보도를 해서는 안 될 것이다. 스위스와 안보환경이 다른 한국으로서는 언론의 전시 보도가 언론의 역할을 감안하면서도 전쟁에서의 승리라든가 또는 당면하는 국가적 비상사태를 극복하는 데 필요한 힘을 결집시키는 역할을 해서 국가에 이익이 되는 방향으로 보도를 할 필요가 있을 것이다.

알게 모르게 친북활동을 하는 단체들이 우후죽순처럼 생겨나서 활동을 하고 있는 지금, 특히 전시 또는 국가적 비상사태가 발생하였을 시 언론의 보도내용 또는 자세는 국민들의 의지를 결집시켜 전승을 달성하는 데 있어 중요한 역할을 할 것이다.

천안함 사건에서 보았듯이 과학적으로 입증된 사실조차 외면하거나 부정하면서 작은 허물을 갖고 마치 결정적인 것처럼 하는 일부의 언론 또는 언론을 표방하는 일단의 대중매체를 보면서 과연 전시와 같은 위중한 상황이라면 이들이 어떻게 행동할 것인지 우려되는 것도 사실이다. 언론은 전시 또는 국가비상사태 발생 시 국민을 결집시키고 건전하게 이끄는 역할로 전승에 기여해야 할 것이다.

국난극복을 위한 정치의 역할 중요성

민주주의를 지향하는 대한민국에서 정치적으로 다른 의사를 갖는 것은 자연스러운 것이며 이를 법적으로 보장하고 있다. 그러나 이는 평시의 일이다. 6 · 25전쟁과 같이 국가적 비상사태가 되면 정치권은 전쟁에서의 승리를 위해 국민의 의지를 집결시키는 역할을 하면서 정부의 전쟁수행을 법적으로 뒷받침해야 할 것이다.

스위스의 정치권은 2차 대전 초기 단계에 독일의 압력에 의해 국론이 분열되어서 국민의 의지를 결집시키는 역할을 제대로 하지는 못하였다. 그러나 전쟁이 장기화되면서 국민의지를 결집시키는 역할을 강화하였고, 법령을 제정하여 정부가 전쟁이 발발할 경우에 대비하여 취할 조치들을 지원하였다.

한국에서는 6·25전쟁기간 중 전방에서는 치열한 전투를 해 나가고 있었음에도 정치권은 후방지역인 부산에서 정파의 이익을 위해 정쟁을 하면서 국론을 분열시키는 행동을 하였던 적이 있다. 국가의 안위가 걸려 있고 모두가 어려운 때일수록 정치권의 국민의지 결집을 위한 역할과 법적 지원은 중요하다.

국가비상사태 발생 시 국민생활 안정의 중요성

전쟁사의 사례를 보면 군이 전투를 잘해서 승리하는 것이 대부분이었지만, 전시 국민생활의 안정도 전쟁의 승패와 직접 연결되고 있음을 알 수 있다. 이를 테면 1차 대전 시 독일과 러시아, 오스트리아-헝가리 제국이 그 사례에 속한다.

전시 국민생활의 안정을 위해서는 기본적인 식량과 생필품, 연료 같은 물자의 공급이 우선적으로 중요하다고 할 수 있다. 그중에서도 식량은 반드시 위정자들이 관심을 갖고 수급에 차질이 발생되지 않도록 해야 국민생활의 안정을 보장할 수 있다.

스위스는 국가가 현재 처해있는 지정학적 환경과 1·2차 대전의 경험 등으로 비축제도를 발전시키고 있다. 스위스는 국가의 안전보장이나 국가비상사태에 대비하여 헌법에 국가가 비축제도를 운영할 수 있도록 규정하고 있다. 그러한 비축 대상물품에는 식량으로부터 연료, 생활에 필요한 각종의 물자, 중요한 금속 등이 있으며 정상 시의 소비를 기준으로 6개월분을 비축하고 있는 것으로 알려지고 있다.[2]

또한 각 개인의 가정에도 비상비축非常備蓄 또는 가정비축家庭備蓄이라는 이름으로 식료품을 비축하고 있으며, 어느 조사에 의하면 가정의 80%가 3주간 생활할 수 있는 식료품을 보유하고 있는 것으로 나타났다. 또 다른 조사보고서는 스위스가 국가비상사태에 대비하여 연료와 의약품 등 국내소비의 1~2년분 전략물자戰略物資를 연방정부 경제부처의 주도로 구입하여 비축하고 있다고 한다.[3]

〈표 5-1〉 주요국가의 전략물자 비축제도

구 분	미 국	일 본	프 랑 스
목 적	국가비상사태 대비	국가비상사태 대비	경제안전보장
시작년도	1930년	1983년	1975년
대상품목	니켈, 크롬, 주석, 코발트 등 87개 품목	니켈, 크롬, 텅스텐, 코발트 등 7종	동, 아연, 코발트 등 30종
비축목표	3년간 필요물자	평균소비량 기준 60일분	국내소비량 기준 2개월분
비축기관	국 가	국가 / 민간업체	국가
구 분	스위스	영국	노르웨이
목 적	국가비상사태 대비	경제안정보장	전략비축
시작년도	1938년	1983년	1950년
대상품목	연료, 의약품 등	망간, 크롬, 코발트, 바나듐 등	동, 연, 주석, 천연고무, 폭약 등
비축목표	국내소비 1~2년분	국내소비의 2개월분	불명
비축기관	연방정부 경제부처	국가 / 무역산업부	국가 / 민간업체

2 황윤원, 「정부비축제도 발전방안에 관한 연구」, 한국정책학회, 1999, 65~70쪽.
3 대한광업진흥공사, 『광업요람』, 오성기획사, 2002, 190~192쪽.

이러한 조치는 무엇보다도 전쟁 등으로 국가비상사태에 처하면 군사작전은 물론 국민생활의 안정을 기하여 이를 바탕으로 승전을 하기 위한 것이라고 할 수 있다.[4]

우리나라도 전시에 대비하여 가정은 가정대로 물자를 준비해 놓도록 충무계획에 반영하고 있다. 또한 정부는 정부대로 충무계획에 의해 수많은 종류의 물자를 품목별로 선정, 비축해서 국가가 비상상황에 처할 경우 이에 대비하도록 준비를 하고 있으며, 이를 위해 연도별 예산을 편성해서 계속 비상상황에 대처하는 능력을 강화하고 있다.

한반도가 처해 있는 상황은 스위스의 상황만큼 안정적이지 못하다. 따라서 국가적 비상사태가 발생할 경우에 우선 정부는 각 가정이 비상대비 차원에서 어떤 품목을 어느 정도 비축해 놓고 있어야 하는지 기준을 제시하고 지도를 해 줄 필요가 있다. 그러한 품목에는 쌀과 보리를 포함하는 비상식량을 중심으로 부탄가스 같은 연료와 음료수, 건조부식류, 통조림류, 랜턴이나 손전등 등의 조명기구, 소독기구와 약품을 포함하는 비상의약품 등이 있을 것이다. 정부는 충무계획에 이를 반영하고 있다고 하여 준비가 다 된 것처럼 할 것이 아니라 국민들이 실질적으로 준비를 하도록 홍보하고 모범을 보이는 등의 조치가 필요하다. 이는 반드시 비상대비가 아닌 재해 및 재난발생에 대비해서도 요긴하다.

정부는 정부대로 비축물자의 종류와 기준을 정하고 기관별로 비축능력을 향상시켜야 할 것이다. 또한 국가가 비상시에는 국민생활

4 황재국, 『세계 각국의 비축제도』, 청구문화사, 2000, 108～117쪽.

의 안정을 기하기 위해 비축물자를 어떤 기준으로 방출하여 개인에게 공평하게 분배되도록 할 것인지, 그 과정에서 소외계층이 생기지 않도록 어떻게 할 것인지, 부족물자는 어떻게 해외에서 수입을 할지 등 수많은 대책이 필요한 것이다.(물론 이러한 것들은 계획상으로는 대부분 수립되어 있을 것이다.)

예비전력의 조직화와 동원역량 강화

6·25전쟁이 발발하기 이전에 이승만 정부는 북한의 위협이 점차 노골화되자 예비전력의 중요성을 인식하여 호국군과 청년방위대를 창설하는 등 예비전력을 조직하였고 부족한 장비는 미국에 요청하여 무장을 하고자 노력하였다.[5] 그러나 미국에 요청한 장비는 국군의 북침 가능성 또는 운용유지 능력의 부족 등 이런저런 이유로 미행정부의 거부에 따라 무산되었다.

북한군의 남침으로 6·25전쟁이 발발하면서 정부가 제 기능을 상실하고 병력과 장비 등 피해는 눈덩이처럼 커져 갔다. 그러나 예비전력 동원은 하나도 없이 이를 보충할 방도가 없게 되자 가두街頭 모집이나 자원自願에 의해서 부족한 병력을 보충하거나 징발徵發을 통해 부족한 자원을 보충하였다. 미국을 위시하여 국제연합이 한국을 지원하고 정부가 서서히 제 기능을 찾아가면서 국민방위군을 조직하여 예비전력을 보충하고자 하였으나 이 또한 국민방위군 사건으로 오점을 남기면서 해체되었다.[6]

---

5 이에 관한 자세한 내용은 다음을 참조. 국방부 군사편산연구소, 『6·25전쟁사 1-전쟁의 배경과 원인』, 서울인쇄정보산업협동조합, 2004, 393~398쪽; 육군대학, 『한국전쟁사』 상, 육군인쇄창, 2004, 58~61쪽.

6 남정옥, 「국민방위군」, 『한국전쟁사의 새로운 연구』, 정문사문화주식회사, 2001, 18

6·25전쟁이 끝나고 전쟁의 피해를 어느 정도 복구한 북한이 다시 이른바 '4대 군사노선(전 군의 간부화, 전 국토의 요새화, 전 장비의 현대화, 전 인민의 무장화)'을 주장하면서 남한에 대한 적화의도를 분명히 하자 1960년대 초반 들어 예비군 창설 필요성을 인식하고 있었던 박정희 대통령과 정부는 1968년 1월 1·21사태(청와대 기습시도 사건)와 미 정보함 푸에블로Pueblo 호 나포 사건을 직접적 계기로 그해 4월 예비군을 창설하였다. 지금은 300만여 명을 조직하고 훈련을 시키면서 전·평시 군부대 확장과 향토방위 임무를 수행한다.[7]

그동안 한국에서 예비전력은 상비·연합전력과 더불어 전쟁을 억제하고 경제적 국방과 전시 전쟁지속능력 유지, 재해 및 재난복구와 민방위 업무지원에 기여하는 등 다양한 역할을 하면서 한국의 안보에 성공적으로 기여해 왔다.[8]

북한이 경제난에도 불구하고 117만여 명의 상비군 외에도 무려 770만여 명의 예비전력을 조직하고 훈련시키며 한반도 적화라는 그들의 전략을 포기하지 않는 한, 한국도 그에 상응하는 예비전력을 편성하고 무장수준을 개선하면서 전시동원에 대비하여 준비태세를 갖추는 것은 반드시 필요하다.

스위스는 중립국이지만 아무런 준비가 없는 중립국이 아니라 다수의 예비전력 무장으로 중립을 유지하는 이른바 무장중립정책을 추진하는 국가이다. 그러한 결과로 1·2차 대전의 격랑에서도 전쟁

3~186쪽.

7 국방부, 『향토예비군 40년사』, 국방부, 2008, 3쪽; 향토예비군설치법 제2조 참조.

8 박계호, 「전쟁억제력으로서 예비전력 역할 발전방안」, 『군사평론』 제405호, 국군인쇄창, 2010, 122~127쪽; 박계호, 「포괄적 안보환경에서 예비전력의 역할 재조명」, 제41주년 예비군의 날 기념공모, 육군본부, 2009, 35~40쪽 참조.

을 피해가면서 독립을 유지할 수 있었다. 스위스는 직접적 위협이 사라진 지금도 작지만 강한 국가强小國로서 여전히 무장중립정책을 유지하고 있으면서 국방에 한 치의 소홀함도 보이지 않는다.

아무리 평화를 원한다고 하더라도 힘으로 평화를 지킬 수 없을 때 그것은 진정한 평화의 상태가 아니라는 것을 스위스는 지나간 역사에서 보여주고 있다. "평화를 원하거든 전쟁에 대비하라"는 베제티우스의 격언처럼 비록 전쟁을 원하지는 않더라도 힘을 갖추고 있지 않으면 자국의 의지와는 상관없이 전쟁에 휘말려 들어 갈 수 있음을 기억하면서 평시부터 항재전쟁恒在戰爭의 자세로 준비를 해 놓고 있어야 전쟁을 억제할 수 있음을 스위스로부터 배워야 할 것이다.

3. 한반도 중립화 논의에 대한 시사점

한반도 중립에 관한 논의

한반도는 과연 중립이 가능한가? 주변의 강대국들은 한반도의 중립이 자국 이익에 도움이 된다고 판단할 것인가? 우리는 우리대로 한반도의 중립이 우리에게 이익이 된다고 판단할 것인가?

우리나라에서도 구한말 이후부터 1970년대까지 우리의 의지와는 상관없이 외부세력이나 또는 우리의 의지로 중립을 주장하였던 적이 있다. 먼저 임오군란(1882)이 발발하였을 당시 일본이 한반도에서 청나라의 세력을 쫓아낼 목적으로 한반도의 중립을 주장하였다. 당시 일본은 조선에서 청나라의 세력을 축출할 목적으로 '조선을 스위스와 벨기에와 같은 영세중립국'으로 만들려 시도하였으나 청나라의

반대로 무산되었다.[9]

또한 주한독일 총영사 대리가 청나라와 일본의 대립이 격화되자 이를 해소할 목적으로 한반도의 중립화안을 제시하였었으나 이 역시 청나라가 무시하면서 소멸되었다. 영국 해군의 거문도 점령 사건(1885)을 계기로 영국이 한반도에서 물러나고 러시아가 그 세력을 확장함에 따라 유길준은 러시아 세력을 견제하고자 청나라의 주도 아래 조선 · 영국 · 프랑스 · 일본 · 러시아가 참여하는 조약에 기반을 두어 한반도 중립화를 제시하였다. 그러나 본인이 연금된 상태에 있었기 때문에 이는 더 이상 진척되지 않았다.

그 외에도 여러 사람들에 의해서 다양한 한반도 중립화 주장이 제기되었으나 결국 힘없는 조선에게 이러한 중립화 주장 또는 논의가 모두 주장 또는 논의로 끝났다.

2차 대전 이후에는 당시 트루먼 미국 대통령의 특사인 웨드마이어 Albert C. Wedemeyer 장군이 극동지역을 시찰한 뒤 보고서에서 소련의 팽창주의를 저지하기 위해서 "한반도의 영구적 무장중립화를 보장해야 한다"고 주장하였다. 6 · 25전쟁 이후에는 미 국무부에서도 미국과 중국, 소련의 보장 아래 한반도의 무장중립화를 검토한 것으로 알려져 있다. 이러한 중립화 주장은 미국뿐만 아니라 국내에서도 일부의 학자들이 지속적으로 제기해 왔다. 이렇게 한반도 중립화론은 외국이나 국내의 학자들에 의해 근 100여 년 간 간헐적으로 주장돼 왔으나 대부분 단발적 논의 또는 주장으로 끝났다.[10] 또한 한국에서 동맹론과 자주론이 대립하고 있는 현실을 감안하여 외교노선으로서

9 강광식, 『중립화와 한반도 통일』, 백산서당, 2010, 170~175쪽.
10 위의 책, 193~208쪽 요약.

영세중립론을 주장하는 글도 있다.[11]

어느 시점에서든 한반도가 중립화된다는 것은 필연적으로 6·25 전쟁 이후 지속되어온 한미동맹체제의 완전한 해체를 의미한다고 할 것이다. 중립화된 한반도에 미군의 주둔은 더 이상 받아들이기 어려운 현실이 될 것이며, 주한미군이 철수한 가운데 한국만의 국방을 의미하는 것이다. 남북통일이 되었든 안 되었든 간에 한반도의 중립은 스위스 방식의 국방이든 또는 다른 어느 중립국의 방식이든 한반도에서 한국의 힘만으로 국방을 함을 의미한다.

한국이 한반도의 지정학적 여건, 이를테면 한국과 중국 사이에 이어도를 포함하는 갈등요인이 잠재해 있고, 일본과는 독도문제로 대립하고 있으며, 중국과 일본도 조어도 등의 문제로 대립이 심화되고 있는데 한국이 어느 시점에서 이러한 문제들의 해결 없이 중립을 선언하다고 해서, 또는 한반도의 중립을 보장하기로 한 체약締約국가들이 중립을 보장한다고 해서 이 문제들로부터 과연 안전한 중립국으로서 위치를 유지할 것인가? 아닐 것이다. 힘없는 국가가 중립을 표방하면서 외치는 구호는 단지 구호에 불과할 뿐이라는 것을 역사는 증명하고 있음을 알아야 할 것이다.

한반도 중립을 위한 필수조건

한반도 중립화에 대한 주장은 이미 앞에서 살펴본 바와 같이 역사적으로 그 뿌리가 깊다. 그러나 그러한 주장이 왜 제기되었는지 또 왜 실현되지 않았는지 새겨 보아야 할 것이다. 19세기 주변 열강들의

11 박후건, 『중립화 노선과 한반도의 미래』, 선경그라픽스, 2007.

탐욕이 더욱 강해지는 동안 우리의 국력은 쇠약해질 대로 쇠약해지면서 한반도를 점령하려는 그들의 야욕에 희생되었던 것이다

스위스가 주변의 강대국들에도 불구하고 중립을 유지할 수 있었던 이유로는 스위스 국민들 자체가 민족적 · 언어적 · 종교적 다양성을 극복하면서 중립국으로서 위상을 지키고 국가가 위기에 처할 시는 전 국민적으로 대응하려는 자세가 있었기 때문에 가능하였다는 것이다.

또한 냉전 이후에도 많은 나라가 군비를 축소하는 경향을 보이지만, 스위스는 국내의 일각에서 군을 없애자는 주장에도 불구하고 상황의 변화에 부응하여 민병군의 규모는 일부 축소할지언정 그대로 유지하고 있다. 그러한 노력들이 중립국이라는 정체성을 유지하면서도 주변국들의 침공 가능성이 있을 때에는 침략을 억제하는 것이다.

우리나라로 돌아와서 한반도의 중립화를 위한 필수조건으로 무엇보다도 한반도에 이해를 갖고 있는 주변 강대국, 즉 중국과 러시아, 일본 등 한반도의 중립을 보장해주기로 조약을 통해 약속을 하는 체약국가들이 어떤 경우라도 한반도의 중립화를 인정해 줄 것인가 하는 문제이다. 다음 조건은 아무리 주변의 강대국이 한반도의 중립을 조약을 통해 인정한다고 할지라도 스위스가 하였던 것처럼 어느 순간에 주변의 강대국들로부터 침공을 받을 우려가 대두될 시에 대비하여 여전히 무장중립정책을 견지하면서 강력한 군사력을 유지할 것인지, 또한 현재와 유사한 동원시스템을 유지할 것인지, 적절한 국방비를 투입할 것인지 등이다. 이에 대한 주변국들의 확실한 동의와 더불어 중립국이지만 병역의무, 국방비 지출, 동원체제의 유지 등에 대한 국민적 동의가 없으면 한국은 결코 중립국이 될 수 없다고 단언한다.

스위스군의 대공미사일과 추적 레이더

한반도가 어떤 이유로 중립국이 될지라도 무장이 해제된 중립국이 아니라 무장중립정책 또는 이와 유사한 정책을 추진해야 한다. 스위스가 주변의 위협이 사라졌음에도 불구하고 여전히 무장중립정책을 유지하는 이유를 곰곰이 새겨보아야 할 것이다.

참고문헌

1. 국내문헌

강광식, 『중립화와 한반도 통일』, 백산서당, 2010.

국가안전보장회의, 『국가위기관리기본지침』, 국가안전보장회의 사무처, 2004.

________________, 『스위스연방의 경제방위법』, 국가안전보장회의.

국방대학교, 『안보관계용어집』, 국방대학교, 2001.

__________, 『위기관리』, 국방대학교, 1984.

__________ 합동참모대학, 『미 합동교범(FM 1-02, 군사용어사전)』, 국방대학교, 2007.

국방부 군사편산연구소, 『6 · 25전쟁사 1-전쟁의 배경과 원인』, 인쇄정보산업협동조합, 2004.

국무총리 비상기획위원회, 『세계동원의 역사』, 전광인쇄정보, 2004.

길병옥 · 최병학, 「국가위기관리의 이론과 범위-개념적 스펙트럼」, 『국가위기관리의 현실과 발전 방향』(국가위기관리연구소 세미나 자료), 2008.

김용구, 『세계외교사』, 서울대 출판부, 2006.

김용빈, 「제2차 세계대전 시 독일의 침공을 억제한 스위스 방위전략의 특징과 교훈」, 『군사』 제88호, 국군인쇄창, 2013.

나갑수, 「위기관리 모델을 적용한 을지연습의 효율적 적용방안」, 『연구보고서』, 비상기획위원회, 1990.

남정옥, 「국민방위군」, 『한국전쟁사의 새로운 연구』, 정문사문화주식회사, 2001.

대한광업진흥공사, 『광업요람』, 오성기획사, 2002.
박계호, 「전쟁억제력으로서의 예비전력 역할 발전방안」, 『군사평론』 405호, 국군인쇄창, 2010.
______, 「정신동원의 중요성에 관한 연구」, 『군사평론』 제355호, 국군인쇄창, 2001.
______, 「포괄적 안보환경에서 예비전력의 역할 재조명」, 제41주년 예비군의 날 기념공모, 육군본부, 2009.
______, 「한반도 위기발생시 미국의 역할 결정요인에 관한 연구」, 충남대 박사논문, 2012.
박지현, 『누구를 위한 협력인가-비시 프랑스와 민족혁명』, 책세상, 2004.
박후건, 『중립화 노선과 한반도의 미래』, 선경그라픽스, 2007.
안성호, 「읍 · 면 · 동 풀뿌리 자치와 향방전력 강화방안-스위스 2차 대전 '고슴도치 국방'의 교훈」, 『한국지방자치학회보』 제24권 제1호(통권 77호), 2012.
윤태영, 『동북아 안보와 위기관리』, 인간사랑, 2005.
외교통상부, 『2011 세계각국편람』, 마스타상사, 2011.
육군대학, 『세계전쟁사』 상, 육군인쇄창, 2004.
______, 『한국전쟁사』 상, 육군인쇄창, 2004.
육군본부, 『독일 육군사』, 육군인쇄창, 1978.
______, 『동원업무(야전교범 8-0)』, 육군인쇄창, 2002.
______, 『서독, 스위스, 스웨덴, 네덜란드 동원제도』, 육군인쇄공창, 1986.
______, 『소련군사(팜플레트 70-26-3)』, 육군인쇄창, 1975.
______, 『영국 육군사(팜플레트 70-26-8)』, 육군인쇄창, 1982.
이은득, 「위기관리 측면에서 본 '서해교전'」, 『국방연구』 제45권 제2호, 국방대학교, 2002.
이춘근, 『현실주의 국제 정치학』, 나남출판, 2007.
전쟁기념사업회, 『한민족 역대 전쟁사』, 행림출판, 1992.

정찬권,『국가위기관리론』, 대왕사, 2010.
정하명 외,『세계전쟁사』, 황금알, 2001.
정해본,『독일근대사회경제사』, 지식산업사, 1991.
조남진,『국가안보의 이해』, 노드미디어, 2010.
조두환,『스위스 문화기행』, 자연사랑, 2002.
조영갑,『국가위기관리론』, 선학사, 2006.
채경석,『위기관리정책론』, 대왕사, 2004.
한국도서출판협의회,『새국어대사전』, 한국도서출판협의회 중앙회, 1997.
합동참모본부,『합동 · 연합작전 군사용어사전』, 합동참모본부, 2006.
황윤원,「정부비축제도 발전방안에 관한 연구」, 한국정책학회, 1999.
황재국,『세계 각국의 비축제도』, 2000.

2. 번역서

기구치 요시오, 김숙이 역,『용병 2000년의 역사』, 사과나무, 2011.
다비드, 클로드 홍순호 역,『제3제국의 전체주의』, 학문과사상사, 1981.
메카기, 제프리, 김홍래 역,『히틀러의 최고사령부 1933~1945년』, 플래닛미디어, 2009.
미어세이머, 존 J., 이춘근 역,『강대국 국제정치의 비극』, 나남출판, 2004.
세이머, 미어, 이춘근 역,『강대국 국제정치의 비극』, 나남출판, 2004.
셰퍼드, 알란, 김홍래 역,『프랑스 1940』, 플래닛미디어, 2006.
스토신저, 존 G., 임윤갑 역,『전쟁의 탄생』, 플래닛미디어, 2009.
스토위키, 로렌츠, 김택하 역,『스위스의 신비』, 태광문화사, 1978.
심킨스 , 피터 외, 강만수 역,『모든 전쟁을 끝내기 위한 전쟁』, 플래닛미디어, 2008.
쑹훙빙, 홍순도 역,『화폐전쟁』 2, 랜덤하우스코리아, 2100.
에리엇 코언, 이진우 역,『최고사령부』, 가산출판사, 2002.
오버리, 리처드, 류한수 역,『스탈린과 히틀러의 전쟁』, 지식과풍경, 2003.

윌리스, 로버트, 『이탈리아 전선』, 한국일보사-타임라이프, 1981.
윌리암즈, 존, 이용호 역, 『프랑스-덩케르크의 패주』, 백조출판사, 1972.
커쇼, 이언, 이희재 역, 『히틀러 II-몰락 1936~1945』, 교양인, 2010.
케글리, 찰스 W. Jr., 오영달 외역, 『세계정치론』, 한티미디어, 2010.
케네디, 폴, 이일수 외역, 『강대국의 흥망』, 한국경제신문사, 1996.
콘웰, 존, 김형근 역, 『히틀러의 과학자들』, 웅진 싱크리, 2008.
콜리어, 폴 외, 강만수 역, 『2차 대전-탐욕의 끝, 사상 최악의 전쟁』, 플래닛 미디어, 2008.
키건, 존, 류한수 역, 『2차 세계대전사』, 청어람미디어, 2007.
_______, 박일승 외역, 『2차 대전』, 생각의나무, 2008.
_______, 유병진 역, 『세계전쟁사』, 까치, 1996.
_______, 조행복 역, 『1차 세계대전사』, 한영문화사, 2009.
테일러, A. J. P., 유영수 역, 『2차 대전의 기원』, 지식의풍경, 2003.
토플러, 앨빈, 이규행 역, 『전쟁과 반전쟁』, 한국경제신문사, 1994.
폴리, 마틴, 박일승 외역, 『1차 대전』, 생각의나무, 2008.
프리저, 칼 하인츠, 진중근 역, 『전격전의 전설』, 일조각, 2008.
휴스, 매스, 『지도로 보는 세계전쟁사-1차 대전』, 생각의나무, 2008.

3. 국외문헌

Adams, Henry, *Italy at War*, Virginia : Time Life Books, 1982.
Aron, Raymond, *The Century of Total War*, Boston : The Beacon Press, 1960.
Backman, Jules, *War and Defence Economics*, New York : Rinehart & Company, Inc, 1951.
Beaufre, Andre, *1940 : The Fall of France*, London : Cassell, 1968.
Bonjour, Edgar, *Swiss Neutrality : Its History and Meaning*, London : George Allen & Unwin LTD, 1952.
Calvocoressi, Peter and Wint, Guy, *Total War : Cause and Courses of the Second World*

War, New York : Penguin Books, 1979.

______________________, *Total War : Cause and Courses of the Second World War(Revised Second Edition*, New York : Penguin Books, 1989.

Churchill, Winston S., *The Second World War and Epilogue on the Years 1945 to 1957*, London : Cassell & Company LTD, 1961.

Diesbach, Roger de., *L'Esercito(Army) : Ė una Creazione Delle Edizione Mondo*, Bern : Buri Druck SA, 1988.

Dorpalen, Andreas, "Hitler, the Nazi Party, and the Wehrmacht in World War II", *Total War And Cold War : Problem in Civilian Control of the Military*, Ohio : Ohio State University Press, 1962.

Edwards, Georges C. III · Wattenberg, Martin P. · Lineberry, Robert L., *Government In America : people, politics and policy*, Person Education Inc, 2011.

Foster, Jurgen, From "Blitzkrig" to "Total War", Chickering, Roger · Foster, Stig · Greiner, Bernd(ed.), *A World at Total War : Global Conflict and the Politics of Destruction, 1937~1945*, Washington D. C : Cambridge University, 2010.

Frey, Marc, "Bullying the Neutrals : The Case of the Netherlands", *Great War, Total War*, Washington D. C : Cambridge University Press, 2000.

Freymond, Jean F., "Neutrality and Security Policy as Components of the Swiss Model", *Swiss Neutrality and Security*, New York : St. Martin's Press, 1990.

George, Alexander L., *Avoiding War : Problem of Crisis Management*, Boulder : Westview Press, 1991.

Goralski, Robert, *World War II Almanac : 1931~1945*, New York : Bonanza Books, 1981.

Halbrook, Stephen P., *That Every Man Be Armed; The Evolution of a Constitutional Right*, University of New Mexico Press, 1984.

__________________, *Target Switzerland : Swiss Armed Neutrality in World War II*, MA : Da Capo Press, 2003.

Healy, Maureen, *Vienna and the Fall of The Hapsburg Empire : Total War and Everyday Life in World War I*, UK : Cambridge University Press, 2006.

Hermann, Chares H., *Crisis in the Foreign Policy : A Simulation Analysis*, Indianapolis : The Bobbes-Merill Company, Inc, 1969.

Hinsley, F. H., *Hitler's Strategy*, London : The Carlye Press, 1951.

Howard, Constance, "Switzerland, 1939~1946", *The War and The Neutrals*, London : Oxford University Press, 1956.

Inauen, Josef, *Swiss Armed Forces 2002 : Defence and civil protection in Switzerland*, Frauenfeld : Huber & Co. AG, 2001.

Jackson, W. G. F., *The Battle for Italy*, New York and Evanston : Harper & Row Publishers, 1967.

Kahn, David, *Hitler's Spies : German Military Intelligence in the World War II*, New York : Macmillian Publishing Co, Inc, 1978.

Kaufmann, J. E. and Kaufmann, H. W., *Fortress France : The Maginot Line and French Defence in World War II*, Connecticut : Prager Security International, 2006.

__________, *Fortress Third Reich : German Fortifications and Defence Systems in World War II*, Cambridge : Da Capo Press, 2003.

Keegan, John, *Atlas of World War II*, Hong Kong : Printing Press, 2006.

Keiger, John F. V. Kaufmann, "Poincare, Clemenceau, and the Quest for Total Victory", *Great War, Total War.* Washington D. C : Cambridge University Press, 2000.

Kershaw, Ian., *Hitler : 1936 ~1945 Nemesis*, New York : W. W. Norton & Company, 2001.

Lamb, Margaret & Tarling, Nicholas, *From Versailles to Pearl Harbor : The Origin of the Second World War : Europe and Asia*, New York : Palgrave.

Langsam, Walter C., *Historic Documents of World War II*, Connecticut : Greenwood Press Publisher, 1977.

Lansford, Tom, *Political Handbook of the World 2013*, New York : CQ Press, 2013.

Liddel Hart, B. H., *History of the Second World War II*, London : Williams Clowes and Sons, 1970.

Milivojevic, Marko and Maurer, Pierre, *Swiss Neutrality and Security : Armed Forces, National Defence and Foreign Policy*, New York : St. Martin's Press, 1990.

Morris, Kate and White, Timothy J., "Neutrality and the European Union : The Case of Switzerland", *Journal of Law and Conflict Resolution* Vol. 3(7), September 2011.

Muhlethaler, Christian, "Switzerland and its Tradition of Promoting peace", *Journal of Islands Studies* Vol. IV, 2001.

Mumenthaler, Hans, "Civil Defence : Means for Disaster Relief, Swiss Neutrality and Security : Armed Forces", *National Defence and Foreign Policy*, New York : St. Martin's Press, 1990.

Preston, Richard A. & Wise, Sydney F., *MEN IN ARMS*, New York : Prager Publisher, 1970.

"Report on the export of Arms from Switzerland 2009 : Swiss Coalition Against Arms Trade Group for Switzerland without an Army", 25.May.2010.

Richardson, James, "Crisis Management : A Critical Reprisal", Gilbert Winhamed(ed.), *New Issue in International Crisis Management*, Boulder : Westview Press, 1994.

Schinder, Dietrich, Neutral Powers and Persons in War on Land, "Convention Respecting the Right and Duties of Neutral Powers and Persons in Case of War on Land", *The Laws of Armed Conflict*, Dordrecht : Martinus Nijhoff, 1988.

Schwarz, Urs, *The Eye of the Hurricane : Switzerland in World War Two*, Colorado : Westview Press, 1980.

Showalter, Dennis E., "Plans, Weapons, Doctrines : The Strategic Cultures of Interwar Europe", *The Shadow of Total War*, Washington : Cambridge

University Press, 2008.

SIPRI(Stockholm International Peace Research Institute), *SIPRI Year Book 2013*, Oxford University Press, 2013.

Stern, Frederick Martin, *The Citizen Army : Key to Defence in the Atomic Age*, New York : ST Martin's Press, 1957.

Stoessinger, John G., *Why Nations go to War?*, Boston, MA : Wadsworth Cengage Learning, 2011.

Stetter, Edwin, "Relation between National Defence and the Economy in Switzerland", *Swiss Neutrality and Security*, 1990.

Snyder, Glenn H. and Diesing, Paul, *Conflict Among Nations : Bargaining, Decision Making and System Structure in International Crisis*, New Jersey : Princeton University Press, 1977.

Spillmann, Kurt R., "Swiss Security Policy in a Changing Environments", *Swiss Neutrality and Security : Armed Forces, National Defence and Foreign Policy*, New York : St. Martin's Press, 1990.

Steinberg, Jonathan, *Why Switzerland?*, London : Cambridge University, 1978.

Steinert, Marines G., *Hitler's War and The Germans : Public Mood and Attitude during The Second World War*, Ohio : Ohio University, 1977.

IISS(The International Institute For Strategic Studies), *The Military Balance 2011*, London : Arundel House, 2011.

The U. S. Department of Defence, *The Dictionary of Military Terms*, Washington : Skyhorse Publishing, 2009.

Toynbee, Arnold and Toynbee, Veronica M., *Hitler's Europe*, London : Oxford University Press, 1954.

Welch, David, *The third Reich : Politics and Propaganda*, New York : Routledge, 2002.

Whiting, Charles, *Hitler's Secret War : The Nazi Espionage Campaign Against the Allies*, Yokshire : Redwood Books, 2000.

Williams, Phil, *Crisis Management*, London : Gloom Helm, 1978.

Wright, Gordon, *The Ordeal of Total War 1939 ~1945*, IL : Waveland Press, 1997.

Wright, Quincy, *A Study of War*, Chicago : The University of Chicago Press, 1983.

Zelizer, Julian E., *Arsenal of Democracy : The Politics of National Security-from World War II to the War on Terrorism*, New York : Basics Books, 2009.

4. 인터넷 자료

www.chosun.com

www.hani.co.kr

http://en.wikipedia.org/Group for a Switzerland without Army

http://en.wikipedia.org/Military of Switzerland

http://en.wikipedia.org/switzerland-during the world war

http://en.wikipedia.org/wiki/Conscript in Switzerland

http://en : wikipedia.org/wiki/Gun-Politics in Switzerland.

http://en.wikipedia.org/wiki/History of the Swiss Air Force

http://en.wikipedia.org/wiki/Operation-Tannenbaum

info@kriegsmaterial.ch

Federal Constitution of the Swiss Confederation(Status as of 7th March 2010)

5. 기타

『조선일보』, 『중앙일보』, 『한겨레신문』

찾아보기

1. 용어

2. 인명 찾아보기

저자소개

김용빈

용산고등학교(1976)와 육군사관학교(1980), 육군대학 정규과정(1989)을 졸업하였다. 연세대학교 행정대학원에서 석사학위(국제관계)와 단국대학교 대학원에서 행정학 박사학위(2011)를 취득하였다. 야전부대의 소대장부터 중대장과 기계화 부대 대대장, 여단장 등을 역임하였으며, 육군본부와 국방부에서 다년간 인력 및 인사정책과 국방개혁 업무를 담당하였다. 현재는 단국대학교 대외협력처장 및 공공인재대학에서 해병대 군사학과 교수, 국가위기관리연구소 선임연구원으로 있다. 저서 및 논문으로 「북한정책 결정과정에서 군부의 역할」(2002), 「조직 신뢰와 혁신행동과의 관계에 관한 연구」(2010), 「국방인적 자원관리를 위한 사회연결망 분석」(2011), 「제2차 세계대전 시 독일의 침공을 억제한 스위스 방위전략의 특징과 교훈」(2013) 등이 있으며, 주로 국가위기관리와 인적자원 개발, 소셜네트워크Social Network 분야 등을 연구하고 있다.

박계호

춘천고등학교(1976)와 육군사관학교(1980), 육군대학 정규과정(1989), 이탈리아 육군대학(1994)을 졸업하였다. 영남대학교 행정대학원에서 행정학 석사학위(2001)와 충남대학교 대학원에서 군사학 박사학위(2012)를 취득하였다. 야전부대의 소대장부터 중대장과 대대장, 연대장 등을 역임하였으며 육군대학 교관과 수도방위사령부 동원처장, 합동참모본부 작전본부의 동원기획과장 및 검열관, 육군대학 교관 겸 평가실장으로 근무한 바 있다. 현재는 단국대학교 초빙교수 겸 국가위기관리연구소 사무국장으로 있다. 주요 저서 및 논문으로 「우리나라의 국가비상대비업무」(2001), 「정신동원의 중요성 연구」(2001), 「동원해제 후 복원업무」(2007), 「중국군의 국방동원업무 발전추세」(2009), 「포괄적 안보위협하 예비전력의 역할 재조명」(2009), 「남북전쟁의 성격 연구—총력전 중심」(2011), 『총력전의 이론과 실제』(2012) 등이 있다. 예비전력과 국가비상대비업무, 위기관리, 총력전 등에 대해 관심을 갖고 연구하고 있다.